纪念抗日战争胜利70周年特别策划图书

# 三岗烽火

——西华抗日革命根据地纪实

张恩民　王保清　著



黄河水利出版社
·郑州·

## 内容提要

本书采用纪实文学体裁，真实地再现了西华抗日革命根据地波澜壮阔的历史画面，着力描写了沈东平、彭雪枫、王其梅、胡晓初、屈申亭、侯香山、魏凤楼、吴芝圃、张震、萧望东、路岩岭、楚博等共产党人及西华革命老区人民，为中华民族的独立和解放事业英勇斗争的光辉事迹，是一部生动而又形象的爱国主义教材。


**图书在版编目(CIP)数据**

三岗烽火：西华抗日革命根据地纪实/张恩民，王保清著. —郑州：黄河水利出版社，2015. 8
ISBN 978-7-5509-1222-9

Ⅰ. ①三… Ⅱ. ①张…②王… Ⅲ. ①纪实文学-中国-当代 Ⅳ. ①I25

中国版本图书馆 CIP 数据核字(2015)第 204209 号

组稿编辑：王路平　电话：0371-66022212　E-mail：hhslwlp@163.com

出 版 社：黄河水利出版社
地址：河南省郑州市顺河路黄委会综合楼 14 层　邮政编码：450003
发行单位：黄河水利出版社
发行部电话：0371-66026940、66020550、66028024、66022620(传真)
E-mail：hhslcbs@126.com
承印单位：黄河水利委员会印刷厂
开本：710 mm×1 000 mm　1/16
印张：18.5
字数：320 千字　印数：1—3 600
版次：2015 年 8 月第 1 版　印次：2015 年 8 月第 1 次印刷

定价：29.80 元

谨以此书献给：

为抗日战争胜利做出杰出贡献的革命先烈和英雄模范们！

——作者题记

总策划　牛正田
策　划　武　潇　尹玉霞　王军政
　　　　刘　哲　马云生

中共豫东特委书记　沈东平

中共豫东特委书记　王其梅

1938年10月11日，彭雪枫部与吴芝圃部、张震、萧望东部在西华县杜岗会师，正式合编为新四军游击支队。这是司令员兼政委彭雪枫（左三）和参谋长张震（左二）、政治部主任萧望东（左一）合影

西华抗日自卫军副司令　胡晓初

西华抗日自卫军副司令　屈申亭

西华抗日自卫军副司令　侯香山

西华抗日自卫军副司令　魏凤楼

西华县国民政府县长、西华
抗日自卫军司令　楚　博

中共豫东特委书记、新四军
游击支队副司令　吴芝圃

中共豫东特委委员　路岩岭

中共西华县委书记　王子英

抗日先鋒流芳
千古銘記功史
開創未來

為三崗烽火題 林鴻嘉

# 谁为女娲手　补此天地裂

## (代序)

相传往古之时,共工怒触不周山,以致天崩地陷,水火相煎,生民百不遗一,灾难莫此而极。女娲氏悲天悯人,炼五色石以补苍天,断鳌足以立四极,复使天地定位而阴阳有序,风调雨顺而人民安乐。女娲补天功成身隐,后人感其功烈,尊为娲皇始祖,位于西华县的女娲故城至今祭祀不辍。补天故事也演变为中华民族战天斗地、英勇不屈的生动写照,逐渐积淀为民族精神的重要组成部分。

中国近代史,既是一部饱经忧患的屈辱史,也是一部坚强不屈的抗争史,它给中国人民留下了难以磨灭的创伤,也留下了许多慷慨悲壮的英雄事迹。中华民族遭受的苦难之重,付出的牺牲之大,世所罕见。地处豫东平原的娲城西华,更是中原苦难地,久经乱离劫。生活在这片热土上的人民,勤劳质朴,勇敢强悍,崇尚自由与和平,但绝不临难苟免。回首七十余年前,日寇逞凶,神州蒙难,不啻又一次陆沉天裂。特别是 1938 年 6 月,为阻滞日军西犯,国民政府"以水代兵"决堤花园口后,滔滔黄水顺贾鲁河咆哮而下,贾鲁河畔的西华县首当其冲,顿成水乡泽国。面对天灾人祸,饱受"水旱蝗汤"四大灾害煎熬的西华人民,不由吁天呼地、望伫哀救:谁为女娲手,补此天地裂?

"当此国难极端严重,民族生命存亡绝续之时",中国共产党秉持民族大义,肩负历史重任,倡导建立最广泛的抗日民族统一战线,并以自己的政治主张、钢铁意志和模范行动,一直战斗在抗日战争的最前列。在全民族抗战的旗帜下,豫东大地"抗战到底"的口号响彻云霄,西华人民救亡图存的行动果决坚定。计有 6000 人枪的"西华人民抗日自卫军”，从诞生之日起就置于共产党的绝对领导之下。4000余西华子弟陆续编入新四军主力，奔赴抗日前线，以自己的血肉之躯和英雄气概，汇入了全民族抗战的滚滚洪流和汪洋大海。如果说中国共产党是补天裂的女娲化身，那么英勇抗击侵略者的这些西华儿女就是女娲高高举起补天的五色石！

今年是中国人民抗日战争暨世界反法西斯战争胜利70周年。习近平总书记指出：前事不忘，后事之师。牢记历史，是为了开创未来；不忘战争，是为了维护和平。

《三岗烽火》这本书，以炙热的文字，澎湃的情感，真实再现了中共豫东特委高举抗日大旗，创造性运用“统一战线、武装斗争、党的建设”三大法宝，由三岗（今西华县艾岗乡陵头岗、苗里岗、都城岗三村的统称）发端，点燃抗日烽火，开辟西华抗日革命根据地波澜壮阔的历史画面，着力描写了沈东平、彭雪枫、王其梅、胡晓初、屈申亭、侯香山、魏凤楼、吴芝圃、萧望东、路岩岭、楚博等共产党人以及西华革命老区人民可歌可泣的英雄事迹。这是西华县以长篇纪实文学的形式转化党史研究成果，扩大爱国主义教育影响所作的一次有益尝试和创新探索，必将成为西华县开展革命传统教育的生动乡土教材，成为广大党员干部坚定理想信念、践行群众路线的重要精神食粮。

诗云：女娲石烂若为修，四海咸怀杞国忧。谁识山中真柱石，擎天功业胜伊周。

为争取民族独立、人民解放而献身的革命先烈永垂不朽！

牛正田

二〇一五年三月

（代序作者系中共西华县委常委、宣传部部长）

# 前 言

西华县位于豫东平原，黄泛区腹地。辖区内由于黄河、颍水泛滥，地势平坦，土层深厚。气候四季分明，雨热同时，宜于农耕。颍河、沙河、贾鲁河穿境而过，在周口市川汇区汇合后奔向东南，汇集其他支流后出安徽界首经阜阳，直抵淮河。

西华历史悠久，文化沉积深厚。从发现的裴里岗、仰韶文化和大汶口文化遗址可以断定，远在上古时期，这一带就有人类劳作、繁衍、生息。夏时属豫州，商属王畿，周武王分封诸侯属陈国，楚灭陈西华为楚国疆土。秦灭六国划天下为36郡，在西华设长平县，属颍川郡。汉高祖刘邦时分设长平、西华二县。此后在2200多年间，曾分别在短时期叫过长平县、鸿沟县、箕城县，先后隶属于颍川郡、汝南郡、开封府、陈州府、许昌行政公署，今属河南省周口市管辖。抗日战争时期，属河南省政府第七专署（亦称淮阳专署），全县辖区面积1948平方公里，分为4个区（其中第4区在沙河以南，区署在砖桥村），158个联保，1938年6月黄水泛滥前总人口约42万人。

西华文化灿烂。相传上古“三皇”之一的女娲曾在此建都，这里是炎黄子孙的老祖母女娲炼石补天、抟土造人、做笙簧、制嫁娶、教人渔猎的地方。20世纪80年代初期，文物部门曾经在县城北10公里处的思都岗村北部，发现了春秋时期女娲城遗址。1986年，该遗址被河南省人民政府公布为重点文物保护单位。为弘扬民族文化，纪念华夏的老祖母女娲，后人在女娲陵遗址修建了女娲陵、牌坊门、娲皇宫、补天殿、三皇殿、老祖殿等仿古建筑。每年农历正月十五至二月初二举行庙会，农历每月初一、十五举行例会祭祀女娲娘娘。各地前来的香客摩肩接踵，络绎不绝。据说，上古神话传说中开天辟地的盘古就葬于东夏镇木岗寺盘古寨内。《诗经·陈风》中《株林》篇被国人讥讽的亡国之君陈灵公，死后就葬在城西5华里的东斧柯村。位于盘古寨与女娲城之间田口乡的陵西村，现存商高宗武丁之陵寝。据清顺治年间刊印的《西华县志》记载，当年高宗武丁率群臣从商都殷出发到黄河以南地区巡视，沿途积劳成疾，病逝西华，安葬于此。商末著名政治家箕子，因不满其侄子纣王的残暴统治，被囚西华而筑台秉烛夜读，为其后在政治上的建树奠定了坚实的基础。西华县城现存箕子读书台仿古建筑，就是在箕子读书台旧址处修建的。

几千年来，生活在这片热土上的人民勤劳、质朴、勇敢、强悍，具有英勇的抗争精神。在近、现代反帝、反封建的斗争中，王杰、王拱璧等人在日本东京加入中国同盟会，追随孙中山，一腔热血投身辛亥革命，为推翻腐朽的清政府、捍卫民主共和做出了卓越贡献。早在第一次国共合作时期，共产党人在这里高举反帝、反封建的大旗，领导人民群众同国内外的反动派进行不屈不挠的斗争。1926 年春，共产党组织派东夏镇杨树李村人李子纯返回西华，同革命青年马西山一起办起师范讲习所，以此为掩护宣传革命思想。同年底，北伐军彻底打败直系军阀吴佩孚，攻占了武汉三镇，全国农民运动讲习所随同国民政府从广州迁到武昌。中共中央根据革命形势的需要，将河南作为下一步农民运动的重点，秘密招进 100 多名学员到武昌学习。李子纯、马西山、苗洪轩（又名苗文斋，汝南人）等人受组织派遣，到武昌农民运动讲习所学习，并光荣地加入了中国共产党。1927 年，党组织派李子纯、马西山、苗洪轩从武昌农民运动讲习所，随北伐军贺龙部国民革命军独立第 15 师返回西华，从事党的组织建设与发展工作。贺龙部在邓城、逍遥击败奉军后，李子纯、马西山、苗洪轩等人在县城筹建了中国国民党西华县党部（当时是第一次国共合作，共产党员以个人身份加入国民党）。同时，秘密建立了地下中共第一届西华县委员会。当时国民党县党部是合法的、公开的，中共西华县委就利用县党部名义在农村组织了“农民协会”“光蛋会”等群众组织，积极开展革命活动，在全县城乡秘密发展中共党员，建立基层党支部，为革命积蓄力量。1927 年冬，在淮阳中学入党的张仁甫（西华县岗张村人）回到家乡，在本村发展党员十多名，建立了西华县第一个农村党支部。不久，又在西华、临颍、郾城三县交界处建立了几个农村党支部，领导广大农民同土豪劣绅进行英勇顽强的斗争。

1927 年 4 月 12 日，以蒋介石为首的国民党反动派在上海发动反革命政变，大肆捕杀共产党人和革命群众，并在南京建立了国民政府。不久，以汪精卫为首的武汉国民政府彻底背叛了孙中山联俄、联共、扶助农工的三大政策，背叛革命，公然反共。武汉国民政府与南京的蒋介石集团合流，联手屠杀共产党员和革命群众，轰轰烈烈的大革命惨遭失败。国民党反动派的血腥镇压，使西华共产党领导的农民运动由高潮转入低潮，由公开转入地下。面对国民党反动派的屠刀，西华人民并没有屈服。广大党员冒着坐牢杀头的危险，响应党中央“八七”会议号召，在地下中共西华县委领导下，提出了“打土豪、分田地、搞暴动、建苏区”的口号。从1927年到1933年，深入农村，在反动派统治薄弱的地方，以学校为掩护，整顿组织，发展党员，掌握武装，积蓄力量，探索在农村实行武装暴动、夺取政权的道路。南方各革命根据地的建立与发展，朱德、毛泽东率领的中央红军四次反围剿的胜利，大别山区鄂豫皖徐向前部的迅猛发展，极大地鼓舞了西华共产党人的斗志，也使在水深火热之中挣扎的人民群众在黑暗中看到了胜利的曙光，更加坚定了革命的信心和勇气。1932年，青年村中心党支部决定于2月4日（农历腊月二十八日）夜，在青年村附近的竹园寺内集合农民骨干举行武装暴动，消灭欺压百姓、作恶多端的国民党砖桥区区长刘启亭，夺取枪支，建立政权。但由于叛徒告密，当夜刘启亭率领反动武装镇压了暴动。一批共产党人被捕，不少人民群众遭到血腥镇压，一些起义骨干被迫逃亡，此次暴动失败。此后在中共西华县委统一领导下，经过党组织艰苦卓绝的努力，在诸葛寺、叶桥、南陀、丁庄一带培养了3500多名武装骨干，拥有各种枪支500多支，准备在1933年举行年关暴动。当按照暴动计划、各项准备工作行将就绪之时，叛徒杨国栋向国民党反动当局告密。2月4日，国民党派部队包围了诸葛寺、丁庄、南陀一带，部分同志壮烈牺牲，大批骨干被捕入狱，各级党组织遭到破坏，全县仅存城关区委。由于王明“左”倾路线的干扰，好不容易聚集的革命力量几乎损失殆尽。西华县的共产党人并没有被国民党反动派的血腥镇压所吓倒，而是不断总结工作中的经验，认真思考并吸取教训，从地上爬起来，揩干自己身上的血迹，埋葬自己的战友，擦干自己的眼泪，为实现共产党人救国救民的目标，继续顽强地战斗下去。

由于中共河南省委连续遭到破坏，河南各级地下党组织几乎荡然无存。为加强对河南党的工作的领导，中共中央北方局派年仅28岁的职业革命家沈东平，来到河南恢复发展党组织。他深入农村，来到西华西部边缘的陵头岗、都城岗、苗里岗（以下简称“三岗”），发展党员，改造农民武装，开辟了以“三岗”为中心的革命根据地，使西华的革命斗争形势从低潮一步一步走向高潮。随着中共豫东特委在“三岗”的建立，西华革命进入了一个崭新的阶段。以沈东平为书记的中共豫东特委高举武装抗日的旗帜，将抗日根据地从“三岗”、屈庄等核心区迅速扩展到全县，并利用合法形式掌握了县、区及乡村政权。抗日武装从几百人发展到6000多人，组建了装备较为齐全的西华人民抗日自卫军，成功地领导了豫东各县的抗日救亡运动。

1938年6月，随着国民政府组织的徐州会战的失败，军事重镇徐州和河南省会开封相继失守。为阻止日军进攻平汉线，进而南下武汉，国民政府军事委员会下令炸开了黄河花园口大堤，滔滔黄水顺贾鲁河一泻千里，沿途各地顿时成了水乡泽国。作为黄泛区腹地的西华，自然成为抗击日本侵略者的前哨阵地。西华抗日革命根据地也就成为中国共产党和新四军深入敌后，开辟豫皖苏根据地的前进基地和补充人、枪、物资的可靠后方，成为了新四军、华中各抗日根据地与延安的交通枢纽和中转站。延安派往华中敌后的干部经过西华深入敌后，华中各根据地的干部经西华奔赴延安。4000多名西华人民抗日自卫军指战员，先后奉中共河南省委和彭雪枫司令之命，几次渡河东征，赴敌后与日伪军作战。之后，奔向新四军游击支队的4000多名西华子弟兵英勇杀敌，大部分血洒抗日战场，永远长眠在异乡豫皖苏边区。抗日战争时期，从西华走出了上百名县团级以上领导干部。彭雪枫、张震、张爱萍、朱理治、萧望东、吴芝圃等老一代无产阶级革命家、军事家，对西华抗日根据地所起的作用均给予了极高的评价。

以沈东平同志为书记的中共豫东特委，高举武装抗日、民族统一战线的大旗，根据党的指示，排除王明"左"倾路线的干扰，从西华的实际情况出发，创造性地运用共产党人的"三大法宝"，在豫东大地上演了一幕幕威武雄壮的历史活剧。在此期间，一大批为争取民族独立、人民自由解放的英雄儿女、仁人志士，在这片沃土上奋力拼搏、前赴后继、英勇奋斗，直至流尽最后一滴血。他们的英雄业绩可圈可点，可敬可佩。他们伟大的爱国主义精神和高尚的革命情操，将与山河同在，与日月同辉。

作　者

2015年3月

# 目 录

# 一

## 沈东平奉命回河南
## 路岩岭出谋赴西华

1933 年中秋节这天下午，一列由北平开往汉口的"绿钢皮"快客列车在瓜果飘香的豫中大地飞驰。4 点 15 分，随着机车的汽笛长鸣声，这列火车徐徐驶进许昌站。

许昌火车站内外戒备森严。一个满脸横肉的警察头目正在向一排荷枪实弹的警察训话："弟兄们，刚刚接到上峰通知，共匪北方局派要员来许昌活动。此人原系冯玉祥抗日同盟军魏凤楼部参谋，姓李，二十七八岁，中上等身材，操本地口音。抓住他，赏现大洋 1 万块！赏现大洋 1 万块！"那个警察头目的话音刚刚落地，报童的喊叫声就传遍了车站内外："号外！号外！察哈尔抗日同盟军就地解散，冯玉祥将军归隐泰山。快来买呀，快来看，刚刚出版的中央日报！中央日报！"一个胸挎烟篓的瘦弱小女孩儿，少气无力地在叫卖"香烟、香烟，哈德门香烟"；由男男女女、老老少少组成的一大群要饭花子，不停地向人们伸着脏兮兮的手……

下车的旅客鱼贯朝出站口走来。一位面目英俊、中上等身材，身穿长衫、手提一只半旧皮箱的青年旅客不停地张望，像是在寻找接站人。这时，只见一个身材颀长、浓眉大眼、肩背画夹的青年人拨开接站的众人，快步迎上前来，伸手拉住提皮箱的那位青年旅客的手说："终于把你盼来了！"

两名横眉冷眼的警察走上前来。警察甲盘问身背画夹的青年人道："你是哪里人？叫啥名字？"

那个青年不慌不忙地答道："我是许昌灞陵中学的美术教师，叫路岩岭，来接朋友的。"

警察甲盯着提皮箱的那个青年旅客恶声恶气地质问道："你叫啥名字？来这里干什么？"

"我叫沈东平,是应聘来许昌灞陵中学教书的。"沈东平说着,不紧不慢地从上衣口袋里掏出一张信纸,说:"请看,这是灞陵中学贺升平校长寄给我的聘书。"

警察甲瞟了一眼聘书,指着青年旅客的皮箱咆哮道:"打开!赶快打开!"

沈东平不慌不忙地打开皮箱。警察乙胡乱翻了一阵,只见皮箱里面除了几件破旧的换洗衣服和日常用品外,全是书籍。警察甲头一歪,眼一瞪,连连摆着手嚷道:"走走走,赶快滚开!"

路岩岭瞪了警察一眼,然后弯腰提起沈东平的皮箱,带领沈东平迅速消失在人群中,脱离了警察们的视线。

路岩岭前几年在国民政府19路军吉鸿昌部当宣传员时,曾经多次和沈东平打交道,对沈东平还是比较了解的:他原名叫张秉乾,1905年6月出生于河南省舞阳县北舞渡镇林庄一个普通农民家庭,兄妹五人,他排行老大。父亲张彦申是一位吃苦耐劳的自耕农民,靠辛勤耕耘维持全家老少十来口人的清贫生活。他7岁入私塾读书,聪明好学,成绩优异,后因家庭无力供养而被迫辍学,农忙时下地给父亲做帮手,农闲时帮父亲开粉房磨豆腐,走街串巷,叫买叫卖。后通过亲戚到附近北舞渡镇一家杂货铺当学徒。16岁时,经父母包办与彭氏结婚,二人性格不和。为摆脱夫妻不和的处境以及学徒生活的被奴役地位,18岁那年,他只身来到洛阳,经考试加入了直系军阀吴佩孚的学兵团,后辗转来到冯玉祥部队,参加了北伐战争。在西北军地下党组织的培养和教育下,他于1929年加入了中国共产党,完成了从一个旧军人到共产主义战士的重大转变,开始了他为在中国实现共产主义而奋斗终身的革命历程。1933年,沈东平受中共中央北方局派遣,跟随吉鸿昌加入察哈尔民众抗日同盟军,积极投入到抗击日本侵略者的革命洪流之中。

沈东平在西北军冯玉祥部时就认识路岩岭。路岩岭出生于1901年,河南省扶沟县城关人,早年在家乡读书,1926年从开封美专毕业后参加西北军,先后任19路军吉鸿昌部宣传员,魏凤楼23师文书、军法官。后随魏凤楼加入察哈尔民众抗日同盟军。前不久,作为爱国进步青年,他被同盟军内中共党组织介绍到河南许昌灞陵中学,以教书作掩护,秘密从事抗日救亡运动。所以,沈东平这次回河南许昌,首先想到的就是这位熟人路岩岭先生。

这天晚上,在许昌灞陵中学路岩岭陈设简单而整洁的寝室兼办公室里,沈东平接过路岩岭递过来的一杯开水,说:"路先生,你回河南后,有些新情况可能还不是太清楚。同盟军在察东抗战的胜利,引起了蒋介石的不满和恐慌,他极力破坏同盟军的抗日行为，任命庞炳勋为察哈尔省‘剿匪’总司令，调动16个师近20万兵力围攻同盟军，日伪军也乘机向同盟军进攻，客观上形成了对同盟军的两面夹击之势。同盟军终因弹尽粮绝，惨遭失败。吉（鸿昌）军长去了天津，魏（凤楼）军长随冯（玉祥）老总上了泰山。”沈东平抬头看了看紧闭的门窗，将声音压得更低了，“同盟军失败后，按照中共中央北方局的指示，军内中共地下党组织决定党员分散活动。我被宣侠父、南汉宸派回河南，恢复河南的党组织，打算在许昌一带开辟抗日新局面。出于安全考虑，我这次来许昌化名沈东平，装扮成教书先生。为防意外，我事先伪造了灞陵中学贺升平校长的聘书。”

路岩岭佩服地点了点头说：“多亏你心细，考虑得周全，要不然刚才在车站……”转而又气愤地说，“他老蒋不抗日，还镇压别人抗日，真是卑鄙无耻，祸国殃民！李先生，哦，不对，现在应该叫你沈先生，你来找我，是对我的信任，我路某万分高兴！前天接到你要来许昌，并且指示我去接站的通知后，我激动得一夜都没有睡好觉。”他呷了口茶水，有些难为情地说，“沈先生，我很想密切配合你工作，可我……还不是……共产党员……”

沈东平望着路岩岭，动情而郑重地说：“岩岭同志，通过这些年的交往，我自认为还是比较了解你的。根据你的一贯表现和要求，我准备介绍你入党。临来之前，我已向党组织提出过你的入党问题，组织原则上同意我做你的入党介绍人。”

路岩岭激动地站了起来，紧紧拉住沈东平的双手说：“我就要入党了！就要是党的人了！沈先生，我坚信马克思列宁主义，请你和党组织放心吧，我将努力协助你工作，把自己的一切都献给伟大的共产主义事业，为共产主义奋斗终身!”

沈东平按了按右手，示意他坐下，然后继续说道：“组织上任命我为许昌中心县委书记。目前我们的主要任务是公开宣传抗日，暗中发展武装力量，最好是建立一块根据地。岩岭同志，你对许昌周围的情况比较熟悉，请你介绍一下这里的情况好吗?”

路岩岭皱了皱眉头，说：“许昌地处平汉铁路中段，是一座历史文化古城，自从秦末农民起义开始，就成为兵家争夺之地。当然，这些你都知道。问题是，目前这里的政治环境相当恶劣，国民党县党部书记刘云飞反动透顶，警备司令张虎杀人不眨眼，整个许昌正处于一片白色恐怖之中。我觉得，眼下在这里开展工作，尤其是创建革命根据地，难度确实不小啊!”

沈东平沉思片刻后说：“看来目前这里的情况，比我们原来想象的还要糟糕得多，工作难度确实不小。要不然的话，我们先在许昌周边地区发展也可以。”

“在周边……地区……发展，周边……”路岩岭低头自言自语，若有所思。突然，他一拍大腿兴奋地跳了起来，“有了，有了，三岗，胡、屈、侯。沈先生，真乃天助咱也！”

沈东平一脸迷茫，两眼紧紧地盯着路岩岭问道：“你说啥三岗呀？什么胡屈侯呀？”

路岩岭笑望着沈东平，手舞足蹈地介绍道：“三岗是个地名，是陵头岗、都城岗、苗里岗三个村子的统称。它位于豫东西华县西北部边缘，地处西华、扶沟、鄢陵三县交界。这里位置偏僻，交通不便，民风淳朴，百姓善良，出于看家护院和强体健身的目的，村民们有打拳习武的传统习惯。这些年军阀混战，土匪四起，连年争战，民不聊生，兵匪到处扰乱祸害老百姓。为了自保，三岗一带人民在胡、屈、侯的发动和领导下，在陵头岗及附近几个村庄修缮寨堡。在连年不断的军阀混战中，在这一带遗留很多枪支弹药。他们将那些遗留的枪支弹药收集起来，聚集100多人枪，成立了三岗寨公局，开始有了自己的武装。不久前，大杆子土匪王老太带领四五百个惯匪，浩浩荡荡地来攻打陵头岗。胡、屈、侯在武器人员相差悬殊的情况下，率领庄内避难的群众，英勇机智地同土匪激战了一天一夜，最后土匪落荒逃窜。两年前，大杆子土匪首领刘黑七率2000多名匪徒骚扰三岗。三岗人民在胡、屈、侯的带领下据寨英勇抵抗，土匪久攻不下，反而死伤多人，最后只得拖起30多具尸体狼狈而逃。自此，三岗的名声大振于西华、扶沟、郾城和鄢陵一带，百里上下，妇孺皆知。周围村民慢慢形成了一个习惯，听说有土匪流寇打劫，都躲到三岗的寨堡里避难。老百姓曾兑钱给他们刻了两块匾，题名分别为‘除暴安良’、‘威望崇隆’。当地许多青年纷纷要求加入寨公局，这支农民武装迅速发展到近300人枪。”

“胡屈侯这个人怎么样，你了解他吗？”

“胡、屈、侯不是一个人，是三个人，他们分别叫胡晓初、屈申亭、侯香山。我对他们相当地了解。”

“你是怎么认识他们的？”

“沈先生，说来话长啊！魏凤楼在蒋、冯、阎中原大战丧失兵权后，就一直想着再拉一支队伍。去年冬天，他听说老家西华三岗一带有支农民武装，就派我去那里了解情况，想把他们收编为抗日同盟军。陵头岗寨内有所小学校，名叫‘西华县修武区完全小学’，是胡晓初、侯香山于1930年春天带领当地群众集资兴建的。我来这里后，接触到了胡晓初。谁能想到俺俩一见如故，他执意聘请我在那里教了半年书。”

“请你谈谈胡晓初的情况好吗？”

“胡晓初，又名悦明，出生在西华县都城岗村，家庭比较富裕，今年有二十六七岁。他小时候读过几年私塾，12 岁时父母相继病故，跟随哥哥胡悦士长大成人。他性格豪爽、刚毅，敢作敢为，富有正义感，爱打抱不平。当时，村里有人专门替军队招兵。胡晓初准备去部队寻求出路，要求参军。对方说，你一个小屁孩，没有什么力气，也没有武器，来掺和啥？走开！快走开！胡晓初一气之下离家出走，几天之后他回来了。神奇的是，他搞到了一条钢枪，终于如愿带枪参加了奉军。因作战勇敢，且多谋善断，他接连被提升为班长、排长、连长。在奉军的几年里，他看官兵与土匪没有什么两样，逐渐认识到在那里当兵不是要追求的理想之路，便和在他手下当兵的同乡好友、武术高手侯香山多次商量离开部队。不久，贺龙部的北伐军打败奉军，他便秘密带领一排人枪返回了老家。他们以此为基础，走村串户，发动和组织群众，很快就拉起了一支由七八十名青年组成的农民武装。胡晓初任队长，侯香山任副队长。胡晓初对这支武装要求很严。他曾经郑重地对武装起来的乡亲们说：‘我们农民武装的枪支，是用来保护群众、防范土匪的，谁也不能拿它胡作非为，违者决不轻饶！’胡晓初嫉恶如仇。一次，他听知情人说附近西湖村反动保长刘孬霸占民女，强占民财和土地，又杀人灭口，民愤极大，立即派人将刘孬秘密处决了。他这人心地善良，扶困济贫，经常拿出三五块钢洋接济穷人。本村有个叫雪琴的少女母亲早亡，父亲又突然病逝，无依无靠。他帮助雪琴办完父亲的丧事后，二话没说，便将那闺女领回了家，收为义女，如同亲生。”

沈东平听得心花怒放，一脸灿烂，情不自禁地赞叹道：“咦，真是一条好汉！”然后又问道，“你说那里还有个武术高手？”

“嗨，岂止有一个呀！那里的武术高手几乎是门挨门，户挨户，遍地都是，多得可编成一个连、一个营。当地民谣说，‘喝过三岗水，都会打拳扫荡腿’。”路岩岭越说越激动，“就说侯香山吧。他学名叫侯存芝，出生在陵头岗村一个武术世家。他爹侯自成自幼习武，技艺超群，在当地号称‘拳王’，多年来以卖艺为生，曾经打遍豫、皖、苏三省二十八县。前年秋天，他们父子二人在省会开封大相国寺打擂时过关斩将，勇夺擂主，河南省政府主席刘峙亲自宴请他们，并奖励给他们父子一把青龙宝剑和一枚‘银盾’。”

“他们父子还真是了不起啊！”沈东平不住地点头称赞，接着问道，“不知侯香山为人如何？”

“他为人正直善良，爱打抱不平。兄弟三个，他排行老大，与胡晓初同龄，今年也是二十六七岁。他家庭比较富裕,小时候读过几年书,后来随父亲学武艺,因吃苦耐劳,悟性又高,所以武艺长进很快,尤其擅长拳术和棍棒。他父亲曾经对他说过:‘咱是穷苦人出身,我和你大爷被人诬告,坐过大牢,要不是穷爷们联合作保,咱家哪有今天!你长大后不要忘了那些穷爷们儿,要为咱穷人争口气。’父亲的教诲,世事的不平,使他养成了扶危济贫、不畏强暴的倔强性格。1926年,19岁的他跟随在奉军当连长的胡晓初当勤务兵。在那里,他亲眼目睹了军阀部队尔虞我诈、互相残杀、掳掠民财、鱼肉百姓的种种罪行,时常忿忿不平,并不断思考自己的出路。后来一气之下,他和胡晓初偷偷地带着一排人枪跑了回来。回家乡不久后的一天中午,侯香山听说军阀某部的败兵10多人带着枪,在颍河对岸的朱湾集茶馆停留喝茶。他独自一人化装为渔民,游过颍河,到了茶馆高喊道:‘掌柜的,倒碗茶。’说话间,闪电般地从腰间抽出两把手枪,对着那一群正在喝茶的败兵高喊一声:‘不许动,举起手来!’然后指使茶馆掌柜和伙计把那一群人的枪全部收拢起来。他对求饶的败兵们说:‘咱都是穷兄弟,要干留下,交个朋友;要不干,我送路费,让兄弟们回家。’就这样,他们又得到了十多条枪,八九个人。”路岩岭喝了口茶水,继续说道,“他爹侯自成如今是西华县武术馆馆长,在西华乃至豫东都鼎鼎有名。侯香山也因武艺高强,被任命为西华县保安分队队长。他上任不久,便带领保安队,大张旗鼓地清剿了东桥的小股土匪,打退了西华城南大土匪数百人,把匪首人头交给县政府。因剿匪有功,县政府命名他带领的保安队为模范队。为此,国民党县党部书记、县长也让他们父子三分,轻易不敢得罪。他经常借职务之便,暗中保护胡晓初、屈申亭他们。近年来,国民党当局先后几次‘围剿’三岗、屈庄一带,都是侯香山偷偷送信,再加上有群众的保护,胡晓初、屈申亭他们才得以逃脱。”

“嗬,看来侯香山还真有两下子呀!那你说说屈申亭的情况咋样。”沈东平越听越高兴,继续打听道。

路岩岭点了点头,继续说道:“他呀,也是个很了不起的人物,曾以做事粗中有细、坚决果断而远近闻名。屈申亭的小名叫屈守义,家住三岗东边六七里地远的屈庄村。兄弟七人,他排行老二。屈申亭和胡晓初、侯香山的出身、经历,包括思想观念和为人处事都大致相同,只是年龄比胡晓初、侯香山他们大八九岁。说来也巧,几乎是在胡晓初、侯香山带着人枪回到家乡的同时,屈申亭也从他待了多年的直系军阀部队(西北军)悄悄地带回了两支冲锋枪,在老家屈庄附近的肖横、寇寨、龙池头、后石羊等几个村子分别成立了寨公局,看家护院,防匪防盗。每个寨公局有一二十人,十来条枪,也拉起了一支六七十人的农民武装。前不久，胡晓初、屈申亭、侯香山这三个志同道合的老乡结拜为把兄弟，将两支武装合并在一起，由胡晓初领头，组成了一支近300人的农民武装。去年西华遭遇旱灾，土豪劣绅借机大发灾难财，用‘驴打滚利’盘剥农民。寨公局号召富捐，不少开明绅士和富户出粮出款，但有个别地主反对富捐，匿财不出。寨公局就指名道姓地强制捐款，不捐不中，结果那些‘老鳖一’们都如数捐了粮款。他们将富捐的东西，一部分赈济给贫苦群众，一部分补充寨公局的给养。这一举动，得到了当地群众的热烈欢迎和鼎力支持，不用说，胡、屈、侯他们的威望就更高了。”

“他们的组织形式如何？武器装备和群众基础怎么样？”沈东平望着路岩岭，继续追问道。

“这些人平时携枪分散在家，以种地为业。夜聚明散，有事召之即来，事毕分散而去。他们的武器装备还算不错，有几挺轻机枪、一百多杆长短快枪，还有一二十匹战马。这仨人有个共同特点，那就是性格豪爽，敢作敢为，富有正义感；仗义疏财，除暴安良，坚决不为反动当局效力，所以在当地的群众基础很好。特别是领头人胡晓初，他在防匪守寨和反抗当局武装‘围剿’中英勇斗争，并显示出机智果敢的指挥艺术，很受乡亲们的拥戴。”

听到这里，沈东平激动地站起身来，在屋里踱了几个来回，然后说道：“岩岭同志，你提供的这些情况对我们来说太好了！太及时了！太重要了！真是踏破铁鞋无觅处，得来全不费工夫啊！三岗那里正是我们要寻找的地方。我很想去见一见胡、屈、侯他们，你请几天假，陪我去一趟西华好吗？”

路岩岭兴奋地答道：“中啊！你说啥时候去？”

“事不宜迟，你抓紧时间准备准备，咱明天一早就出发。”沈东平两眼放射着无比兴奋的光芒，迫不及待地说。

是啊，此时此刻的沈东平，这位谙熟中原农村情况的无产阶级职业革命家，恨不能一步跨进豫东平原西华县，立即就站在胡晓初、屈申亭、侯香山他们的面前。

# 二

## 路岩岭途中赞豫东
## 胡晓初设宴迎宾朋

一轮红日微笑着钻出东方的地平线，把万道霞光披挂在硕果累累的豫东大地上。秋风送爽，瓜果飘香，路边的花草灿烂地欢笑，枝头的鸟儿尽情地歌唱。沈东平和路岩岭这两位志同道合的热血青年，满怀着革命的美好愿望，每人骑着一辆自行车，说笑着行进在由许昌通往西华的乡间小道上。

一望无际的大平原，被一片一片的秋庄稼密密地覆盖着，田野里东西南北纵横交错的田间小道，把她分割开来，犹如棋盘一般，一个个村庄就坐落在这个大棋盘上。纵横交错的大小道路，像穿珍珠的金线将大小村庄紧紧地联在了一起。

沈东平一踏上豫东大地，一切都感到新奇和亲切。他想，西华三岗一带的群众基础这么好，这次去那里要是和胡、屈、侯他们谈得投机的话，以后很可能就要在这里工作和生活了，对当地的风土人情应该有所了解。于是就说道："岩岭同志，一里不同俗，十里改规矩。我是豫西人，请你介绍一下你老家豫东的风土人情好吗？"

此时此刻，路岩岭也豪情满怀，兴致勃勃，从一个读书人的视角，用散文诗一般的语言，将豫东老家的风俗人情娓娓道来："豫东人的最大特点就是勤劳、朴实、善良。千百年来，他们日出而作，日没而息，用自己的汗水和顽强拼搏的精神，塑造着大平原朴实的美。在那极其平凡的美中，却也蕴涵着中华民族博大精深的具有乡土气息的文化。

"豫东人热情好客、性情直爽，他们面部的表情同他们的内心是高度一致的。走在豫东大平原上，无论你需要什么样的帮助，他们都会无代价地伸出援助之手。比如说你要向一个老人问路或讨口水喝，在向他提出要求之前，你一定要先叫声'大爷'。如果你的礼貌使对方满意，他宁肯丢下自己的活不干，也会热情地领你到你要去的地方或捧一碗甘甜的水送到你手上。”

沈东平微笑着说：“这规矩和俺那儿差不多。”

“豫东汉子喝酒是出了名的，酒量再大的人，也不要和豫东汉子在酒桌上一比高低。豫东人喝酒不但豪量、豪爽，而且花样繁多，气氛热烈。如果村上的哪家来了客人，主人会邀请村中德高望重且善饮酒者到家中陪酒。陪客往往会带一壶老烧酒作为入席礼。一场酒下来，准会有人当场倒在桌子下面，不喝得天昏地暗、烂醉如泥，那是决不会罢休的。”

沈东平接道：“咦，那可真叫喝酒啊！”

“豫东人高兴时，会在村头、田野里扯开嗓门，毫无顾忌地唱段豫剧或越调、二夹弦什么的。唱起来嗓音粗犷，以原生态的方式来抒发自己内心的情感。”路岩岭略通音律，说话间，还真唱上了越调《收姜维》中的“三传令”：

一支将令往下传，
马岱将军你近前。
自从你们弟兄归了汉，
随定山人许多年。
你兄长为国把命断，
单撇将军保河山。
山人领兵取中原，
天水此战你当先。
那姜维出阵你应战，
战姜维，
只战到红日滚滚坠西山。
诱他催马将你赶，
莫让他转回——
天水关……

“这里有不少乖巧的婆娘会骂街。当午饭后或夜幕降临时，你会听到有娘儿们变着花样像唱歌似的骂着。骂到性情高时，会两脚离地蹦着骂、拍着大腿骂。多数是骂谁毁了她家几棵庄稼，谁偷了她家的小鸡小狗小猫之类的。虽是些鸡毛蒜皮的小事，这些婆娘们也能骂得惊天地、泣鬼神。她们的骂法花样繁多，能骂出七十二个不重样。

“其实啊，这是她们释放内心怨气的一种有效方式，别管咋说，喊叫出来总比憋在肚子里强,出一出气有利于身心健康。”沈东平似乎很理解她们这样做,脱口给出了如此的评价。

“豫东农村的汉子们吃饭一定要集中到饭场。所谓的饭场,无非是村中一个交通要道旁的开阔地带。到了饭时,他们会自动聚集到一起,一手端碗,一手拿馍。到了饭场自觉靠边上一蹲,边吃边聊。遇到谁家的饭菜好了,他们还会相互品尝几口。这时,也是展示家庭妇女厨艺的时候。如果谁家的饭老是比不上人家的,女人也许会遭到男人的一顿打骂。吃饭时,他们会聊些无边无沿的新闻。这些新闻传播速度之快,你根本就想象不到。饭场因此也就成了村里奇闻趣事的传播中心。也许只有聚到一起,他们才能吃得饱,吃得踏实。在我们豫东西华、扶沟、太康、淮阳,自古就有‘烟酒茶饭不分家’的说法,你如果来这里做客,不管走进谁家,只要你不带着高傲的姿态,那你绝对是一位贵客。即使主人连饭也吃不上的时候,他就是借面借米,也要让你吃得舒心满意。正因如此,一些贫穷的农户有‘不怕贼偷,就怕来客’的口头禅。”

沈东平笑着说:“听你这么说,你们豫东人还真是热情好客。”停了停又说,“到了西华,不知咱是否受欢迎?”

路岩岭满有把握地说:“这你就放心吧,咱不会吃闭门羹,一定受欢迎!在那里不但有茶喝、有饭吃,还一定有好酒喝!”

沈东平点了点头说:“苍天保佑,但愿如此啊!”

就这样,他们二人一路风尘仆仆,说笑着穿过鄢陵望田镇,不知不觉地来到西华县地界。在一个绿树掩映的村庄西头儿,路岩岭下了自行车,说:“到了,这里就是三岗之一的都城岗。”向前走了几步后,他又指着一处院落道,“这就是胡晓初家。”

沈东平也下了自行车。他仔细打量了一下,这是一处典型的豫东富裕农民的院落:院落很大,7 间砖墙青瓦房坐北朝南,3 间东屋,3 间西屋,南边院墙中间是一座比较高大的门楼,门口两旁卧着一对威武的石狮子。院里栽着几棵果树,鲜红的大枣、金黄的柿子、火红的石榴挂满枝头。大门口用铁索拴着一只健壮的大黄狗。看到有陌生人来,它怒目圆睁,后爪着地,前爪腾空,“汪汪汪”地吼叫不止,频频给主人通风报信。

听到狗叫声,胡晓初放下碗筷,来到大门口,一眼看见路岩岭和一位陌生人扶着自行车站在门前,便惊喜地喊道:“路先生,今儿个刮的是哪股风啊,把你这个大秀才给吹来了?进屋,进屋,快进屋!”说着,上前接过路岩岭的自行车。

沈东平听着这洪钟般的声音，细心打量着皮肤黧黑、浓眉大眼、脸庞偏长、身材魁伟的胡晓初，心想：名不虚传，豪气满身，真不愧是个英雄人物啊！

他们三人一同走进庭院，步入客房，然后分宾主坐下。路岩岭接过胡晓初递过来的一支香烟，指着沈东平说："胡先生，这位是沈东平先生，我最要好的朋友。今天，沈先生是从许昌专门赶来拜访你的。"

胡晓初友好地朝沈东平点了点头，说："拜访不敢当，欢迎沈先生来做客！"说罢，忙着给客人敬烟沏茶。

沈东平点燃香烟抽了两口后，便开门见山、爽快地对胡晓初说："听路先生说，胡先生正直善良，豪爽仗义，广交英雄义士，系人中豪杰，多年来深受当地民众的拥戴。我是受中国共产党北方局派遣，特意前来会见你胡先生的。我提议，咱们交个朋友中不中？"

胡晓初先是愣了一下，随之坦然大笑，连声说道："好！好！好！这真是天大的好事啊！我们正为前程发愁哩，做梦也没有想到啊，想了多年的朋友，今儿个突然找上门来了！"说罢，给二位客人各倒了一杯茶水。

沈东平接过茶杯，笑望着胡晓初说："那么说，咱弟兄们是相见恨晚啦！"

胡晓初也微笑着点了点头说："对对对，咱弟兄们是相见恨晚！相见恨晚呐！"

饥肠辘辘的路岩岭一看双方开局这么顺畅，心里有底了。他喝了口茶水，看着胡晓初话中有话地说："胡先生，你这茶水是不赖啊，解渴！真解渴！"

胡晓初听罢又愣了一下，一拍脑门说："嗨，一高兴，只顾着说话哩，把大事儿给忘了。您俩跑了一百多里路，一定饿坏了吧。中午来不及准备了，正好我家今儿个午饭做得多了，二位先对付一顿。下午您俩休息休息，晚上给你们接风洗尘。我找俩好弟兄当陪客，咱弟兄们好好喝几杯！"

午饭后，胡晓初让家人把两间西屋打扫得干干净净，安排沈东平、路岩岭他们休息。

这天晚上，胡晓初家的客厅灯火辉煌，高朋满座，群贤毕至。

只见客厅中间放着一张油漆得锃亮的八仙桌，八仙桌上摆了四荤四素八样下酒菜压桌，面南的正位上坐着沈东平，路岩岭面西而坐，胡晓初面东，屈申亭、侯香山面北作陪。

胡晓初将沈东平、屈申亭、侯香山逐个向大家作了简单的介绍，之后说："路先生我就不介绍了，大家都熟悉。"

沈东平看着对面的屈申亭、侯香山，双拳一抱道："听路先生介绍说，二位豪爽仗义，英勇果敢，久仰！久仰！"

屈申亭、侯香山抱拳应道:“惭愧!惭愧!”

胡晓初看了看大家说:“沈先生和路先生是我们想了多年的朋友,今儿个光临寒舍,我略备薄酒淡菜,并把最要好的两个把兄弟请来作陪。今儿个都是咱自己人,请各位畅所欲言,开怀痛饮。”说罢站起身来,带头举起了酒杯。众人也都端杯起立。灯光下,5只斟满老烧酒的杯子碰在了一起。

酒过数巡之后,应沈东平之请,胡晓初比较详尽地介绍了他们这支农民武装的情况。

之后,身材不高但十分健壮的侯香山站起来,看着沈东平和路岩岭说:“早晨开门喜鹊叫,中午果然贵客到。二位先生风尘仆仆,远道而来,我侯某敬您一杯,聊表心意。按咱这儿的老规矩,先喝后敬,多喝少敬。”说罢,端起酒杯一饮而尽,然后又斟满一杯,一仰脖子全部喝了下去。随即也将沈东平和路岩岭的酒杯添满。沈东平和路岩岭相视一笑,二话没说,也站起来端起酒杯喝了个底朝天。胡晓初和屈申亭在一旁鼓掌喝彩,不约而同地说:“痛快!痛快!俺也陪二位一杯。”说罢,除侯香山外,他们4个人各自喝了一满杯酒。

侯香山逐个将各位的酒杯添满酒后,坐了下来。然后试探着问沈东平:“听说沈先生是中国共产党派来的,是专为老百姓们说话、办事的?”

沈东平清了清嗓子,接过话茬,详尽地介绍了共产党的革命主张,并向他们讲述了南方中央苏区和红军团结农民开展武装斗争、组织穷人打击土豪劣绅,以及停止内战,联合抗日等情况。最后,对胡、屈、侯他们的行为给予了高度的赞誉。他说:“你们在这里,常年坚持带领穷人抗匪、抗租、抗苛捐杂税,打富济贫,保护群众的利益,搞得相当不错啊!你们的这些做法,和我们共产党人关于革命的主张,基本上是一致的。所以,我们话能说到一块,有共同语言,可以交朋友,做兄弟。”

这时候屈申亭站了起来,对沈东平友好地点了点头说:“沈先生,路先生,咱别光顾着说话哩,说着喝着中不中?二位一路奔波劳顿,我屈某也借花献佛,敬你们一杯,聊表心意。我提议,为咱们有幸相识而共同干一杯!”

众人闻声站起,举杯共饮。之后,屈申亭摆摆手,示意大家都坐下,然后问道:“沈先生,听说俺老乡吉鸿昌、魏凤楼参与领导的察哈尔抗日同盟军被迫就地解散,冯玉祥一气之下返回了泰山。不知你们共产党人,对此有何见解呀?”

沈东平看了看众人,然后将目光落在了屈申亭身上,说:“屈老兄这个问题问得很好!我也正想说说抗日,说说察哈尔抗日同盟军这件事。前不久,取得抗日辉煌战绩的同盟军就地解散,我个人认为,主要原因是他们遭到了国民党蒋介石集团的横加迫害；其次是没有深入地发动和依靠群众，缺乏后方根据地和物资保障，最后走到了弹尽粮绝的地步。这是一个血的教训。我们共产党的‘三大法宝’之一就是武装斗争，建立根据地一直是我们的工作重心。目前，发动和依靠人民群众，建立抗日武装，联合全国各党、各派、各界爱国人士共同抗击日寇，保家卫国，是我党明确提出的政治主张，也是我们的工作重心。今天我和路先生来到这里，就是为了具体落实我们的这个政治主张和工作重心的。”

屈申亭听后，似懂非懂地点了点头。

沈东平站了起来，环视一周，接着说道：“各位，我刚才说过，你们的做法和我党关于农村革命的主张基本一致，看来啊，我们志同道合，可做朋友。我也借花献佛，回敬各位一杯，略表朋友的一片寸心。”

大家闻声而起，举杯共饮。

沈东平接着说：“我还有个想法，不知恰当与否？”

胡晓初说：“沈先生，不必客气，有话请讲！”

沈东平说：“我刚才说了，我们志同道合，可做朋友。古人讲，‘兄弟同心，其利断金’。干脆，我和岩岭兄加入你们的把子，咱五个结拜成把兄弟，携起手来，共同谋事，有福同享，有难同当。以后，咱在这里共同组织农民抗日武装，保家卫国。大家看中不中啊？”

胡晓初、屈申亭、侯香山他们正为找不着前途而迷茫，听沈东平这么一说，不约而同地点头赞同。胡晓初兴奋地说：“好啊，咱结拜成把兄弟，有福同享，有难同当！说实话吧，过去我们感到没有路走呀，将来咋办哩？归宿在哪里？你们这一来，给我们指出了一条光明大道，真是诸葛亮不请自到啊！沈先生，别走了，你就领着大伙儿干吧，俺保证听你的！大伙儿也都听你的！”

屈申亭和侯香山也异口同声地说：“对，弟兄们都听你的！”

沈东平两手一揖道：“谢谢诸位的抬爱！我们共产党实行集体领导，以后凡遇重大问题，咱共同商议解决。”

胡晓初望着沈东平问道：“沈先生，既然咱结拜为把兄弟，成了拴在一根绳子上的蚂蚱，我想问问，你们有哪些具体打算呀？咱今后该咋办呢？”

沈东平思忖片刻，答道：“我和路先生准备在这里住一段时间，具体看一下你们这支武装，还有几个寨公局和陵头岗学校，走访一下群众，将这里的情况摸准吃透，然后向上级党组织汇报，根据具体情况，提出下一步工作的设想和建议。”

胡晓初十分佩服地点了点头，说：“这样很好，一是你亲自摸摸实底，做到哑巴吃饺子——心中有数;二是也能根据咱这儿的实际情况,对我们的做法提出批评和建议。"

路岩岭一看双方初次见面就谈得这样投机,宴会的气氛这样和谐、欢快,也兴奋不已,便站起来反客为主,端起酒杯喊道:"弟兄们,喝酒,喝酒,预祝我们合作愉快,共谋大业!"

沈东平、屈申亭、侯香山也都不约而同地说:"喝!咱喝个一醉方休!"

胡晓初站了起来,摆摆手说道:"各位别慌,别慌。咱今儿个自愿结拜为金兰,这是人生的一件大事,应该举行一个简单而又庄重的结拜仪式。我去鸡窝里抓只大红公鸡,咱磕磕头,拜拜关公,歃血为盟。"

众人嚷道:"对,咱歃血为盟!歃血为盟!"

不多时,胡晓初便将鸡血酒调好,为每人斟满了一大杯。

侯香山早已点燃三炷香,并将香炉放在了客厅门口内侧。五条汉子端着酒杯,面向客厅门口,围跪在香炉前,郑重地举行结拜仪式。

结拜仪式由胡晓初主持。他的话语掷地有声:"今日我和沈东平、路岩岭、屈申亭、侯香山结拜为兄弟,苍天在上,关公作证,以后有福同享,有难同当……"

这天,他们 5 个年轻人开怀畅饮,一醉方休。不胜酒力的沈东平也刷新了自己喝酒的纪录,改写了往常因不敢喝酒所以从来也没有喝醉过的历史。然而美中不足的是,他的胃部受了不小的委屈,向他连续抗议了一天一夜。

# 三

## 县党部派兵烧校舍
## 胡屈侯出资再兴学

这天下午，西华县城西大街路北国民政府会议室里烟雾缭绕，光线暗淡。县长潘龙光、国民党西华县党部书记长王济平、县常备大队队长马乐园、国民党105师（原东北军部队）驻红花集一营一连连长胡兰亭等人喷云吐雾，正围坐在一起秘密开会。

只见潘龙光使劲抽了一口香烟，看着众人说："这次我去开封，向省主席刘峙报告了三岗胡晓初他们这帮匪徒的种种劣迹。刘主席听后非常震惊，十分气愤，对我们西华的匪情万分关注。哼！三岗那一帮穷小子和胡晓初一伙狼狈为奸，胡晓初为他们撑腰打气，出孬点子；他们为胡晓初打掩护，携手与我们政府、我们党作对，抗捐、抗税、抗租。现已查明，胡晓初创办的修武区完全小学，就是他们的黑窝点。他们借助学校这块阵地蛊惑民众，收买人心，向学生及其家长灌输与政府和我党作对等异端思想。刘主席明确指示我们，一定要釜底抽薪，先把修武完小关掉！"停了停又接着说，"我认为，釜底抽薪的最好办法，是把这所学校彻底破坏掉，让他们办不成！"

潘龙光说着站了起来，腆着个大肚子对马乐园说："马大队长，破坏修武完小的具体方案，我和王书记长已经商量好了。我们决定，由你亲自带领骑兵队，连夜突袭陵头岗，火烧学校！"

一听说要他带队"突袭陵头岗，火烧学校"，马乐园愣了一下，心里没底。他望着潘龙光说："潘县长，火烧陵头岗学校，那里有寨公局，胡晓初他们可有不少枪啊！上次围剿他们，咱就没占啥便宜。"

潘龙光说："我都派人打探好了，如今正是收秋种麦的大忙季节，陵头岗寨公局的人都在家里忙得脚打锣，谁还有心思看家守夜。咱正好趁虚而入，出其不意，连夜偷袭他们。事成之后，一定重赏弟兄们！"

马乐园听后，猛地一下扔掉烟头，鼓足勇气道："要是这样的话，就请长官们放心吧，我知道火烧学校既是军事行动，更是政治任务，俺马某不打折扣，保证圆满完成任务！"

潘龙光望着东北军胡兰亭皮笑肉不笑地说："胡连长，可能你已经接到了上峰的密令，烦劳你带领一排人，协助我们这次行动。"他看胡兰亭只顾低头抽闷烟，连腔都没接，又补充道，"胡连长，这事儿用不着你们亲自动手，只要负责外围警戒，给我们骑兵队壮壮胆就行了。这样做的目的，主要是防止胡晓初那帮土匪流寇纠集民众围困骑兵队，干扰和破坏我们的行动。"

胡兰亭这才慢慢地抬起头，翻着白眼珠子瞥了潘龙光一眼，说："潘县长，你是站着说话不腰疼，别人喝药你不苦啊！上次围剿三岗时，我的两个弟兄受了重伤，到现在还没有治好呢！我本来不想告诉你，他俩光医药费就花了……"

狡黠的潘龙光一拍脑袋，打断了胡兰亭的话："嗨，这阵子公务繁忙，说去劳军，去劳军，可一直没能成行。胡连长，这次行动成功后，我和王书记长保证一起去犒劳弟兄们！"

王济平随即站了起来，向与会者各散了一支香烟后，对胡兰亭陪着笑说："对对对，事成之后，我们一定去犒劳胡连长，慰问东北军的弟兄们！"

胡兰亭接过王济平递过来的一支香烟，依旧坐在那里，不热不冷地接过话茬说："那就先谢谢了！到时候，俺胡某恭迎您这两位县太爷大驾光临！"

王济平"嘿嘿"干笑了两声，很不自在地坐回了原位。

潘龙光叮嘱马乐园道："马大队长，你们这次行动，动作一定要快，速战速决，千万不能贪功恋战，达到火烧学校的目的就行了。一定要记住，秘密行动，尽量不要让老百姓们发现，更不能与胡晓初那帮土匪交火。"

马乐园再次站起，双脚"啪"的一并答道："是！卑职明白！到时候大部分人马留在村外警戒，我带一个小分队悄悄地潜入校园，点燃房子后就立马拍屁股走人。"

潘龙光最后下达命令道："好，就这样定了，今晚 10 点半统一行动！"然后看了看王济平说，"王书记长，你还有什么指示？"

王济平说："没啥说了，就按潘县长的命令，分头抓紧准备吧。我只强调一点，今晚的行动，到目前为止，就只有我们 4 个人知道，各位一定要严守机密。这事儿要是让胡晓初他们事先得信，我们的计划就全泡汤了。"

这天晚饭后，在胡晓初家的客厅里，胡晓初、沈东平、路岩岭、屈申亭等人依次而坐，每人面前放着一只倒满水的搪瓷茶缸。微弱的灯光下，沈东平正在兴高采烈地谈论着十多天来在三岗一带参观、查访的感受：“……这里的群众勤劳善良、纯朴可爱，可就是太穷太苦、太可怜了。老乡们都盼望着能过上有饭吃有衣穿、不受窝囊气的好日子……

“你们组织成立寨公局，看来这种形式非常好，很受群众欢迎。我看了几个寨公局，都搞得相当不错！尤其是后石羊，东、西两座寨，寨墙高大，寨海子深陡，东西两寨能相互策应，易守难攻，再加上寨公局的武装把守，土匪流寇攻寨，远了有钢枪，近了有土炮，一般的土匪流寇很难攻破。有了寨公局看家护院，老百姓的安全感增强了，大家的心就会拧得更紧，抗击土匪和官府苛捐杂税的力量，也就更加强大了。

“陵头岗学校的地理位置不错。尽管现在办学条件差些，学生还不够多，教员也不足，但大家的精神面貌很好，校风正，教风正，学风正。许多学生都知道大伙儿捐资兴办这个学校不容易，在这里上学是托了胡、屈、侯三位先生的福，纷纷表示一定要听家长和老师的话，好好读书，为家人、为穷人们争口气。

“看来啊，路先生说得一点儿都不错。对我们来说，三岗这里是再理想不过的地方了。停两天，我回许昌把事情处理一下，就去天津北方局向党组织汇报，建议在三岗建立抗日根据地，请求组织上派更多的同志来这里开展工作。”

胡晓初一听“派更多的同志来这里工作”，激动地站了起来，两拳一抱说：“沈先生，要是这样的话，那就更好了！”

沈东平喝了口茶水，示意胡晓初坐下，说：“这只是我个人的一些看法和初步设想，建立抗日根据地事关重大，眼下‘八’字还没有一撇呢，请大家口要严谨，注意保密……”

这时，“咚！咚！咚！”传来一阵急促的敲门声，紧接着是一阵喊叫声：“爹！开门！开门！快开门！”

胡晓初快步走出客厅，拉开大门，见是在门外放哨的12岁义女雪琴，急忙问道：“雪琴，咋啦？”

胡雪琴急切地说：“爹，刚才有一队骑兵往陵头岗方向去了，登瀛哥他追骑兵去了。你快去看看吧！”

胡雪琴说的“登瀛哥”，是屈申亭的大儿子，别看只有十三四岁，可长得又高又胖，像个小大人似的。今天他随父亲来开会，像往常一样，依旧是和胡雪琴及其妹妹雪林、雪梅一起在大门外一边玩耍、一边放哨。

胡晓初赶紧返回客厅，把情况对众人说了一遍。

屈申亭皱着眉头说:“一队骑兵?土匪和正规部队轻易不会到咱这里来,很可能是县常备大队的骑兵队。官府平时催粮派款,从没有动用过骑兵呀!今天呐,我看势头不对,来者不善!”

路岩岭一听有些紧张,看了看大家说:“该不会是走漏了风声,常备大队奔沈先生和我来的吧?”

胡晓初沉思了片刻,说:“从他们的行动路线来看,不像是奔你们来的。但我们也不能麻痹大意,要作最坏的打算,有备无患嘛!这样吧,请沈先生、路先生进我家地洞暂避一时,我和守义兄出去看看再说。”

说话间,远处传来屈登瀛的高喊声:“不好啦!不好啦!有人要放火烧学校!快救火呀!快救火!”

胡雪琴又跑过来喊道:“他们烧学校哩!”

沈东平说:“要是这样的话,我们根本就没有躲避的必要。”

路岩岭说:“走吧,大家一起去救火!”

众人不约而同地将目光聚向了胡晓初。只见他“霍”地站了起来,说:“中,咱一起去!我集合寨公局,鸣枪驱赶那些伤天害理的骑兵。守义兄,你赶紧去敲钟,集合乡亲们救火!”

夜幕将村庄严严实实地笼罩在一片黑暗之中,星星点点的灯火在艰难地放射着微弱的光芒。此起彼伏的狗叫声,打破了这乡村夜晚的静谧。

105 师驻红花集胡兰亭连长带领一个排,正蹲在由都城岗通往陵头岗的道路上静观夜景,应付差事。只见一小队骑兵手持火把,从胡兰亭他们身边向陵头岗学校飞奔而去。

屈登瀛外号“飞毛腿”,他抄近路斜插到飞奔的马队中间,被一个骑兵狠狠地抽了一马鞭,马鞭正好缠裹着屈登瀛的腰部,他顺势猛拉马鞭,将那个骑兵拽下马来,然后上前猛跨一步,扑倒在地,和那个骑兵扭打在一起……

陵头岗学校大门紧闭,院内一片漆黑。马乐园勒紧马缰绳,站立在学校门口高声嚷叫:“开门!开门!快开门!”

过了一阵子,院内一直无人应答,马乐园急不可待,命令手下道:“砸开门锁,趁院内无人,火烧校舍,速战速决!”

不多时,门锁被砸开,学校大门洞开。

就在骑兵们往校园内冲时,一位手持大刀的老汉威风凛凛地挺立在大门口,像座铁塔似的挡住了他们的去路。

“快闪开!老不死的!”骑在马上的马乐园高声骂道。

“烧学校伤天害理，猪狗不如，你们这群孬孙王八蛋将不得好死！哼，只要我侯明在，你们就别想跨进校园一步！”学校看门人侯明老汉破口大骂道。

马乐园怕延误时间，惊动陵头岗寨公局武装，不愿与侯明纠缠，挥鞭狠抽了一下他那匹高大健壮的枣红马。那马一惊，猛地向前窜去，将侯明老汉撞飞一丈多远，马乐园带领骑兵们冲进了校园。他边跑边高声喊叫：“弟兄们，速战速决，回去领赏！烧1间房子奖大洋3块！奖大洋3块！”

胡晓初他们飞速赶到学校时，看见骑兵们正纷纷将火把对准校舍屋檐上的茅草。胡晓初命令赶来的寨公局队员开枪驱赶纵火的骑兵。就在这时，周围村庄传来一阵阵嘈杂的狗叫声和嘹亮的集合钟声。不久，便隐隐约约地看到从四面八方围拢过来的村民。骑兵们见状纷纷打马逃窜。

学校院内一片火海，烟雾弥漫。

几名寨公局队员冲上去救下了遍体鳞伤的屈登瀛，活捉了那个被屈登瀛死死缠住的倒霉蛋骑兵。

经过众人的拼命扑救，熊熊燃烧的大火终于被扑灭了。但校园已经变得千疮百孔，面目全非。

再说沈东平、路岩岭这次在三岗一带考察了近20天时间，大致掌握了该地区的情况。回到许昌后，沈东平主要做了三件大事：一是正式启动了中共许昌中心县委的工作，秘密主持召开了县委会议，传达了北方局关于近期秘密发展抗日革命力量的指示，详细通报了在西华三岗一带实地考察的情况。二是大致理清并向北方局报送了在河南的工作思路，即健全基层党组织，在西华开辟抗日根据地。三是亲自介绍路岩岭加入了中国共产党。

这年年底，沈东平返回天津，向中共中央北方局负责人柯庆施汇报工作，重点汇报了西华三岗的情况，并建议在三岗一带开辟抗日根据地。不久，北方局采纳了沈东平的建议，并指派他先期来西华开展工作。

1934年春，沈东平肩负神圣使命，再次来到西华三岗，开始了与路岩岭、王子英、王其梅等共产党人共同点燃西华抗日烽火的革命征程。

沈东平和路岩岭这次奉命来西华，仍然住在胡晓初家里。

这天晚上，沈东平、胡晓初、路岩岭、屈申亭、侯香山等人围坐在一起，开会商讨如何开展下一步的工作。

会上，沈东平首先通报了北方局关于在三岗一带开辟革命根据地的指示，然后谈了下一步的工作打算。他分析说：“潘龙光、王济平他们烧毁学校，正说明我们的学校办得好。他们害怕我们办学，害怕我们培养更多的革命力量。

他们越是这样，我们越要想办法把学校办得更好。我认为，我们不但要在陵头岗办学，在周围的村子也要办学；不但办小学，将来还要办中学，树起抗日的大旗，办干部训练班，培养更多的抗日干部和革命力量。”

路岩岭点着头接道：“是的，目前我们发展革命力量，组建抗日武装，最好的办法就是从办学入手。”

胡晓初听后兴奋地说：“与你们接触这几个月来，听你们讲革命，闹共产，俺慢慢地悟出了一个道理，那就是只有共产党才能救中国，只有带领众人跟着共产党闹革命才会有出路。俺这一阵子想好了，给自己取了个号，叫‘普照’，就是努力把马克思、列宁的光辉思想传送给穷苦农民。可俺不知道这革命从哪儿入手，咋个闹法，经您这么一说，俺心里算是有底了。”停了停又皱着眉头说，“要真像沈先生说的一下子办恁些学校，经费嘛，大伙儿可以想办法筹集，可上哪儿去请恁些教书先生呀？”

沈东平望着他笑了笑，满有把握地说：“聘请教书先生的事好办，到时候我再去天津一趟，请组织上派一大批先生来这里，边教书边秘密从事革命活动。眼下，我们的当务之急是修复校舍，多招学生，聚拢人气，为迎接大批先生的到来做好准备。”

胡晓初说：“那天幸亏咱发现得早，救火及时，校舍被那群孬孙王八蛋只烧毁了一小半。前天俺去学校细瞧了一遍，修修还管用。我算了算，学田租和庙田租只够给教书先生发薪水，修复校舍的资金，还得靠大家想办法！”停了停又说，“这次修复校舍，我看只有靠大家捐款。我先带个头，捐 400 块现大洋。”

屈申亭接着说：“俺出 300 块吧！”

侯香山说：“俺也出 300！”

沈东平看胡晓初、屈申亭、侯香山他们带头捐资办学，心里有数了，于是继续说道：“学校修复后，要尽量多招学生，迅速在群众中扩大影响。以后，那里就是我们的大本营啦。你们慷慨解囊，拿出这么多钱修建学校，当然是大功臣啦，你们当学校的董事长、董事。将来大批先生到来后，从中再聘请个校长，聘一群教书先生。到那时，咱们的学校一定会办得红红火火，兴旺发达！我看呀，原先的校名没有特色，不能体现咱的办学思想，咱应该给新学校取个更合适的名字，先预备着。”

路岩岭说：“对！名不正则言不顺，言不顺则事不成。新学校要取个新名字，这样就更有新气象了！”

胡晓初看着沈东平说：“沈先生，你是不是已经有了好主意，说说让大伙儿听听!”

沈东平说:“我们办学是为了宣传共产主义和革命思想,教育下一代,培养革命骨干,学校的名字也应该围绕着这个宗旨来取。胡先生,我刚才从你的大号‘普照’这两个字受到了启发,我们是不是在这上面做做文章,给学校取名叫‘普理’?”

胡晓初不由自主地问了一句:“叫普理?”

沈东平点着头说:“对,叫普理,叫普理学校!‘普理’,表面上是取你的字‘普照’的‘普’,其深刻含义在于普及马克思列宁主义的革命真理。”

胡晓初轻轻一拍桌子叫道:“好啊!这个校名取得巧妙,寓意深刻!就叫‘普理学校’,咱就叫‘普理学校’!”

众人热烈鼓掌,一致通过。

沈东平接着说:“开展革命活动,建立抗日根据地,大力办学只是一个方面。我们还要广泛深入地发动群众,组织群众,将老百姓都动员起来,都武装起来!”

路岩岭看了看大家说:“我们共产党人是鱼,老百姓是水。建立抗日根据地,离不开当地老百姓的大力支持和积极参与。好在三岗这一带已经有了比较好的群众基础,我认为,我们应该在组织形式上多动动脑筋,想想办法。”

沈东平说:“我看最好是学习南方苏区的经验,成立农会。”

“啥是农会呀?”屈申亭仰着脸问道。

“农会是个简称,全名叫‘农民协作委员会’。它是农村的权力组织,像减租、减息、征粮、征兵、挖沟、修路,包括组建农民武装等一切权力,统统都归农会所有。前些年,咱们县东夏亭的李子纯等人组织的‘光蛋会’就是农会。农会下面还可设若干个群众组织,比如妇救会、儿童团、老人会、民兵队,等等。”沈东平娓娓解释道。

屈申亭一拍大腿兴奋地说:“要是这样将群众都组织起来的话,那咱以后的力量就更大了,就更不怕土匪和官府了!”

侯香山也笑着说:“那还用说!”

沈东平说:“现在,我们就要抓紧时间工作,在修复学校的同时,组建妇救会、儿童团、老人会等群众组织。另外,对寨公局这样的看家武装也要进行整训,立下规矩,严明组织纪律。对个别思想落后的队员要进行批评教育,对那些屡教不改者,要严厉惩治。”

胡晓初望着沈东平说:“沈先生,当初成立寨公局,那是权宜之计,没有办法的办法呀!眼下根据革命工作的需要,该批成批了,该整成整了。无规矩不成方圆,没纪律就是一盘散沙。对那些土匪流寇思想严重且经教育仍不悔改者,该除名的除名,该镇压的镇压。我先表个态,不论他是亲叔二大爷,都一视同仁,决不迁就姑息!"

屈申亭和侯香山也都表示,要带头教育自己在队伍中的亲戚、朋友和部下,绝不能容忍身边有害群之马存在。(之后不久,屈申亭大义灭亲,报经豫东特委批准,亲自下令处决了祸害乡里、妄图拉走一小股队伍"占山为王"的四弟屈沃。)

这时,窗外传来一阵阵嘹亮的雄鸡叫声。沈东平掏出怀表看了看说:"咦,时间不早了,今天的会就开到这儿吧!"

沈东平、路岩岭、胡晓初送屈申亭、侯香山来到大门口,在此放哨的屈登瀛、胡雪琴、胡雪林迎了上来。屈登瀛拉住沈东平的手说:"沈叔叔,俺要参加民兵队!俺要当兵!"

沈东平拍了拍屈登瀛的肩膀说:"登瀛这孩子确实是块当兵的好料子。想当兵,好啊!不过,咱不成立民兵队,要建就建大部队,建抗日自卫军!到时候,给你个营长、团长干干!"

胡雪林拉住沈东平的手嚷求道:"沈叔叔,俺也要当兵!俺也要当兵!到时候,你也给俺个营长、团长干干吧!"

沈东平抚摸着胡雪林的头,一脸认真地说:"雪林,我一定任命你为团长——儿童团团长!"

众人哈哈大笑。

# 四

## 陵头岗办班训骨干
## 众百姓抢粮度荒年

共产党员沈东平等人在西华三岗一带的革命活动，是以办学为突破口的。

陵头岗村西边有一个土围子，当地人都叫它“寨子”。寨子里面有一座小庙，庙内东、西、北三面各有3间房。庙后有一座二层小楼，上下各有3间房。这些房子的西边是一个操场。操场后面还有一座较大的楼房，上下各6间房。这里原来是一所小学校，名叫“西华县修武区完全小学”，是胡晓初、侯香山于1930年春天带领当地群众集资兴办的。前不久，该校被西华县国民政府常备大队放火烧毁了。1934年夏天，在沈东平等人的帮助和支持下，胡晓初、屈申亭、侯香山他们自筹资金，重新修建了被烧毁的校舍，恢复了这所小学。当年秋季开学，招了60多名学生。学田租和庙田租作办学经费，楼房作教室，教员办公和住宿就在庙内。

学校修建前，为了争得管理权，使共产党地下工作者有个落脚之地，胡晓初他们千方百计地与官府进行斗争。他们明知国民党县党部书记长王济平不肯拨款修建学校，但偏要三番五次地找王济平拨款，王济平不是躲着不见，就是“顾左右而言他”，耍滑头不表态。那天上午，胡晓初、侯香山又在县党部挤住了王济平，缠着要他表态。王济平无奈，便拖着官腔说：“按理说呢，办学和修路、架桥一样，是积德行善的大好事，作为政府，我们理应支持你们。但如今县政府也是罗锅上树——前（钱）缺呀！俗话说得好，有多大的荷叶包多大的粽子。我看这样吧，办学的事儿你们量力而行，有钱就办，要是没钱，那就以后再说吧。东边的日头一大摞子哩，别急别急，天长着哩，慢慢来。”胡晓初趁机说：“王书记长，既然你们认为办学是好事，同意我们办，那我们就自己想办法，下劲儿把学校办好。但有两点得讲清楚，一是修建学校我们自己出地出钱出工，不找县政府的任何麻烦；二是我们独立办学，自主管理，自聘教师，县政府不能随意安插人员，干预学校事务。”王济平看了看胡晓初和侯香山，无奈地点了点头说：“那，那中啊。”就这样，胡晓初他们顺利地争得了办学、聘用教师的合法权利。

修建后的陵头岗小学，成了掩护共产党组织开展革命活动的基地。在沈东平的积极争取下，从 1935 年春天开始，中共中央北方局相继派王子英、施裕民、施德生、栗在山、樊亚峰、王学武、朱竞仙（沈东平的爱人）等共产党干部来该校任教。

1935 年冬天，当毛泽东率中央红军到达陕北，取得直罗镇战役胜利，北平学生发动“一二 · 九”抗日爱国运动的时候，西华县陵头岗小学正式更名为私立“普理学校”。胡晓初任董事长，屈申亭、侯香山为董事，王子英任校长，施德生、栗在山、樊亚峰、王学武、朱竞仙等共产党员和进步人士任教员。学校公开提出了“向工农开门”、“贫苦子弟免费入学”等口号。这一办学方针深受当地穷人们的欢迎，他们纷纷送子女上学，不几天就扩招了 90 多名学生，在校学生总数达到 160 多人，开了五个年级。

1937 年西华普理学校教职工合影，前排左起：施德生、栗在山，左五为王其梅

紧接着，沈东平、胡晓初他们以学校为立足点，秘密发展进步组织，在学校成立了“抗日民族解放少年先锋队”（简称民先队）、“学生同盟会”等组织。“民先队”和“学生同盟会”成立那天，全校师生敲锣打鼓，开大会热烈庆贺。校长王子英当场挥毫题词：“同踏上联合战线的我们”。会后，学校将该题词书写在校内最醒目的南院墙上面。

在这期间，普理学校还筹集资金，购买了一批进步书籍，办起了图书室，免费让师生和青年农民阅读。

说是自主办学，其实国民党当局并未放松对普理学校的监督。为指导革命工作的开展，沈东平他们以普理学校的名义订了《申报》、《大公报》两份进步报纸。不久，这两份报纸被国民党县党部发现后扣押了下来，并扬言说："这是个政治事件，要追究责任，惩治有关人员。"看样子事情要闹大，沈东平指派侯香山出面平息此事。

一天，侯香山带领8名全副武装人员，以普理学校董事身份找王济平说理。一进王济平的办公室，侯香山便将手枪往桌子上"啪"地一扔，大发脾气，张口就骂道："他妈的，老子办学是经你们同意的，办学为啥不能订报纸？你们不知道我是普理学校的校董吗？现在竟扣到侯某我的头上来了！"王济平知道侯香山父子在西华的影响很大，不敢轻易得罪，同时也感到这事自己理亏，便连忙道歉并推脱说："侯队长，别发火，别发火，有话慢慢说嘛。这事儿我不知道，真的不知道！如真有此事，成放心了，立即交还。"事后，这位书记长把扣押的报纸全部交了出来。从此，他们再也不过问普理学校订报刊的事了。

为进一步扩大影响，培养更多的革命力量，沈东平、胡晓初他们在举办普理学校的基础上，先后又在附近的麦庄、肖横、朱湾、枣口、南凌、屈庄、红花等地办起了8所分校，学生很快发展到800多人。

在这期间，经沈东平介绍，胡晓初、屈申亭、侯香山等同志光荣地加入了中国共产党，其中侯香山为"特别党员"（1938年中共六届六中全会上，张闻天的报告中指出："凡党员处于特别地位，而不过一般党的组织生活者，谓之特别党员。"即特别党员是具一定社会地位、担负特别的工作任务而受到特别管理的党员）。

此时，与西华三岗地区按照中共《八一宣言》，高举反蒋抗日民族统一战线的大旗，革命形势蓬勃发展截然相反的是，中共地下河南省委因执行王明"左"倾路线，遭遇了灭顶之灾。

1936年2月，中共河南省委派往上海学习的郑州豫丰纱厂党员徐凤山叛变投敌，此人冒充"省委书记"回到河南，组成假省委，疯狂破坏河南地下党，省委军委书记王斌也在郑州被捕叛变。其他人员散的散，死的死，逃的逃，省委领导机关已不复存在，白色恐怖笼罩着全省上下。在这种情况下，以刘少奇为书记的中共中央北方局任命沈东平为河南省临时工作委员会负责人，指示他以许昌、西华为依托，联络失散的同志，迅速恢复和发展河南的地方党组织。

沈东平临危受命，勇敢地担起了党组织的重托。这年的春夏两季，他在领导西华三岗地区革命活动的同时，冒着生命危险，化装奔波于许昌、开封、郑州、洛阳及豫北的沁阳、济源、孟县等地，先后恢复了郭晓棠、齐欣、杨伯生、吴芝圃、曲乃生等人的党组织关系，恢复和组建了一批地下地方党组织，将中共河南省党组织的工作纳入了正常轨道。

这年 10 月中旬，随着西华革命形势的迅速发展，经中共中央北方局批准，在三岗普理学校建立了中共豫东特委，直属北方局领导。豫东特委由 5 人组成，其分工是：沈东平任书记，路岩岭任委员兼组织部长，胡晓初任委员兼军事部长，屈申亭任委员兼统战部长，王子英任委员兼群工部长和中共西华县委书记。

11 月下旬，沈东平到天津向中共中央北方局汇报西华工作的情况，并要求增派大批干部加强河南党的工作。北方局负责人柯庆施向他通报了中国工农红军三大主力在西北会师，在陕甘宁地区已同张学良的东北军、杨虎城的西北军形成“三位一体”的抗日民族统一战线。党中央根据日军占领东北全境、越过长城，将大举进攻华北，全国抗日救亡运动空前高涨的情况，将原来的“反蒋抗日”政策调整为“逼蒋抗日”，以便结成更加广泛的抗日民族统一战线。中共北方局领导安子文报请北方局书记刘少奇，答复了沈东平的请求，随即又派刘子久、王其梅、刘聚奎、张漫萍、邱少山等人来河南工作。其中王其梅被分配到西华，任豫东特委委员（“七七”事变后兼中共西华县委书记），协助沈东平开展工作。

12 月 12 日“西安事变”发生后，抗日局面发生了新的变化。中共豫东特委和西华县委指示党员干部带领学生深入农村，宣传抗日救国政策，到处张贴“打倒蒋介石”“反对日本侵略”“联合抗日救国”等标语。根据地人民听说活捉了蒋介石，人人欢欣鼓舞，奔走相告，到处搬石磙、砸石碾、埋石磙（寓意铲除祸国殃民的蒋介石），抗日热情进一步高涨。在此基础上，豫东特委和西华县委顺势利导，指导三岗一带各村相继建立了青年队、壮年队、老头队、老婆队、儿童团等群众性的抗日团体。

这年冬天，随着革命形势的快速发展，根据中共河南临时工委关于“大力发展党的组织，培养革命干部”的指示精神，为尽快解决豫东地区缺少抗日干部的问题，豫东特委一班人冒着严寒，积极筹备，未雨绸缪，在陵头岗普理学校举办了第一期抗日干部训练班。

这期干训班由普理学校董事长胡晓初亲自担任班主任，由王子英讲授国际国内形势课，樊亚峰讲授苏联现状课，施德生讲授抗日统一战线课，王其梅

1936 年西华普理学校第一期抗日干部训练班合影

讲授军事课。侯宗斌、侯宗岳、侯宗昶、王文科、屈登瀛、赵同仁、薛毓芳、金俊铭、何林兆、郭尚珍、施济民、施济恩、金树仁、侯宗芳、王文治、胡国喜等20多名学员主要是来自西华的青年农民、中学和师范毕业生。由于上述教员在普理学校都兼有课程，所以干训班一般是在早晨和晚上上课，白天大部分时间进行军事训练。

这期干训班历时两个多月。学员们的生活艰苦而又紧张，大家睡的是地铺，吃的是杂面馍和青菜汤。军事训练十分严格，每天早晨天刚蒙蒙亮就起床，由军事教员王其梅带领进行野外训练，要跑10华里左右才返回。然后破冰洗脸，上一节课后再吃早饭，风雨无阻，雷打不散。有一天夜里下了一场雪，地面积雪足有10厘米深，这样不仅照常上操跑步，而且王其梅带领大家脱了鞋子光脚跑。学员侯西斌家就在学校附近，住在家里，那天因睡过了时辰而迟到，照样被要求在操场上跑了几圈。

当时，在普理学校的学生和干训班学员中，有相当一部分家庭生活困难，缺吃少穿。沈东平、胡晓初、王其梅等人不断对他们进行帮助，使其安心学习。

这年冬天，天气分外寒冷，也许是老天爷怕绿油油的麦苗冻坏了，特意将厚厚的雪被严严实实地盖在了广袤的田野上。

农历腊月十八这天下午，沈东平、王其梅顶风冒雪，来到陵头岗一户村民的门前。王其梅轻声喊道："老乡，侯振华在家吗？"

一个面容憔悴、30多岁的汉子拉开门，看了看他们说："啊，是先生来啦！"

"振华他兄弟俩这两天没上学，我们来看看是咋回事。"

"二位冒着这么大的风雪来看孩子，真是叫俺过意不去。沈先生、王先生，快进屋暖和暖和。"

沈东平和王其梅随振华爹走进了屋子。

这是两间茅草屋。外间靠门口垒着一个不大的锅台，紧挨锅台放着一块小案板，小案板北面是一小堆柴禾。里间靠北墙打一个地铺，一个女人躺在地铺上，盖一条补丁摞补丁的破棉被。两个小孩坐在地铺边，一个八九岁，一个十来岁。他俩看见先生来家访，站起来低头不语，用手不停地摆弄着脏兮兮的衣角。

振华爹说："先生啊，你们教孩子们念书识字，还不要钱，俺打心眼里感谢您！孩子们都很想上学，可就是俺这个当爹的没本事，家里太穷了。今年天旱，庄稼歉收，打的那点粮食交了租子，就没剩几粒，早就填肚子没影儿了。一家大小，全靠他妈要饭糊口度日。前几天，他妈突然病倒了，家里也就揭不开锅了。俺一个大老爷们儿，在家门口拉棍讨饭，抹不开脸，张不开嘴，实在没法儿，只好叫俩孩子去……"

振华娘少气无力地说："华儿，去给先生烧碗茶。天冷得很，让他们暖暖身子。"

沈东平上前一步，连忙制止说："不麻烦了，不用烧水！大嫂，您这病请先生瞧过没有啊？"

"连填肚子的都没有，哪儿还有钱看病呀！唉！快过年了，这年关咋过呀！"振华娘边说边抹眼泪。

沈东平从兜里摸出一块大洋，递给振华爹说："大哥，去给嫂子抓服药吧。过年的事儿，咱再想想办法。"振华爹犹豫片刻，颤抖着双手接过大洋，眼含热泪，嘴张了张，说不出话来……

沈东平和王其梅从侯振华家里出来。雪地上，两行深深的脚印，又延伸到另一户村民门前……

傍晚，沈东平和王其梅回到学校。在大门口，他们发现半躺着一个衣服破烂、蓬头垢面的瘦弱小男孩。这孩子手里握着一根弯木棍，身边放着一只破柳条篮子，篮子里有一只豁了口的黑陶碗。沈东平弯腰摸摸他的鼻孔说："还有气，可能是饿昏了。"说罢，将那男孩背进了自己的住室。

王其梅快步去学校食堂拿来两个蒸馍，端来大半碗热开水。刚刚苏醒的那个小男孩看见蒸馍，伸手抓过来就往嘴里塞。王其梅说："别急，慢慢吃，慢慢吃。"

沈东平看小男孩吃馍喝水后有了精神，就问道："小朋友，你叫啥名字？多大了？家在哪儿？"

"俺叫刘尚文，14 啦，家住南边 20 里的官路刘。"

"小朋友，我问问你，是 1 斤铁重，还是 1 斤棉花重？"沈东平有意考察一下这个要饭娃子的智商。

"铁重，铁砸头上一砸一个大疙瘩。"刘尚文脱口说道。

"我是说 1 斤铁和 1 斤棉花，谁重？"

"1 斤铁和 1 斤棉花，一样重。"

"尚文，你脑子很好使啊！想上学读书吗？"

"俺一个要饭花子，想上学也白搭，哪儿有钱交学费，谁管俺吃饭呀？"

"不叫你交学费，一天还管你三顿饭。"

小尚文盯着沈东平看了好长一段时间，摇了摇头，没有说话。

沈东平上前一步，摸着刘尚文的肩膀说："小兄弟，我不骗你，真的是不交钱，还管吃管住。"

小尚文听沈东平说罢，把目光转向了王其梅。

王其梅微笑着冲他点了点头说："是的，他说的一点不假。"

小尚文二话没说，"扑通"一声跪在地上，"嗵嗵嗵"给他俩磕了三个响头。二人立即把小尚文从地上拉了起来……

当天晚上，沈东平召集众人开会。他忧心忡忡地说："我们经过几年的努力，这里的群众是初步发动起来了，可他们的生活状况依然没有得到改善，不少村民缺粮少柴，揭不开锅。快过年了，咱得想法儿帮他们度过年关。"

胡晓初一跺脚骂道："日他奶奶，这世道不平得很！穷人没吃没喝，家里老鼠都饿跑光了，可那些大财主宁愿把粮食放霉沤烂，一粒也不肯拿出来救济穷人！他们不主动拿出来，我看呀，咱就组织群众吃大户，去地主家抢粮食。"

侯香山想了想说："咱这一带就数胡楼的胡逊安和小马庄的马堂家最富，存粮食最多。可这两家土财主为富不仁，咱多次上门募捐，他们都是铁膀子老公鸡，一毛不拔。枪打出头鸟，我看就先从这俩老鳖一身上开刀。"

屈申亭说："这两家财主都有十来条快枪，家丁都是出了名的地痞无赖！特别是马堂，仗着他儿子马乐园当着县常备大队队长，平时骄横得很，尾巴都快翘到天上去了。我看咱要多去人，多带枪，先镇唬住他们，让他们有枪不敢用，躲在屋里当缩头鳖！再说啦，这样咱也能避免与他们发生冲突，减少损失。”

王其梅补充道：“除多去人、多带枪外，我看还要带布袋之类的家伙，捎回一批粮食，分给那些没去抢粮的穷人。”

路岩岭建议道：“这事儿我们都不宜露面，由咱的骨干学员带领，鼓动附近的群众去哄抢粮食，叫那俩老鳖一被抢后找不到主儿，哭天无泪，叫地无门，干生窝囊气！”

沈东平看大家的意见完全一致，就拍板说：“就这样定了，组织群众抢粮！下面研究一下具体方案……”

几天后的农历腊月二十六下午，一群群化装成走亲戚、做买卖的普理学校师生和骨干群众，挟带着武器、布袋之类的东西，悄悄地混进了胡楼村。

夜幕徐徐降临，乡间小道上晃动着三五成群的农民，有的推着小车，有的拿着扁担和布袋，纷纷向胡楼村围拢过来。

胡逊安家是一处大宅院。高大的门楼，门前卧着一对威武的石狮子；影壁墙后面是一栋上下 9 间青砖灰瓦小楼，东西两排厢房；后院是一排 4 个大粮仓。此时，刚吃罢晚饭的胡逊安，正躺在床上美滋滋地抽着大烟。管家突然跑进来喊道：“老爷，大事不好。听人说寨门开了，那帮穷小子今儿晚上可能要来抢粮！”

“哼！抢粮！就是借个天胆，他们也不敢动俺胡老爷一粒粮食！”半躺着的胡逊安动也没动，说罢，继续喷云吐雾。

“听说这事共产党插了手，是胡晓初出的孬点子。”管家点头哈腰，继续报告道。

“胡晓初出的点子？不会吧？俺和晓初是同族本家，论辈儿，他还喊俺大爷哩！”胡逊安半信半疑，说着，坐了起来。这时，一个家丁慌慌张张地跑进来报信说：“老爷，老爷，不好了，大门外围着好些人，黑压压的一大片！”

胡逊安一推烟枪跳下床，边往大门口跑边喊叫：“快集合家丁，顶好大门！给我顶好大门！”

“嘭！嘭！嘭！”普理学校抗日干训班学员屈登瀛一边擂着大门，一边高声喊道：“开门，快开门！我们要见胡逊安！”

胡逊安努努嘴，示意管家上前答话。管家对着大门喊道：“您先说说，找俺胡老爷有啥事呀？”

抗日干训班学员王文治答道：“要过年了，俺这一群穷爷儿们揭不开锅，找胡老爷借点粮食。”

管家说:“嗨,您来的真不巧,今儿个胡老爷出门不在家,这么大个事,俺一个小管家做不了主啊!您看这样中不中,先回去,先回去,这事改日再说,改日再说。”

众人听得不耐烦了,高声喊道:“开门!快开门!”“再不开,俺就砸门了!”

胡逊安一听火冒三丈,厉声骂道:“日他奶奶的,谁敢砸门?也不打听打听,俺胡逊安的快枪,可不是吃素的!”

屈登瀛怒不可遏,吼道:“哼!要说快枪啊,你胡逊安没有俺寨公局的零头多!”胡逊安这下被噎住了,里面鸦雀无声。王文治接着喊道:“胡逊安,你听好了!我们今儿个只想借点粮食,度过年关,不是来跟你比枪的。只要你们不先动武,我们保证不伤你一根汗毛!可话又说过来,要是真打起来,你家今儿个就完蛋了!明年的今天,就是你胡逊安的忌日!”

管家一看对方口气更加强硬了,就想采用缓兵之计,赶紧打圆场说:“借粮的事好说,都是乡里乡亲的,千万不能伤了和气!今儿个实在是太晚了,咱明儿个再说中不中?明儿个再说吧!”

王文治、屈登瀛等人耳语了几句后,屈登瀛向人们喊道:“乡亲们,他们要拖延、应付我们。大冷天的,快过年了,咱不能白跑一趟,撞门!”话音刚落,就见侯宗斌、施济民、施济恩、王文科、薛毓芳、金俊铭、何林兆等干训班学员抱住一根又粗又长的木头,高喊着“冲啊”,朝大门猛冲过来,只听“嗵”的一声巨响,大门晃动了一下。人们抱着木头后退十几步,再次高喊着向大门冲去,“嗵”的一声巨响,大门被撞开一道缝隙。人们又后退十几步,再一次飞奔着向大门撞去。就听“咣当”一声巨响,大门洞开。

胡逊安的一个家丁看大门被撞开了,饥民们潮水般地涌了进来,慌乱中抠动了扳机,步枪子弹从屈登瀛头上“嗖”的一声飞过。屈登瀛眼明手快,“啪”的一枪,击中了那个家丁的胳膊,他“哎呀”一声,手中的钢枪应声落地。众家丁一看大事不好便拔腿后撤。胡逊安见状扭头就跑,和家人一起龟缩在小楼上不敢露面,眼睁睁地看着众人向后院的粮仓奔去。

普理学校干训班的一大群学员冲在最前面。年轻好奇的刘尚文顺便拐进东厢房,发现里面放着一大堆年货,其中有几大挂鞭炮。他灵机一动,抱出两大挂鞭炮,挂在了院中的一棵大槐树上“噼噼啪啪”地燃放了起来。周围的群众听到鞭炮声,一打听是“吃大户”抢粮的,争先恐后地赶来了。很快,胡逊安家的4座粮仓被全部打开了。饥民们蜂拥而上,肩背手提,大口袋、小布袋地抢运粮食……

两天后的腊月二十八晚上,中共豫东特委和西华县委用同样的方式,又组织当地数百名群众，砸开了小马庄大地主马堂、白庙村马天佑家的粮仓，夺得粮食40多万斤。

通过组织抢粮，豫东特委和西华县委不但帮穷人渡过了难关，同时也提高了群众的斗争觉悟和革命的自觉性。

“西安事变”的消息传来后，群众的情绪更加高涨。但很快听说把蒋介石放回了南京。自从1927年，共产党和以蒋介石为首的国民党反动派拼杀了10年，双方横尸百万，血流成河，为什么轻易将蒋介石放了呢？党内外群众对此很不理解。沈东平立即派路岩岭去北方局了解释放蒋介石的缘由，请求指示。

路岩岭来到天津法租界长春大旅社，中共中央北方局组织部长柯庆施接见了他，回答了他提出的“我们和蒋介石打了十来年仗，牺牲了那么多同志，现在既然捉住了他，为什么不杀掉”的问题，并指出只有联蒋抗日，搞国共合作，才能抗击日本侵略者。以沈东平为首的豫东特委根据中共中央“和平解决”西安事变的通知精神，按照北方局的指示，向广大党员和人民群众认真地做了解释疏导工作，使根据地军民和地下党员很快认识到，面临日军的大举进攻，中华民族到了最危急的关头。只有停止内战，联合起来，举全国之力，才能战胜日本帝国主义的侵略，挽救中华民族。这样一来，很快便将中共河南省党组织的工作纳入了联蒋抗日的正确轨道。

历史证明，在民族矛盾激化，国家危急存亡之秋，中华这个古老的民族在面临亡国灭种的大背景下，国共两党不但有必要，而且有可能求同存异，共捐前嫌，携起手来对付共同的敌人。

1937年5月，中共中央决定重新组建河南省委。毛泽东在延安对负责筹备工作的朱理治说，你的工作区域很重要，今后将是抗日的重要战略地区；要利用抗日民族统一战线，积极组织群众，建立党的组织。沈东平得知中央派朱理治重组河南省委的消息后，派栗在山到西安专程迎接朱理治到当时的河南省会开封。4个月后，中共河南省委在当时的省会开封召开会议。沈东平在会上报告了他受中共北方局派遣，在西华通过胡晓初等人的关系，发展党组织，组建革命武装，使三岗成为共产党隐蔽的根据地等情况。省委全体会议对西华的工作给予了高度评价，一致推选沈东平为省委委员，并代表省委主持豫东特委工作。

当时，中共河南省委清醒地看到，河南沦陷只是个时间问题，必须把培训干部、组建抗日武装和创建抗日根据地作为目前的总任务。这样一来，开创以西华为中心的豫东抗日根据地的重任，责无旁贷地落在了沈东平及豫东特委一班人身上。

就在这时，沈东平他们听到了一个振奋人心的消息：

“魏凤楼将军回来了！”

# 五

## 魏凤楼辞官归故里
## 沈东平夜访黄营村

“魏凤楼回来了！魏将军回来了！”一时间，在西华的城乡大地上，人们争相传递着这个口头版的爆炸性新闻。

魏凤楼是西华县城南10里卫营村人。自幼家贫，曾流浪西华县城街头。17岁参加西北军，因作战勇敢，机智多谋，深受冯玉祥将军的青睐，从士兵一步步晋升为军长。“中原大战”后，冯玉祥的西北军在蒋介石的打击和政治收买下分崩离析，将领有的投靠蒋系，有的割据一方，而魏凤楼则忠心耿耿地跟随冯玉祥归隐泰山。1935年，冯玉祥以抗日大局为重，接受了蒋介石的邀请，准备下山到南京“共赴国难”，出任国民政府军事委员会副委员长兼第一战区司令长官。当时冯玉祥让魏凤楼仍跟着自己干，并说：“建亭，你放心吧，我向南京方面保举授予你军长官阶。”魏凤楼一听有了带兵上战场抗日的机会，便跟随冯玉祥来到了中华民国首府南京城。

1937年7月7日，日本关东军借故进攻北京卢沟桥，全民族的抗日战争全面爆发，在中国共产党的不懈努力下，国共两党终于实现了第二次合作，抗日统一战线在全国范围内最终形成。一天，国民政府军事委员会果然下来“中将咨议”委任状和一张国民政府军事委员会诠释厅颁发的“诠释证书”。冯玉祥把魏凤楼叫到办公室，把“两证”交给了他。魏凤楼接过“两证”后沉默良久，说：“报告总司令，建亭不能遵命。”

冯玉祥紧锁眉头，不解地盯着魏凤楼。

魏凤楼继续说道：“总司令，还是让我回河南老家吧！”

冯玉祥睁大了眼睛，吃惊地问道：“为什么？”

魏凤楼说：“蒋某人委任你军事委员会副委员长、司令长官，这本来是好事，但他心里究竟是咋想的，这就不好揣测了。经中原大战和察北抗战，西北军早已分崩离析。不错，先生是当上了副委员长、司令长官，名义上指挥 3 个集团军，可是你能指挥动谁？因为你的声望和影响，蒋介石是一百个不放心。不如给你个大官当当，用这顶大官帽扣住你，至于军权嘛，那是架空你！至于说封我什么‘中将咨议’，更是荒唐可笑！他们知道我能领兵打仗，应该给我队伍上前线抗日！可是偏偏叫当什么‘咨议’？我是行伍出身，既没进过保定军校，更无黄埔身份，我咨谁的议？谁让我咨议？这分明是困一将而懈万卒的把戏，谁看不透？日本是要打的，那得逼到走投无路的时候。现在是边抗日，边安内。先生的副委员长、司令长官，我这个中将咨议，不都是为安抚内部才安排的吗？”

冯玉祥听罢，无限感慨地说：“这么多年了，我何尝不知他蒋某人！只是眼下国难当头，面临亡国灭种的危险，我总该不计前嫌，一致抗日吧。这是民族大义啊！”停了停又说，“建亭，我真的舍不得叫你离开我，可我老是把你留在身边，人家（指蒋介石）又不重用你。也好，人各有志嘛，要去就去吧！”然后叫来副官安排道，“建亭走时，以我的名义，送给他一部分武器弹药和盘缠。”

就这样，魏凤楼辗转回到了生他养他的豫东大地，回到了共产党组织和领导的抗日救亡运动蓬勃发展的老家西华县。

同魏凤楼一起回来的还有几个志同道合的朋友、部下，以及他的太太王志贞，儿子大毛、三毛，女儿小胖等。

魏凤楼一踏上西华大地，就受到了当地国共两党和进步爱国人士的热烈欢迎！

国民党西华县党部和县政府抢先宴请魏凤楼。

那天上午，县长、县党部书记、商会会长、民团团长等西华有头有脸的人物都早早地肃立在县政府大门口，恭候魏凤楼。当身材魁梧、精神焕发的魏凤楼出现在众人面前时，迎来了一片问候声。宴席设在县政府招待室里。不用说，他们自然把魏将军恭恭敬敬地请到了上席就座。

国民政府西华县县长潘龙光、县党部书记王济平他们宴请魏凤楼，并不仅仅因为魏凤楼是资深的国民党员，也不只是因为他的军阶高、名气大、影响大，主要目的是想探探魏凤楼这次回来的真实意图，好对这个连国军“中将咨议”都不愿意当的“大人物”对症下药，能拉拢就拉拢，能安抚就安抚，实在不行就采取强硬手段来对付他。

宴会由县长潘龙光主持。县党部书记长王济平首先站起来讲话。他冲魏凤楼点头哈腰道：“一听说咱西华老乡、魏凤楼将军回来了，我们万分高兴！今日能请到大名鼎鼎的魏将军，我们三生有幸！我和潘县长略备薄酒，不成敬意！老规矩，先喝为敬，在下先敬魏将军一杯！”说罢，端起酒杯一饮而尽。然后斟满一杯酒，恭恭敬敬地递给魏凤楼。

魏凤楼缓缓接过酒杯，环视一周后说：“各位老乡，承蒙各位抬爱，魏某深表感谢！本人不胜酒力，只能象征性地意思一下，还望见谅！”说罢，轻轻地抿了一小口。

众人都小心翼翼地陪着笑脸说：“魏将军您不要客气，请随意，请随意！”

接着是县长潘龙光、商会会长、民团团长等轮番敬酒。无论谁敬酒，魏凤楼都是象征性地喝一点，礼到为止。

西华的几位头面人物敬罢酒，魏凤楼站起来说：“各位父母官，承蒙大家赏光，高看我这个如今没有一兵一卒的所谓‘将军’。我借花献佛，回敬各位一杯。也按咱老家的规矩，先喝后敬。”说罢，自饮一杯，然后给大家逐个将酒杯斟满。众人起立同饮，杯杯见底。

在酒过三巡、菜过五味之后，王济平望着魏凤楼问道：“魏将军，在下问句不该问的话，您这次回来，是暂住，还是久居？还有，武器优良、训练有素的日本兵打过来了，不知您对抗日有何看法，对局势有何高见啊？”

魏凤楼巡视一周后说：“各位，我也正想给大家说两句。我们重乡情，重人情，这是传统美德，很好！但我认为，眼下更应该关注国情、民情。没有国，就没有家；没有民，就没有官。大家都知道，日本人闯进了我们的家门，要让咱中国人当亡国奴。抗击日寇，保家卫国，是国人的头等大事，每个有良心的中国人，不分男女老少，不分党政派别，都应该勇敢地站出来，用句歌词来说，‘用我们的血肉筑成我们新的长城’。因此，我们西华现在就应该积极组织抗日武装，不能等到日本人打进来后再行动，到那时候就是正月十五贴门神——晚半月了，就被动了。”说到这里，他看了看身边的潘龙光，“潘县长，听说好多民众上街游行，拥护政府抗日救国，对你这个县太爷的抗日态度也颇有微词。我想，作为一名中国人，作为即将沦陷的一县之长，你肯定是主张抗日的。如果不抗日，也不符合蒋委员长‘地无分南北，人无分老幼，皆有守土抗战之责任’的要求啊！”

本来对抗日持消极态度的潘龙光脸上掠过一丝尴尬，很不自然地点着头说：“是的，本人坚决拥护蒋委员长的主张，拥护国共合作，积极主张联合抗日，主张联合抗日。”

魏凤楼继续说道：“实话告诉大家吧，冯（玉祥）副委员长这次派我回来，目的就是要组织一支地方抗日武装。我生在西华，吃西华的粮、喝西华的水长大成人。这次回来，愿意和各位同仁齐心协力，为家乡人民办点好事，为抗日救国做点贡献。我在外多年，对老家的很多新情况都不了解，往后还得仰仗各位多多关照！今天，我先谢谢大家啦！”

平时嗜酒如命的王济平，这天酒到肚里比喝马尿猫尿都难受。特别是听了魏凤楼的这一番话，心想：坏啦！魏凤楼这次回来，看样子是不走了，还要“组织一支地方抗日武装”“为家乡人民办点好事”，往后麻烦事多了，得想办法对付他！

与此同时，真诚欢迎魏凤楼的是以沈东平为代表的中共豫东特委、西华县委和许多爱国进步人士以及广大人民群众。

在西北军时，沈东平就认识魏凤楼。先是听说过“魏大胆”和他的大刀队，后来和魏凤楼有过一段时间的接触。特别是最近从路岩岭、胡晓初等同志那里了解到魏凤楼的不少情况，他对魏凤楼的人品、军事才干和思想觉悟都有很高的评价。当他得知魏凤楼还不是共产党员时，心里直纳闷：是他没有申请加入共产党，还是党组织没有发现和培养他？

魏凤楼却不认识沈东平。他听说“沈东平”这个名字，还是在泰山的时候。先是路耀林受豫东共产党组织的派遣，到泰山与他联络。路耀林在谈到沈东平和中共豫东特委时，言语中不自觉地流露出对沈东平的钦佩之情，魏凤楼也从中受到了很大的感染，不由地对沈东平产生了好感。后来胡晓初又来泰山找他，说是豫东特委书记沈东平让来的，欢迎他回家乡参与组织和领导抗日救亡运动，并说老家抗日形势很好，队伍发展得很快。这样一来，魏凤楼就更加钦佩沈东平了。当时他就想，有机会一定要见见沈东平这个共产党人。这次他回老家西华，首先想到的就是沈东平，最想见的也是沈东平。

就在魏凤楼要见沈东平还没有见到时，却意外地见到了刘峙给他的“见面礼”——通缉令。

原来，王济平知道省主席刘峙与魏凤楼不和，那天宴请魏凤楼后，立即把魏凤楼偕家室回西华定居，以及他要拉队伍抗日这一消息报告给了刘峙。近年来，刘峙一听到“西华”二字就头疼。接到报告后，他想，这几年对西华三岗围剿过好几次，可越围剿胡晓初他们人越多，越围剿那里闹腾得越厉害。如今又突然回来个魏凤楼。这“魏大胆”放着堂堂的国军“中将咨议”不干，偏偏要回到西华这个穷乡僻壤拉什么队伍！抗什么日！他要是和胡晓初那一伙人掺和在一起，西华就更热闹了。不行，要震慑一下魏凤楼，不能让他长期住在西华，即使撵不走，也得给他戴上一道金箍。于是，刘峙以第一战区第二集团军总司令的名义发布了对魏凤楼的通缉令，再次悬赏 10 万大洋。同时，把胡晓初、屈申亭、侯香山他们也捎带上了。

那天,魏凤楼看罢通缉令莞尔一笑。他了解刘峙这个人,志大才疏,做事往往是雷声大,雨点小,这次也不过是虚张声势,做做样子让人看看罢了。何况自己在西华,这里是抗日根据地,有共产党领导的农民武装,你刘峙还敢来这里逮人吗?于是他就像没事人一样,该做啥做啥。胡晓初派人给他捎信说:“刘峙毕竟是刚刚下了通缉令,这几天风声很紧,还是避避风头,谨慎点为好。”但他还是迫不及待地要见沈东平,会面计划一点都没有改变。只是为避免麻烦,由原定的他去拜会沈东平,改为了由沈东平去会见他,见面地点也由三岗普理学校临时变成了黄营村。

黄营是西华县城东南一个绿树环抱的小村庄。这里风景秀丽,民风淳朴,西南与魏凤楼的老家卫营村咫尺相望,西北距西华县城十余华里。

这天夜晚,明月朗朗,疏星闪烁,秋风习习,万籁俱寂。沈东平、胡晓初等一行4人悄悄地来到黄营村。胡晓初轻轻地扣响了村西头一家的大门。

“谁呀?”从院内传来一个青年人的询问声。

“普理学校的先生。请开门!”胡晓初答道。

大门“吱”的一声开了一条缝,一个青年人伸头问道:“是胡先生吧?请进!”

胡晓初和沈东平走进院子,两名随从留在了大门外放哨。

魏凤楼闻声快步迎了上来,拉着胡晓初的手说:“普照贤弟,可把你们盼来了!进屋,快进屋!”

胡晓初和沈东平随主人走进客厅,魏凤楼让座敬烟。

胡晓初接过香烟,点燃后吸了一口,对魏凤楼说:“建亭兄,俺来介绍一下,这位是沈东平先生!”

魏凤楼愣了一下,两眼紧盯着沈东平问:“这不是李先生吗?怎么叫沈……”

沈东平微微一笑,上前紧紧握着魏凤楼的双手说:“魏军长,在下现改叫‘沈东平’,你不认识了吗?”

魏凤楼哈哈大笑,上来就是一拳:“嗨,老伙计,前天有人捎信,说有一位叫沈东平的先生要来见我,没想到原来是你呀!”

说话间,一位中年妇女提着一只竹壳暖水瓶缓缓地走了进来。只见她中上等身材,瓜子脸,大眼睛,身着一件浅蓝色旗袍,朴素得体,落落大方。她微笑着对客人说:“欢迎二位光临!夜里天凉了,喝口热茶吧。”

魏凤楼向沈东平、胡晓初介绍道:“这是您嫂子,叫王志贞,她娘家是咱县城南关的。”

沈东平点头答谢道：“谢谢嫂夫人！真不好意思，这深更半夜的，打扰您了！”胡晓初也向王志贞微微点头致谢。

“都是自己人，甭客气！老魏听说您要来，可高兴了，一晚上派人出去接了好几趟。”王志贞说着，给各位沏了一杯茶，然后轻轻地退出了客厅。

胡晓初说：“建亭兄，去年沈先生派俺去泰山找您，向您报告家乡的情况，邀您抽空回老家看看，给我们出出主意，助助威！没想到您说回来就回来了！一听说您回来，沈先生可高兴啦！立马就让俺给您捎信，急着来看望您。刚才俺到您老家卫营村扑了个空，一打听才知道，原来您住在这儿。”

魏凤楼苦笑了一下说：“不瞒两位老弟，俺从小家里就穷得叮当响，到如今在老家卫营也没房子没地。考虑到俺兄弟凤禧正当着黄营联保处主任，他又是黄营村的女婿，再加上这里位置比较偏僻，不怎么被人注意，俺就把黄营作为了落脚点，暂住在一个亲戚家里。”

沈东平望着魏凤楼说：“魏将军，民国十八年中原大战冯玉祥反蒋失败后，他的部将逃的逃、叛的叛，唯有你不为蒋某人的高官厚禄所动，依然不弃不离，跟随冯先生鞍前马后。如今您不满国民党当局排挤异己的政策，放着堂堂的国军中将不当，携妻儿老小回家乡定居，真是英雄豪杰，有骨气！听说您抗战心切，想组建一支抗日队伍。小弟我冒昧问一句，你有什么具体打算？”

魏凤楼抿了一口茶水，回答说：“东平贤弟，这你知道，蒋介石一再奉行排挤异己的政治主张，对内依仗黄埔系中央军，拉帮结派，排斥异己。譬如冯玉祥将军，他积极主张抗日救国，到处奔走呼号，其结果如何呢？他的第一战区司令长官的帽子被蒋某人无情地摘去，改任什么督导长官，训练部队，实际上与打入冷宫无异！再说我吧，17 岁当兵，20 多年征战沙场，只会领兵打仗。可他们不让俺带兵，却叫当什么‘中将咨议’！谁都知道，我不是老蒋的嫡系，既非黄埔，又非保定出身，更无留洋学军事的背景，全靠拼杀卖命，从士兵一步步当上了将军。像我这样出身的人，咨谁的议，谁又让我咨议！他蒋某人纯粹是给我戴一顶大官帽，敷衍我，套住我！哼，我魏凤楼决不是那吃窝囊饭的人！你先后两次派人到泰山找我，那是看得起我魏某，俺非常感动！当时听他们谈了你和老家的情况后，我就动心了，打算回来和你们一起干！这次从武汉回来之前，我派人对老家西华的情况作了了解。我对你以及你领导的一班人非常敬佩，对家乡的抗日形势十分看好。在征得冯老总同意后，我回来了。说实话，我不是解甲归田，更不是看破红尘，偷度余生，俺是想利用自己在家乡的影响，拉起一支队伍，到前线抗日救国。我赞成共产党‘国共合作，统一抗战’的主张,愿意和你们携手抗日。”他喝了口茶水,接着说,“东平贤弟,我相信这不是俺的一厢情愿,我知道你们共产党搞统战,只要抗日救国,所有的爱国人士都联合,都团结。”

沈东平听得异常兴奋。他说:“魏将军,我们知道您随冯玉祥打过张勋,参加过北伐和中原大战,后来又加入察哈尔抗日同盟军,从士兵一步步当上军长,成为了中将。您爱国家、爱人民,致力于追求革命真理,不断探索救国救民之路。又精通军事,有统兵打仗的宝贵经验。能与您这样的爱国将领、西华老乡,共同组织和领导西华乃至豫东人民抗日武装,是我们求之不得的。我们正需要像你这样的好朋友、好将领。我代表中共豫东特委欢迎你,代表豫东人民欢迎你!”

胡晓初兴奋不已,也点头附和道:“是的,魏将军,我们真诚地欢迎您!”

魏凤楼开心地笑了。他说:“听说你们搞得很不错,拉起了一支几百人的队伍,成立了很多群众组织,老百姓都发动起来了,还建立了十来所学校培养抗日骨干。沈先生,不知你们下步有何打算,能否先给我透个信?我也好有个思想准备,努力配合你们工作呀!”

沈东平向前移了移身子说:“魏将军,这正是今天我要给你谈的话题。我们总的目标是在豫东创建抗日根据地,开辟敌后战场,一旦日寇打过来了,开展游击战争。西华县长潘龙光昏庸无能,消极抗日,遭到了西华各界民众的强烈反对,无法继续在西华混了,前天已被撤职,卷铺盖滚蛋了。看到潘龙光的下场后,县党部书记长王济平也告假回砖桥老家躲了起来。据可靠消息,有个名叫楚博的进步青年,这两天就要来西华当县长。我们打算主动接近他,用抗日救国的实际行动感化他,争得他的理解和支持,使其最终与我们形成抗日统一战线。在此基础上,依托西华县国民政府,建立一支有合法身份和地位的抗日武装。然后,再逐步向周边地区发展,将豫东开辟为抗日根据地,探索出一条建立平原游击根据地的新路子。”

魏凤楼兴奋地站了起来,拍着手说:“这个主意很好,很好!有共产党的领导,又有了合法的身份和地位,这支抗日武装前途无量。我愿意为组建这支队伍尽一份微薄之力!东平贤弟,我想听听你们的意见,眼下,我该从哪儿做起?”

沈东平说:“魏将军,我们认为,你可以利用你的社会关系和影响力,先秘密串联一些亲朋故旧,向他们宣传抗日救国的道理,为抗日训练班募集经费,为扩大抗日武装做准备。现在国共两党抗日统一战线已经正式形成,红军主力已改编为国民革命军第八路军出征华北,南方的红军也下山改编为新四军向日占区出击，全国已掀起抗日救亡高潮，全民族抗战已全面展开。现在不管是官绅、资本家、地主，还是富农，什么样的人，只要愿意抗日，愿意出粮出钱出力，我们都欢迎，都积极与他们联合。"

魏凤楼说："抗日不分你我他，这种主张非常好，俺完全赞成！沈先生，你说要扩大抗日武装，那咱是不是现在就要着手考虑武器装备问题？"

沈东平皱了皱眉头说："是啊，这是当务之急，也是扩大抗日武装的一大难题。目前，咱要想办法搞到一批武器装备队伍，进行训练，提高战斗力，防止坏人捣乱。当然啦，从长远来看，我们还要建几个小兵工厂，咱自己造枪支弹药。"

魏凤楼站起身，一挥手道："走，我领你们看一些东西。"

三人依次走出客厅，来到院内两间东屋门前。魏凤楼用钥匙轻轻地打开门锁，推开门，指着满屋子的武器弹药说："这三马车宝贝都是经冯老总特批，我从汉口带回来的。我加入西华抗日武装，把它交给你们，也算是俺的一份见面礼吧！"

随着魏凤楼手中手电筒光柱的缓慢移动，一捆捆锃光闪亮的枪支，一箱箱整齐摆放的弹药，还有拆卸开的 4 门追击炮部件，一一跳进了沈东平和胡晓初的眼帘。

沈东平一把拉住魏凤楼的手说："太好了！太好了！魏将军，你这真是雪中送炭呀！我代表特委和豫东人民谢谢你！"然后又自言自语地说，"这东西太珍贵了，太珍贵了，眼下就是有钱，也不好买到啊！"

正在抚摸钢枪的胡晓初，也不住地点头微笑。

沈东平又对魏凤楼说："有了这些好武器，还得有人来使用。魏将军，我们即将举办一期规模较大的抗日骨干训练班，计划招收 300 多名学员，想聘请你任军事教官，搞几个军事讲座，您不会不答应吧？"

魏凤楼连声说："答应，答应，咋会不答应哩！"

雄鸡轮唱，东方欲晓。沈东平掏出怀表看了看说："魏将军，见到你很高兴，我们今夜谈得非常愉快。时间不早了，就先到这里吧。改日请您到普理学校，咱再细谈慢叙。"

魏凤楼说："那好啊！俺不但去，还得在那儿住上一阵子，好好学学，感受感受哩！哎，先别慌，请等等！"魏凤楼说罢走进里屋，拿出 4 棵赤灵芝说，"两位贤弟，这几棵泰山灵芝草是俺的一点见面礼，不成敬意，请收下！"

沈东平接过赤灵芝笑着说："魏将军，今天你又送枪支弹药，又送泰山灵芝，这'见面礼'还真不少啊！俗话说得好，有来无往非礼也。那好，我也送给你一份特殊的礼物。”说着，从衣兜里掏出两本小册子递给魏凤楼，“这是毛泽东主席的《中国社会各阶级的分析》和《湖南农民运动考察报告》，写得很好，希望你认真读一读。”

魏凤楼双手接过书本，看了看书名，又看了看沈东平和胡晓初，会意地笑了……

# 六

## 特委会举办干训班
## 魏将军奔走筹粮款

魏凤楼回乡干的第一件大事，就是协助中共豫东特委举办抗日骨干训练班。

一天上午，魏凤楼来到西华逍遥镇茂盛商行，见到了多年未见的儿时好友张巍。

张巍看到好友魏凤楼来访，自然十分高兴，中午摆了一桌丰盛的宴席，并请来逍遥镇镇长、商会会长、学校校长、码头掌柜等当地几位头面人物作陪。

那天，众人分宾主坐下后，张巍起身致辞："魏将军光临敝行，蓬荜生辉。承蒙各位绅士名流赏光莅临，鄙人万分荣幸！特备薄席一桌，敬请尽情品尝。"

逍遥镇镇长接着说："能与魏将军同席共饮，真乃三生有幸！还望将军不吝赐教，在下洗耳恭听！"

魏凤楼微笑着说："各位老乡不必客气！见到你们我也很高兴！我魏某如今乃一解甲军官，一介平民，今日受到如此隆重的接待，深感不安。我和张老板是光屁股朋友，一块儿长大的，多年不见，十分想念，今日特来一叙。"停了停又说，"说来话长啊！张老板家是县城有名的开明人家，我和父亲都在他家干过活。在我十多岁流浪街头时，多亏有张巍老兄的热心帮衬，俺才没饿死，总算熬了过来。真没想到啊，张巍这个我少年时代崇拜的大秀才，如今成了富甲一方的大老板！张兄，能否给我们谈谈你的发家史？"

张巍笑了笑说："建亭老弟，与你这位大将军相比，真是惭愧呀！惭愧！俺没啥本事，只能做点小生意，实在没啥好谈的。要说啊，其实也很简单。你当兵走的那一年冬天，我就结婚成了家，并在西华县城开了一个染坊和一间杂货铺。经过十来年的惨淡经营，积累了一些资本。后来，我又在这商贸业比较发达的水旱码头逍遥镇开了间粮油商行。这些年来，在在座各位仁兄的关照下，商行的生意还算说得过去。”说到这里，张巍皱起了眉头，“可日本人无缘无故地闯进了咱国，烧杀抢掠，无恶不作，俺整天提心吊胆的。唉，要是老日这些龟孙一来，这世道必乱，俺这几处生意也都不好做了，说不定还得关门歇业哩！”

魏凤楼看着张巍说：“张老兄，今天我来找你，除了叙旧之外，还有要事相商。”

张巍盯着魏凤楼问道：“有要事相商？啥事啊？请讲！”

魏凤楼认真地看了看众人，说：“抗日救国，大家说，这事重要不重要啊？”

众人不约而同地答道：“重要！重要！不抗日咱都得成为亡国奴，当了亡国奴，哪里还有家呀！”

魏凤楼接着说：“大敌当前，抗击日寇，人人有责。我们应该有人出人，有力出力，有钱出钱。为培养抗日干部，发展抗日武装，普理学校准备举办第二期抗日骨干训练班，我被聘为军事教官。这期学员将来自豫东各县，估计有300多人。普理学校是胡晓初他们几个当地的热心人士筹资举办的，经费本来就很紧张，举办抗日干训班，一下子招这么多人，经费、设施、设备等就更不够用了。我今天来，就是为这期干训班化缘的。敬请各位大财神解囊相助，为抗日救国出把力，献献爱心！我先表示感谢啦！”魏凤楼说罢，起身给大家拱手作了个揖。

张巍沉思片刻，说：“抗日救国，匹夫有责，国破家必亡。建亭，你们的抗日爱国精神实在可嘉，令人感动！我先捐1000块现大洋，以后需要了再拿。捐出来抗日，总比亡国后被老日抢走好！”

商会会长看看张巍，又看看魏凤楼，说：“我出800！”

码头掌柜接着说：“我也出800！”

逍遥镇镇长挠了挠头，有些难为情地说；“我眼下手头有些紧，一下子拿不出恁些现洋，就出面给你们募集1万斤粮食吧！”

小学校长应声说：“我介绍一部分往届毕业生去报名参训。”

魏凤楼起身又给众人鞠了个躬，说：“各位慷慨解囊，为抗日救国出钱捐物，也给足了我魏某面子，我代表普理学校和干训班的师生谢谢你们！欢迎各位抽空到普理学校看看，帮了钱场，再去帮帮人场！”

张巍说：“好，我们一定去，也感受一下干训班那抗日救国的气氛。建亭贤弟，我看捐助的事就这样定了，粮款改日一并送到。来来来，咱喝酒！喝酒！”

众人起立碰杯,齐声说道:“喝!”

酒过数巡,菜品多道,张巍话题一转说:“今天咱既喝老烧酒,又喝胡辣汤。建亭贤弟,你可能有所不知,来逍遥镇,不喝正宗逍遥胡辣汤,那是一大憾事啊!”

魏凤楼早就听说过逍遥镇的胡辣汤味道特别好,但从来没有机会品尝。这天,他喝了两口胡辣汤后,不住地称赞道:“好汤！好汤！真是好汤啊!”

张巍接道:“这汤源自宫廷秘方,有好几百年的历史了,咋会不好喝哩!”

魏凤楼一听这话,对逍遥胡辣汤就更加感兴趣了,脱口问道:“宫廷秘方？几百年历史？看来,这里面大有学问呀!”

张巍故意卖关子,道:“确实有个典故。你要想听,我给你讲讲。可有一条,你得先喝一盅!”身为陪客的镇长他们,也都极力劝说魏凤楼干一杯。魏凤楼这天特别高兴,同时也为了烘托气氛,破例又喝了一杯老烧酒。

之后,就听张巍不紧不慢地讲道:“相传北宋末年,有个原籍南阳的小太监深受徽宗皇帝的宠爱,被特许回家省亲。一日,他先到少林寺游玩。作为皇帝身边的红人,寺中方丈对他自然是悉心照料。当看到他面红耳赤、嘴唇干燥并且饮食又少时,便捧上一碗少林寺的‘醒酒汤’。小太监饮后直觉体清气爽,诸症顿失,高兴极了。临走时,向方丈要到了‘醒酒汤’的方子。回家省亲后,他又到武当山观光游览。武当山掌门人见他食量很大而身体消瘦,就为他准备了武当山的‘消食茶’。饮用数日后,他面色白皙,形体渐丰。小太监非常感激,又将此方讨来。回宫后,小太监找来御厨和太医,以这两个方子为基础,做出了一种色香味俱佳的汤来。皇帝饮后大喜,对此汤称赞不已,遂赐小太监为赵姓,御封此汤为‘赵氏延年益寿汤’。后来金兵攻破宋都开封,小太监随逃难的人群流落到咱逍遥镇时陡然得病。开茶馆的王老汉收留了他,并帮他治好了病。小太监遂认无儿无女的王老汉为义父,留在了王家。为谋生计,小太监将王老汉的茶水摊改成了早点摊。为迎合食客们的口味,以羊骨汤为基础,不断把‘赵氏延年益寿汤’加以改进,先后添加了羊肉和胡椒等原料。改进后的汤香味扑鼻,辣味醇郁。既有干姜、花椒的辛味,又有胡椒、荜拨的辣味,还有八角、肉桂的香味,口感与众不同,深受人们欢迎。这种汤因各种香辣辛味都有,故取名为‘胡辣汤’。又因其形成于逍遥镇,后人便叫它‘逍遥胡辣汤’。”

魏凤楼听后笑着说:“嗨嗨,照你这个说法,逍遥胡辣汤的来头还真是不小哩,怪不得这么好喝!”

镇长也笑着说:“好喝,魏将军您就多喝几碗吧!”

这天，魏凤楼老烧酒没喝多少，胡辣汤倒是没少喝。

经过短时间的筹备，1937年底，中共豫东特委在普理学校举办了第二期抗日骨干训练班。

说是抗日骨干训练班，实际上也是入党积极分子和新党员培训班，有相当一部分学员是共产党地下组织派来的入党积极分子或新党员。为了掩人耳目，学员入校时进行了考试、出榜。

这期干训班招收了300多名学员，其中来自淮阳师范、淮阳中学的学生100多人，来自附近扶沟、太康、商水等县的100多人，西华的青年农民、学生百十人。学员分成三个大队，分别由王其梅、刘作孚、路岩岭任大队长（相当于班主任）兼教员。教员还有沈东平、王子英、樊亚峰、施裕民、施德生等人。课程设置与第一期干训班大致相同。平时分大队上课，讲座课全体学员集中在操场上。不用说，办学条件很差。学员们分别挤在三个大教室内，地面上铺一层薄薄的麦秸，算是课桌凳，白天在这里上课，晚上大部分学员就睡在这里。

开学第一天的下午，一位面目白皙、身材颀长的青年人走上了一大队教室的讲台，学员们"刷"的一下都把目光聚焦到了他身上。他微笑着自我介绍说："学员们，我叫王其梅，刚大学毕业来到这里当教员。按照学校分工，这期干训班我主讲'思想建设'课程，同时兼任这个大队的队长。下面先点点名。李子木，你们扶沟12个人都到齐了吗？"

坐在第一排的一个青年站起来答道："到齐了。"

"张南，你们商水10个人到齐了吗？"

一个中等个头的青年人站起来答道："到齐了。"

"王广文，你们太康的11个人到齐了吗？"

一个瘦高个青年站起来答道："到齐了。"

"薛朴若，你们淮阳是大户，来了多少人呢？"

后排一个青年答道："70个男生，还有12个女生。"

"女生？咱这期训练班可没有招女生的计划呀！"

"俺几十个人来报道时，刚出淮阳西关，淮师、淮中的一群女生撵上来了，非跟着我们一起来，咋劝她们都不听。"

"哦，是这样。来了就好，来了就好，都安心学习吧……"

干训班开学的第三天上午，军事教官魏凤楼给全体学员作了一场精彩的军事报告。

那天，身材魁梧、40多岁的魏凤楼，身穿黄绿色毛料军服，尽管没戴军衔，依然显示着军人特有的那种威武雄壮的气质。他健步登上露天讲台，开口就讲道："同胞们，小日本无缘无故地打进咱家里来了，骑在咱中国人头上拉屎撒尿。我们该咋办呢？不用说，大家都不愿当亡国奴。眼下，奋起反抗，是我们每一位中国人唯一、正确的选择。这次我回来，就是要和乡亲们一起参加抗日救国的。今天，我们为了抗日救国这个共同的目标走到了一起，成了朋友，成了战友。既然是朋友，是战友，就要以诚相见，掏心窝子话。大伙儿现在都面临着上战场，去和日本鬼子真枪真刀动真格的。因此，今天咱就来个碓碓砸碓窑——石（实）打石（实），探讨一下这扛枪打仗的事儿。"他首先讲了地形地物、武器与人的关系："诸葛亮火烧博望坡，不事先弄清地形地物，能放成火吗？所以说，打仗，一定要了解地形地物，利用地形地物。火烧战船，不是庞统出点子，让曹操把战船用铁索连在一起，周瑜能烧成吗？这不就是武器与人的关系吗？"接着，他深入浅出地讲述了人、武器和战术在战争中的作用以及他们之间的关系。他在充分论述了战争的主角——人在战斗中勇气的重要作用的同时，着重强调了战术在很大程度上决定着战役的胜败。他最后讲道："学员们，别看小日本张牙舞爪地占领了我们的上海、南京、北平、天津等地方，要知道日本是由四个小岛组成的国家，国小人少，他们每占一个地方就激起一大片中国人的反抗，就得派重兵把守。咱们在自己家门口人熟地熟，打仗对我们有利。古人讲，'天时不如地利，地利不如人和'。咱们中国人只要坚持抗战，坚持团结，坚持长期作战，今天消灭他们一个班，明天消灭他们一个排，后天消灭他们一个连，积小胜为大胜，熬也能把小日本熬死！"在整整一上午的讲述中，他还不时地插入一些亲身经历的战例，现身说法，形象生动，耐人寻味，具有很大的启发性和感染力，台下不时响起一阵阵掌声。薛朴若、李子木等学员深有感触地说："将军就是将军，高屋建瓴，深入浅出，听着真来劲儿，真过瘾！"

初冬的原野，朔风怒号，天空暗淡，一群群乌鸦在枝头不住地哀鸣。乡间大道上，三三两两拉棍要饭的饥民，在路边艰难地行走着。一匹枣红马和一匹白马飞奔而来。骑枣红马的那位有二三十岁，中上等身材，穿着一套整洁的深灰色中山装，清瘦的脸庞，一双炯炯有神的大眼睛流露着青春和睿智。在普理学校大门前，他把马缰绳递给了骑白马的年轻人。一下马，他就被校园的抗日气氛感染了。首先映入眼帘的是"热烈欢迎楚县长莅临我校视察指导工作"，他笑了笑，不以为然地摇了摇头。在看到"抗日救国，保卫家园""建立统一战线，打倒日本帝国主义""拥护蒋委员长领导全国抗日""地无分南北，人无分老幼,皆有守土抗战之责任”等标语时,不住地点头称赞。当看到宣传栏里学员们写的那一篇篇决心书、挑战书时,不禁自言自语道:“不错,不错,搞得就是不错啊!”

得知有贵客来校的消息后,胡晓初、沈东平、王其梅、魏凤楼等人快步出来相迎。在学校门口,胡晓初紧紧地握住来人的手说:“欢迎楚县长来我校视察指导工作!”

原来,这位骑枣红马的年轻人,就是新上任不久的西华县国民政府县长楚博。

楚博是河南省荥阳县城关土桥沟村人。大革命时期,国民革命军北伐的节节胜利,激励着无数立志革命的青年。刚高小毕业的楚博,背着家庭跑到洛阳,参加了国民革命政府举办的“河南农村训练班”。结业后,他参加冯玉祥举办的干部训练团,当了学兵,很快升至中校大队长。1930 年,中原大战冯玉祥反蒋失败后,他考取了国民政府县长。同年,21 岁的他,在开封由著名共产党员南汉宸发展为中共“特别党员”。他先后在渑池、封丘当过县长,后来到安徽合肥契税局任职。1937 年秋天回到河南,被省国民政府任命为西华县县长。

楚博来西华上任不久,就秘密会见了沈东平。

他们二人的结识,可以说是彭雪枫从中搭的桥。

当年楚博在南京中央考试院考上国民政府县长资格后,没有急于去上任,而只请求作个吏治视察员。在将近一年的时间里,他集中精力跑了几十个县。在宛西(今河南镇平、西峡、淅川一带)调查了解吏治民情时,认识了乡村自治领袖、彭雪枫的堂叔彭禹廷先生,并结识了彭雪枫。共同的爱国热情和远大志向,使他和彭雪枫很快发展成了好朋友。彭雪枫在得知楚博将要来西华当县长时,专门派人给他送来一封信,大致介绍了沈东平和豫东特委的情况,并建议他到西华后多与沈东平接触,共谋抗日救国大计。有彭雪枫将军的介绍,楚博对沈东平有了初步了解,甚至还产生了较好的印象。

与此同时,沈东平也接到了省委关于楚博的情况通报,并指示他“要努力争取和团结楚博,利用其县长身份,组建一支合法的、由我党掌握的人民抗日武装”。

尽管身份不同,尽管从未谋面,但共同的爱国思想和抗日激情,将楚博和沈东平这两个年轻人紧紧地联系在了一起,初次见面,他们就谈得十分投机。由于楚博已经从彭雪枫的信中了解了沈东平,尽管是初次会面,他还是坦率地谈了自己来西华的困惑:“我来西华当县长,可以说是受任于日寇入侵之际,奉命于国家民族危难之间。我知道，抗日救国是当务之急，作为一县之长，本应带领全县人民群众，不分政党派别，不论贫穷富裕，齐心协力抗击日本侵略者。可来时上峰一再交代，西华是异党组织活动十分猖獗的地方，到了那里，要首先巩固国民党的领导地位，设法稳住局势，紧握政权，千万不能让异党钻了空子。”说到这儿，他话锋一转，无比气愤地说，“既然是统一战线，联合抗日，就不该再分你我他，就应该齐心协力，共同抗战。兄弟同室操戈，岂有相煎相逼之理呀！”然后又焦急地问道，“沈先生，就目前的情况，你说说我该怎么办？俺想听听您的高见！”

沈东平看楚博为人实在，抗日心切，对自己信得过，一见面就交心，此时正是争取和团结他的大好时机，于是就向他如实通报了共产党在三岗一带组织抗日救亡活动的情况。然后说：“楚县长，你的拳拳报国之心十分令人感动！你到西华当县长，是西华人民的福气，也是西华开展抗日救亡活动的最有利因素，我们真诚地欢迎你！同时，我也负责任地告诉你，我们是真心抗日的，一心希望与你们密切合作。只要抗日，我们真心诚意地服从县国民政府的领导。”停了停又说，“我们不久就要在三岗普理学校举办一期规模较大的抗日骨干训练班，到时候邀请你光临指导工作，最好是给师生们作一场关于抗日的形势报告。”

楚博听后，望着沈东平笑而未答。

今天，楚博是应邀来干训班“指导”工作的。

来到西华后，很多人都给他谈到过三岗和胡晓初、屈申亭、侯香山等人，人们对这个地方和胡晓初他们褒贬不一。他本来打算到这里实地看看，也顺便接触一下胡晓初他们，心里好有个底，不至于人云亦云，根本就没有想到什么“指导工作”，更没有“作一场关于抗日的形势报告”的思想准备。可是来到三岗后，校园里那浓厚的抗日气氛和师生们斗志昂扬的精神面貌，深深地感染了他。在这里所看到的、听到的一切，都令他耳目一新，精神为之一振。尤其是和沈东平的深夜长谈，双方就抗日救亡、富民强兵和西华当前应该做些什么抗战工作等问题，取得了相当一致的看法，这让他更加兴奋不已，甚至是为之感动！于是他主动提出和干训班的学员们见见面，表表态。

第二天上午，在雪花纷飞的操场上，楚博县长给全校师生讲了话。他动情地说：“各位师生、各位朋友，今天，我是来学习的。说实话，我没有想到抗日干训班会有这么多人，更没有想到这里的抗日气氛会这么浓厚，师生们抗日的情绪会这么高涨！大家都知道，目前，大敌当前，抗日救国是全中国人民的头等大事。可我从洛阳来西华的时候，一路上很少看到抗日的动静，到处死气沉沉的。进入西华之后，听到了抗日的呼声和歌声，看到了抗日的实际行动。特别是来到普理学校以后，我才感到抗日有望了，中国有望了！”接着，楚博阐述了抗战的必要性和中国必胜的诸多因素。之后又说，“我们中华民族是一个伟大的民族，没想到我们这个文明古国、泱泱中华，却被小日本欺凌，这实在是奇耻大辱！凡是有血性的中华儿女，能不奋起抗日吗？能甘愿当亡国奴吗？我相信，只要坚持抗日民族统一战线，全国各党各派紧密团结起来，国共合作，共同抗战，我们就一定能够打败日本帝国主义！”他最后说，“同胞们，我主动放弃合肥契税局优厚的经济待遇和舒适的工作环境，回咱河南老家，也是为了参加抗日的，我们的目标是一致的。今天，我向大家表个态，以后只要是有利于抗日的活动，我楚某这个县长都大力支持！”

学员们听后欢欣鼓舞，会场上响起了雷鸣般的掌声。

会后，楚博县长看到学员们用凉水洗脸，吃杂面馍，睡麦秸地铺的艰苦生活，而精神上却十分愉快的情形，倍受感动和鼓舞，也受到了启发。午饭后，他约沈东平单独进行了交谈。他说：“你们这个抗日干训班办得很好！咱中国人只要有这种精神，就绝对不会亡国！受你们的启发，我也想在县城举办这样的培训班，多训练一些青年人，好动员组织群众，等日本鬼子来了，咱们守土抗战打游击。你们看这样中不中，我出面筹办，负责经费和场地，做训练班的负责人，聘用工作人员、招生、教学等其他一切事务，都由你们具体负责。”

楚博的这一想法与中共豫东特委不谋而合，沈东平听后非常高兴。他看着楚博说：“楚县长，由你亲自出面，以县政府的名义办抗日骨干训练班，社会影响一定会更大，效果一定会更好！请放心吧，我们一定鼎力支持你和县政府的抗日救国工作，办好抗日干训班。”停了停又皱着眉头问道，“我们以什么身份协助你办干训班呢？”

楚博想了想，反问道：“你认为呢？”

沈东平说：“楚县长，你刚来，不是还没有配秘书吗，我和王其梅给你当秘书如何？”

楚博的眼睛豁然一亮，说：“那当然好了，我楚某求之不得！”转而又说，“沈先生，这样可太委屈你们了。”

沈东平说：“哪里哪里，都是为了抗日救国嘛！”

就这样，沈东平和王其梅打进了西华县国民政府，成了楚博县长的秘书。几天之后，原中共地下开封市委书记、楚博的姐夫张漫萍被中共河南省委派到西华，他也成了楚博县长的秘书。沈东平、王其梅和张漫萍他们平时办公和吃住都在县政府大院里，这为抗日活动及中共豫东特委、西华县委开展工作，都

中共豫东特委在西华县“三岗”遗址

中共豫东特委“三岗”办公处

提供了极大的便利。

此后，中共豫东特委和以楚博为首的西华县国民政府密切合作，卓有成效地将一系列抗日救亡活动推向了新的高潮，陆续在三岗、屈庄、西华县城、逍遥、南凌、肖横、西湖、朱湾、枣口、红花集、西夏亭，以及河南第七行政区专员公署所在地淮阳县城、周口镇等地，面向豫东各县办起了44期抗日骨干训练班，累计培训革命青年4300余名，发展中共党员数百名。

这些学员结业后，西华的分散到各区工作或参加县农民武装部队，外县的回去从事抗日救亡宣传活动。后来，这部分人大都成了抗日骨干力量，很多人走上了县、团级以上领导岗位。

# 七

## 红花集饥民劫粮船
## 抗日寇成立自卫团

自从沈东平、王其梅和张漫萍出任西华县国民政府秘书后，楚博这个县长如虎添翼，工作得心应手。

1938 年 4 月底的一天晚上，楚博把这三位得力助手邀到家里吃饭。饭后他说："今天把各位请来，目的不是吃饭，主要是想研究研究下一步的工作。请你们先谈谈各自的想法。"

沈东平说："楚县长，要说下一步的工作，根据西华目前的情况，我认为重点应是开展抗日救亡活动。前几天，我们刚收到中共中央《关于徐州失守后华中工作的指示》，明确指出各地应组织游击队，建立游击区。根据这一指示精神，中共河南省委提出了'在河南为发展 10 万抗日武装而奋斗'的口号。我们认为，目前，在西华建立抗日武装部队的条件已经成熟。眼下我们开展抗日救亡工作的最大障碍，不是国民党县党部——自从狡猾的王济平前不久装病回家休息后，他管的党务那一摊子基本上瘫痪了——而是那些恐日惧日、腐化堕落的区长和联保主任，他们成了抗日救亡的绊脚石，不把这些人撤换掉，我们的抗日救亡工作就很难卓有成效地开展下去！"

王其梅说："是啊，他们对下祸害百姓，不得人心，对县政府交办的抗日救国事项，不是推诿扯皮，就是顶着不办。长此以往，说不定还会危及你这个县长的政权，实乃心腹之患也！"

张漫萍说："长痛不如短痛，早下手早主动。如果日军占领西华，这些家伙不当汉奸走狗，就干维持会。我看咱应该痛下决心，把他们通通都撤换掉。"

楚博皱了皱眉头说："上次你们提出这个问题后，我就认真地考虑了一番。他们这些人不是地痞无赖，就是恶霸劣绅，只顾个人利益，漠视国家的抗日大局，按理说应该撤换，个别人甚至还要绳之以法。但他们土生土长，长期独霸一方，根深蒂固，盘根错节，牵一发而动全身。要动他们，我们必须齐心协力，下大力气，甚至还要向刘莪青专员汇报，取得他的理解和支持。"

听楚博说这事要向刘莪青汇报，沈东平考虑得比较复杂，怕刘莪青万一不予批准，工作形成被动局面。于是就说："大面积撤换区、保长，这是件大事，按理说应该向刘专员汇报，但不知他的态度如何？要是他万一不支持我们的话，咱倒不如先斩后奏，或者斩而不奏，把生米煮成熟饭，以免将来工作被动！"

楚博满有把握地说："对刘专员我还是比较了解的。他是民国元老、资深的国民党员，为人忠厚正直，在国民党内口碑很好。他积极拥护国共合作、共同抗日的主张，对我们将要采取的行动，一定会支持的。我打算近日去专署向他汇报工作。撤换那些人的事，等我请示了他以后再说吧。咱先听王秘书谈谈第二期干训班的筹备情况。"

王其梅汇报说："楚县长，经过张先舟等人的努力，这期干训班已经基本筹备好了。我们打算把黉学里的房子全部用上，教室和寝室的容量较第一期扩大了近一倍，能容纳近400人。"

楚博满意地点了点头说："这一期干训班很重要，学员毕业后，我打算把他们充实到联保处和各区部队，按干部使用。因此，招生时要严格把关，学历至少要高小毕业，身体健壮，五官端正，更要有抗日爱国的热情。另外，还要进行政治审查，那些有劣迹者，包括抽食鸦片的，坚决拒之门外！"

沈东平说："好，这事就按照你说的办，由王秘书和张先舟具体负责落实。楚县长，要是没其他事的话，我们有个重要的决定，现在要向你宣布。"

楚博一听要向他宣布"重要的决定"，立即意识到了沈东平要答复他前几天提出的恢复共产党党籍的问题，便郑重地点了点头，说："沈先生，请讲。"

沈东平说："楚博同志，根据你的申请和表现，经请示上级党组织同意，中共豫东特委决定恢复你的党籍，仍按'特别党员'对待，与我单线联系。"

楚博在1931年被著名共产党人南汉宸发展为中共"特别党员"，后因故脱离了党组织。来西华当县长后，有幸接触了豫东特委及沈东平等人，前不久，他向沈东平提出了恢复中共党籍的要求。多年的愿望终于实现了，楚博激动不已。他说："请组织放心，我一定会认真履行共产党员的义务，如有做的不到的地方，请及时批评指正！"

沈东平说："我们以后是同志了，互相关心，互相帮助。哎，对了，我们计划有个重大行动，想征求一下你的意见。"

楚博一愣，连忙问道："什么重大行动啊？"

沈东平压低声音说："我们准备组织群众抢劫粮船。"

楚博听后一惊，问道："抢劫粮船？抢谁的粮船啊？"

沈东平答道："刘峙的老婆杨庄丽的！"

提起刘峙，楚博不禁想到：中原大战时，蒋介石命令陈诚、刘峙、商震等黄埔系将领出战，冯玉祥派遣孙连仲、吉鸿昌、魏凤楼等人应战，两军对垒，在商丘和开封之间杀得天昏地暗，难分难解。由于张学良率兵入关挺蒋，其结果是蒋胜冯败，刘峙登上了河南省政府主席的宝座。此人统治河南多年，作恶多端，名声狼藉。他狮子大张口，开动脑子在民不聊生的河南刮地皮，赚足了白花花的银子。他老婆杨庄丽更贪。刘峙惧内，唯老婆之命是从。杨庄丽说种鸦片来钱快，刘峙就召集河南省 108 个县的县长开会，当场分配种植指标，画押具保。县长们回去后，强迫农民大面积种植鸦片。一时间，罂粟红花遍地开，煞是好看。一连几年，银子像流水一样进了杨庄丽的腰包，河南省各界舆论哗然。为遮人耳目，堵众人之口，刘峙命令省会开封修条中山柏油马路……

想到这儿，楚博问道："杨庄丽她怎么会有粮船？"

沈东平说："去年陕西关中大旱，民不聊生，饿殍遍地。杨庄丽认定发财机会又到了。她叫丈夫刘峙开具公文、加盖关防印，派人到周口、水寨、槐店坐镇开秤收粮，然后运到陕西高价出售。据可靠消息，她已收了 17 船小麦和高粱、谷子、大豆，有 200 多万斤，准备逆贾鲁河而上，途经西华，先运往郑州。"

"哦，是这样……"楚博轻声接道，若有所思。

王其梅看着楚博说："楚县长，17 船粮食，200 多万斤，这可是送上门来的一大块肥肉啊！官商的这些不义之财，不要白不要，要了白要。机不可失，时不再来！"

张漫萍也鼓动说："楚县长，在这兵荒马乱的年月，粮食被抢也是常事儿。杨庄丽身为省主席的老婆，倒卖粮食，发灾难财，这事儿她本来就见不得人，摆不到桌面上。这批粮食被抢后，他们夫妇二人也是哑巴吃黄连——有苦说不出，干生闷气。"

沈东平看楚博低头沉思不语，又接着说："去年天旱，粮食歉收，西华全境，特别是三岗、红花集一带发生了多年来罕见的饥荒。眼下正是青黄不接的时候，不少群众无米下锅，纷纷议论准备外出逃荒。我们经过几年的努力，群众的抗日热情已经被鼓动起来了，下一步就要组织抗日武装，动员人民群众参军参战。然而他们生活无着，思想情绪波动，组建抗日武装将成为一句空话。因此，我们无论如何要帮助他们度过春荒，稳住人心。再说了，咱办抗日骨干训练班、组建抗日部队也都需要不少粮食啊！”

楚博听后，眼睛里闪着兴奋的光芒，说：“好，把官商的这批不义之财抢过来！这样吧，你们行动时，我找个理由，将县常备大队困在城里闭门不出。”停了停又说，“事先一定要做好东北军105师驻红花集胡兰亭连长的工作，以免与他们发生冲突。”

沈东平说：“这个问题我们已经考虑过了，到时候派路岩岭稳住胡兰亭。”接着又补充道，“胡晓初、路岩岭平时就注意联络胡兰亭，他们之间的关系发展得相当密切。提起抗日，胡兰亭恨不能立即就打回老家去，收复东北三省。胡兰亭还与胡晓初攀上了族亲，续上了谱系。论辈分，胡兰亭该叫胡晓初叔叔哩，所以他经常到胡晓初家做客。当然了，胡兰亭不知道胡晓初、路岩岭他们的真实身份。”

王其梅说：“蒋介石背信弃义，扣住了张学良，为了分化东北军，将他们从陕西调出，分散驻在全国各地。驻西华的东北军官兵同其他的东北军一样，对当局的不满情绪很大，这很有利于我们的统战工作。”

楚博听沈东平和王其梅说后，赞同地点了点头。

正是万物复苏、春暖花开之际，下午那温暖的阳光斜射在贾鲁河上。河面上波光粼粼，17条装满粮食的大船桅杆高耸，“一”字摆开，由东南向西北徐徐驶来，足有二三华里长。

船队逆流而上，缓慢前行。在第一条船上，一个商人模样的中年人站立船头，不停地东张西望，好像心事重重。一个青年人凑过来，仰望着那人的脸说：“张副官，这回收这么多粮食，您可是立了大功，杨庄丽太太一定会在其夫刘主席面前为您邀功请赏！大哥，您高升后，可别忘了提携小弟俺一把呀！”

一提到杨庄丽，张副官脸上更是乌云密布。他说：“老弟，真是挑担的眼气推车的，一家不知一家难呐。你不知道俺的压力有多大！来时，杨庄丽那个恶婆娘一再叮嘱，粮食一定要收购到手，更要安全运到郑州。但一定不能公开真实身份，只能装扮成商人，更不能武装押运。不然的话，这事儿张扬出去，报上一登，说俺家老刘发国难财，那可是要倒大霉的！”他抬头朝前方望了望，叹了口气，“唉，但愿今晚平安无事啊！”

夜幕徐徐降临，天色渐渐地暗了下来。张副官吩咐压缩各船之间的距离，小心翼翼，率领船队行进到西华县龙池头至下郭桥村的贾鲁河面上时，通知每条船都点亮灯火，小心行走。走着走着，他突然发现前面大桥上黑压压地站满了人，紧接着又听见岸边有人高声喊叫：“停船！快停船！靠岸检查！”他急忙从腰间拔出手枪，吼道："弟兄们，操家伙！有人要劫咱的粮船。"话音落地，就听"啪"的一声枪响，张副官觉得举枪的那支胳膊一热，手枪掉在了船头上。

原来，埋伏在右岸边的普理学校第二期干训班学员中队长、共产党员王华山先发制人，向近在咫尺、妄图抵抗的张副官开了一枪。然后他一个箭步跳上粮船，"扑通"一声将张副官按倒在船舱里，高声命令道："不准动，再动就要你的狗命！"张副官连声说："是是是！好汉饶命！饶命！"一下子瘫倒在船上。

顿时两岸火把通明，人声鼎沸。船，一只接一只靠了岸。胡晓初、屈申亭一挥手"上！"等候在岸边的饥民一哄而上……

东北军105师驻红花集那个连的巡逻小分队听到枪声迅速赶来，发现情况后，急忙派人回连部报告。

一个士兵上气不接下气地说："报告副连长，出大事了，好多好多老百姓，都在东边贾鲁河里抢劫粮船。"副连长一听急了，搓着手说："胡连长被路先生喊去喝酒了，快找他去！唉，没有他的命令，谁敢调动部队呀！"那个士兵嘟囔着走了："日他奶奶的，这黑灯瞎火的，上哪儿去找胡连长啊！"

此时，红花集西头的一家小餐馆里烟雾缭绕，酒气熏天。昏暗的灯光下，路岩岭、屈登瀛和胡兰亭连长正在吆五喝六地饮酒，桌子上一片狼藉。胡兰亭一脸醉意，端起一杯酒一扬脖子倒进了肚子里，喋喋不休地嘟囔道："他妈的×，霉气，霉气，真霉气！俺这么好的枚，今儿个就是不赢。哼，不服气，俺不服气！出去解个手，咱再接着来，看到底是谁的枚好！"说罢，踉踉跄跄地来到大门外，对着院墙根"呼呼啦啦"撒起尿来。路岩岭、屈登瀛和他的勤务兵也都跟了出来。

夜幕严严实实地笼罩着大地，"汪汪汪"的狗叫声此起彼伏。大街上，背包的，推车的，挑担的，人来人往，熙熙攘攘，好不热闹。就听一群行人小声议论道："今儿个去河边抢粮的人真多啊！我看好些都是外村的。"

"这天上掉下来的热乎乎的肉包子，傻瓜笨蛋才不拾哩！"

"那是！那是！嗨嗨嗨……"

胡兰亭闻听路人的对话，不禁"激灵"一下打了个冷颤，酒醒了一大半。他一把拉住路岩岭说："路先生，大事不好了，有人聚众抢劫粮船！"路岩岭心里笑着说："哼！你这个酒晕子才知道啊。"然后装着关切的样子说道："胡连长，果真如此的话，这事儿也没法管。老百姓这么多，你去抓谁呀！"

胡兰亭跺着脚说："不管怎么行啊，万一是官粮，这事发生在我管辖的地盘上，上头不怪罪我吗？我得马上回去集合队伍，赶去弹压。"说罢，扭头就走。

路岩岭一把拉住他说:“胡连长,你现在去也晚了,不如采取个两全其美的办法。”

“啥办法? 快说!”胡兰亭急不可待地问道。

“你现在回去集合队伍赶到河边,让他们朝天鸣枪,这样既赶走了抢粮的人,将来也好向上峰交代。你看如何?”

胡兰亭想了想说:“那,那也只好这样啦!”说罢,带着勤务兵向连部奔去,应付差事。

第三天上午,西华县国民政府的大会议室里座无虚席,坐在主席台中间的县长楚博正在讲话:“同志们:今天把大家请来,是要宣布两项重大决定。第一项是人事任免。为切实加强各区的领导力量,深入开展抗日救国活动,经研究,并报河南省第七行政专员公署批准,决定免去西华县原第一、二、三、四区区长职务,任命魏凤楼为第一区区长、胡晓初为第二区区长、屈申亭为第三区区长、侯香山为第四区区长。同时,撤销刘大魁等一批消极抗日、腐化堕落的联保主任,任命王文治、魏凤禧等58人为新一届联保处主任。”

会场里响起了一大阵子雷鸣般的掌声。

楚博接着说:“第二项是宣布成立‘西华人民抗日自卫团’。根据抗战形势的需要和西华的实际情况,报经国民政府第一战区司令部和河南省国民政府批准,决定成立‘西华人民抗日自卫团’。我任司令,魏凤楼、胡晓初、屈申亭、侯香山任副司令,沈东平任参谋长,王其梅任政治部主任,李耀任副参谋长。魏凤楼兼任第一区团长和城防司令,胡晓初兼任第二区团长,屈申亭兼任第三区团长,侯香山兼任第四区团长。”

会场里再次响起一阵雷鸣般的掌声。

楚博继续讲道:“每个区团队计划编制为1200人,4个区近5000人,加上司令部和独立营、警卫连、侦察连900多人,总人数为6000人左右。独立营、警卫连、侦察连在县政府原常备大队的基础上扩建,班、排干部及上等兵士,从县政府及普理学校的几届干训班结业学员中挑选,武器装备和给养由县政府统筹解决。那么,各区团队的人和枪从哪儿来,给养怎么办呢? 我们将在广泛宣传、大力发动的基础上,采取向民间征集的办法来解决这个问题。县政府统一印发征集通告,具体征集工作由各区公所来做。另外,我们还要想办法自己动手制造枪支弹药。从今天算起,各区团队要在一个半月内基本完成组建任务!”停了停又补充说,“我们的原则是有人出人,有枪出枪,有钱出钱,有粮出粮,绝对不能强行平均搞摊派。”

接着是4位新任区长登台亮相，接受楚博县长颁发的委任状。然后依次作就职发言并谈今后的工作打算。

魏凤楼首先发言。他在客气了一番之后说："一区区公所设在县城，紧挨县政府大院，地理位置比较优越。我们将充分发挥这一优势，保证率先完成组建区团队的任务，在全县带个好头。从现在掌握的情况来看，在一个多月内，我们动员千把人参军不成啥问题，但枪支弹药是个大难题，短时期内难以筹齐。不过啊，事在人为，办法到处有，看你瞅不瞅。我打算利用我的特殊身份去化缘，向在职的原同僚、部下借用一部分武器弹药。"

胡晓初说："俺老胡家祖坟上没长蒿子，人老几辈儿都没出过当官的，我从来也没想过能干上区长。牛梭子既然套脖子上了，那就啥也甭说啦，使劲儿拉吧。俺有决心、有信心把工作干好！总的看来，二区的情况不如一区，但也差不到哪儿去。我也觉得眼下拉部队兵员好办，问题在枪支弹药上。大家都知道我有点武器家底，我决定把它全部用在区团武装上；还打算卖二三百亩地，购买一部分枪弹。另外，想办法再向社会征集一批武器装备。"

屈申亭开门见山地说："开弓没有回头箭。既然我屈某干上了三区这个区长，就一定要想办法干好。大家都知道，这年月想干点事，光有种有谋不中，还得有人有枪有实力。俺知道，我这个区长的当务之急是把区团队拉起来。魏区长、胡区长刚才都说人的事好办，其实啊，枪也不是啥难事。"此话一出，全场震惊，所有的目光都聚焦在他那充满自信而又骄傲的脸庞上。"我屈某不是侃大山、喷大话。小鸡尿尿，各有各道，俺有俺的办法。前些日子，我得知要让俺当区长的消息后，立马派人去巩县兵工厂，掏高价联系了几位造枪师傅。他们随叫随到，过几天就管动手试制手枪和步枪。"屈申亭的话音刚一落地，台上、台下便响起一阵雷鸣般的掌声。

最后轮到侯香山发言。他说："大家都知道，四区远离县城，在沙河以南，是出名的匪窝，土匪成群结队，情况比较复杂，工作肯定有不小的难度，区政权可能还要用武力接管。可话又说过来了，眼下再难的事也没有抗日救国难！为了抗日，再难的事我们也要去做，再难的事我们也要想办法做好。俗话说，先搭台，后唱戏。我打算先稳住局势，强化区政权，健全各联保处，然后将人马召集起来，一边征集武器，一边训练士兵。练兵先练武术强身健体，再练枪法和战术。我也准备卖一二百亩地，把钱都用在区团武装上。另外，四区境内现有土匪十几股，1000多人，我准备争取和改造一部分土匪，为我所用。总之，俺是哑巴吃饺子——心里有数，我们保证不拖全县的后腿。"

会后，县政府的布告贴遍了西华城乡，其主要内容是："各联保输送枪支到区署，私人枪支有愿抗日者，可以自携枪支到区署编入部队。无枪支的地主、士绅可以出钱，交由区署代为购买。”

西华人民抗日自卫团在紧锣密鼓地筹建中。

且说西华县城西十余里处，有个绿树环抱的小村庄，名叫屈庄，西华县第三区区长屈申亭的家就在这里。

在村西屈申亭家的后院，有一排简易厂房，十几名造枪技师和工人正在这里日夜忙碌着。这天上午，屈申亭走到一名40多岁的工人面前说：“孙师傅，你们修的那些手枪和步枪都很好使唤。等把枪修完了，咱要造枪，把三区团武装起来。眼下，其他区团也都要造枪，可就是缺技师，想请你帮个忙。你能不能回巩县兵工厂一趟，再请来几位师傅？至于说工钱嘛，好说，随意留。”孙师傅抬头看了看屈申亭，有些难为情地说：“如今到处都在建兵工厂，我知道那里的技师已被挖走不少了。再说，眼下厂里管得很严，技师很难出来。”停了停又说，“屈司令，既然你说出来了，那我就去试试吧。”

这时警卫员段文丑快步走来，对屈申亭说：“屈司令，魏司令刚才派人送信，说今儿晌午有贵客，请你去作陪。”屈申亭掏出怀表一看，已经11点了，就对段文丑说：“时间不早了，快去备马。”

屈庄离西华县城只有10多里路程，屈申亭和段文丑骑马一会儿就赶到了位于县城南街路东的第一区区公所，随即被人热情地领到接待室门口。他一进门，就看见屋子中央放着一张八仙桌，桌子旁边坐着魏凤楼、胡晓初和一位精明干练、佩戴少将军衔的中年人，桌子上摆着4荤4素8盘菜，一壶酒，每人面前放着一只茶杯、一只酒杯。

魏凤楼微笑着招呼屈申亭入座，正准备介绍他与客人认识时，楚博县长匆匆走了进来。只见他拱手说道：“抱歉！抱歉！公务缠身，来迟了，来迟了！”

魏凤楼站起来介绍道：“楚县长，这位是国军的金铁汉旅长，我多年的好战友、好兄弟。他的部队刚从徐州前线撤下来休整，路过咱这儿，顺便来给我说说话。我留他吃顿便饭，尽尽地主之谊，特意请你这位县太爷和胡区长、屈区长光临作陪。”

楚博上前紧紧地握着金铁汉的手说：“金旅长，幸会！幸会！贵部一路辛苦劳顿，途经敝县，照料不周，还望海涵！”

金铁汉说：“楚县长，部队、地方都是一家人，不必客气！魏将军是我最尊敬的老师长，我跟随他多年，当过他的警卫营长。这次我率部路过贵县，听说辞官返乡的魏将军又拉起了一支抗日队伍，再次被他的这种爱国主义精神所

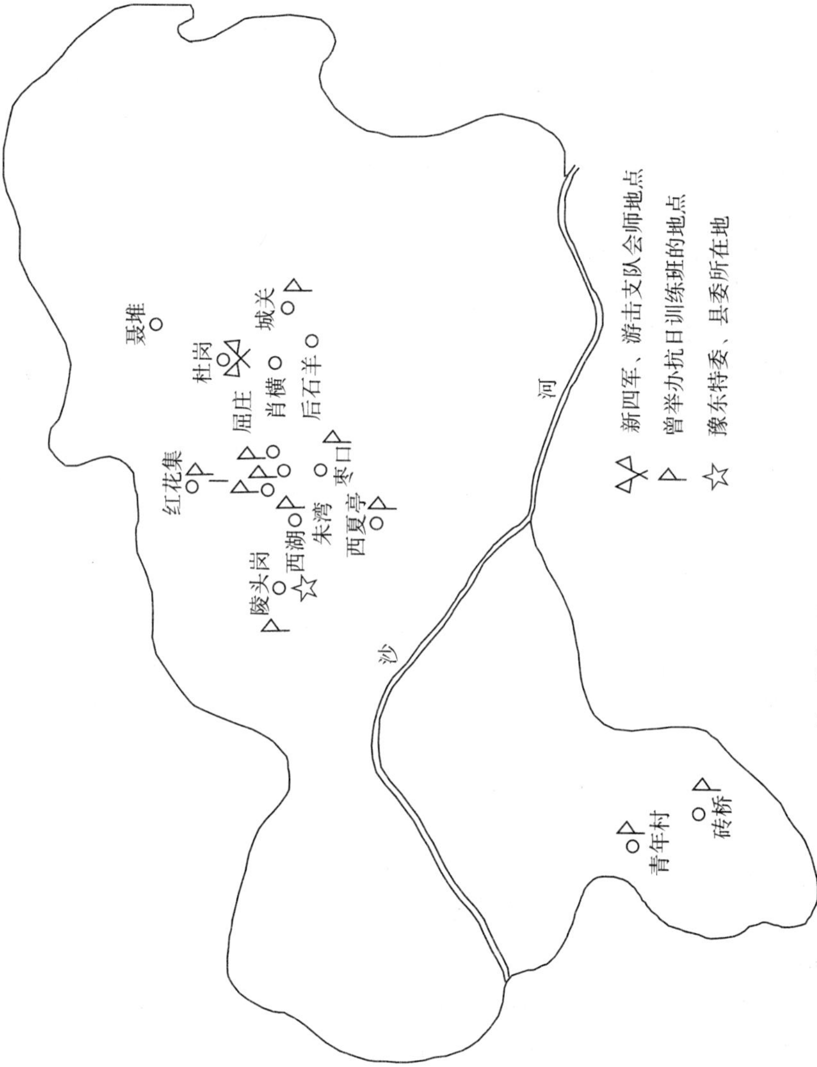


**抗日战争时期西华县党的活动示意图**

感动，今日特意来登门拜访。没想到，惊动了你这位县太爷啊！”

楚博对金铁汉点头微笑。他招呼众人坐定后说：“魏将军真不愧是老将军啊，很了不起！他在短短的一个月内，就组建了一支千余人的武装，开创了西华第一区的抗日新局面，给全县带了个好头！”

魏凤楼听到楚县长的夸奖后，不但没有丝毫的高兴，反而一脸愁容。他看了金铁汉大半天，说：“唉，和尚眼气道人家，一家不知一家的难呀！不错，目前我手下人头是不少，超过了千人，可枪支少得可怜，大部分士兵扛的是长矛、大刀。金旅长啊，你抗日，我也抗日，老弟你钢枪大炮，老兄我鸟枪大刀片子。我有个想法，想跟你商量商量。”

金铁汉望着魏凤楼说：“老长官，有话请讲，您不必客气！”

魏凤楼朝金铁汉探了探身子，说：“老弟，看在咱弟兄多年的情分上，帮哥一把，借给俺点枪支弹药，中不中啊？”

楚博起身给金铁汉续了续茶水，陪着笑说：“金旅长，你管着好几千号人马，家大业大，拔根汗毛比俺的腰都粗！我想啊，给魏将军匀出点枪支弹药，对你来说是小菜一碟，不算啥问题。哈哈哈，你说呢，金旅长？”

胡晓初、屈申亭也都点头附和道：“是啊！是啊！”

金铁汉沉思了一会儿后说：“前不久，我部参加台儿庄会战，打退日寇后，部队补充更新武器，我悄悄地扣下了一批程度还很新的钢枪。反正都是抗日，武器在你们手里，说不定更能发挥作用。老师长，既然您开了尊口，楚县长、胡区长、屈区长他们又出面说情，我金某就是担点责任，冒点风险，也得把恁几位的面子拾起来！好吧，我就借给你200条长枪，30支短枪，6挺轻机枪，外加一批弹药和药品。”然后望着魏凤楼说，“老师长，没有您的栽培，我金铁汉咋会有今天！不过，您得写个借条，等将来消灭了日伪军，缴获了武器，再还给我们。您看这中不中啊？”

魏凤楼满脸绽放着微笑，起身一拱双手说：“中中中！老弟呀，这下子你可帮了哥的大忙了，真得好好感谢感谢你哩。”说罢，弯腰端起酒杯，“来，哥敬你一杯！”

楚博、胡晓初、屈申亭不约而同地站起身来，说：“金旅长，俺也敬你一杯！”金铁汉紧接着也站了起来，说：“各位不必客气，都是为了抗日救国嘛。好，我们共同干杯！”

5只酒杯高高地举在一起……

# 八

## 彭雪枫视察西华县<br>魏凤楼加入共产党

初夏的傍晚，群星闪烁，凉风习习，人们大都开门推窗，尽情享受着大自然的恩赐。可位于西华县城西大街路北县国民政府二堂里边的县政府秘书沈东平住的那两间东屋，这天却门窗紧闭，窗帘低垂。只见昏暗的灯光下，沈东平正在向一位身着灰军装、佩戴少将军衔的年轻人汇报工作："……以上这些是楚博的情况。下面再说说政权和武装方面的情况。目前，全县4个新任区长，胡晓初、屈申亭、侯香山是共产党员，魏凤楼是爱国进步军官，58个联保主任大部分都是共产党员，少数是爱国进步人士；保长有的是共产党员，有的是抗日积极分子，有的是开明人士。可以这样说，西华的政权现在已经掌握在我党手里。"沈东平喝了口茶水，继续汇报道，"为落实党中央、省委关于在豫东建立抗日根据地、大力发展抗日武装的指示，前不久，我们成立了以楚博县长为主任、以我党地下西华县委书记王子英为秘书的西华县抗敌委员会，和以楚博为司令，魏凤楼、胡晓初、屈申亭、侯香山为副司令，我为参谋长的'西华人民抗日自卫团'，人们俗称'西华部队'。目前，自卫团辖四个区团，一个独立营，一个警卫连，一个侦察连，一个炮兵分队，一个通讯分队，还有一个枪械所。"

对方听后满意地点了点头，然后问道："干部队伍、思想教育和抗日宣传工作情况如何？"

"上级党组织很重视西华这块根据地，党中央、华北局这几年陆续派来100多名干部，最近又派来李耀、滕海清、张先舟、王青锋等20多人，有些是老红军，有些是抗大毕业的学员。在政治思想教育方面，加强了对军队的领导。我们在各连队均建立了党支部，排设生活指导员，连设政治指导员、文化教员，大队设政治教导员。每个星期都要过党、团组织生活，活动内容主要是进行政治学习，开展批评与自我批评，互相学习，互相鼓励。在宣传抗日救国方面，我们除开会动员、入户宣传和大量刷写标语外，还创办了油印的《大众报·豫东版》。这个刊物在豫东各地很受欢迎，发行量达三四千份。”

沈东平说罢，随手递过来一份刚刚出版的《大众报·豫东版》。对方大致看了一下后，指着一篇署名为“老百姓”的文章说：“这篇文章立意很好，有深度，有文采，这作者‘老百姓’是谁呀？”沈东平介绍说：“此人本名叫徐师梁，又名徐朋武，原是上海的工人，听说还去过日本留学，回国后同邹韬奋等人合办报纸。南京失陷后，他经武汉来到西华，目前主要是从事抗日新闻宣传工作。”听罢介绍，对方说：“这是个难得的人才，你们要充分发挥他的作用，把报纸办得更好！”停了停又说，“请你谈谈部队生活和群众组织情况。”

“在生活方面，我们严格执行八路军、新四军的三大纪律八项注意，官兵平等。指战员生活都有一个严格的制度，不能浪费。生活比较艰苦，每人每天5钱油，5钱盐，1斤菜。早晚主食是每人每顿一个高粱、白面两掺杠子馍和小米稀饭，中午是白面掺绿豆、黄豆面杂面条。另外，每人每月发给八毛零用钱。

“我们很重视群团组织建设，在全县农村先后组织了民先队、农协会、儿童团、少先队、姊妹队、老人指导团等15种、110多个群众团体，参加人员达10万之众。哦，对了，关于这方面，前几天在武汉出版的《群众》周刊第五期，刊登了一篇名为《屈庄》的通讯，比较客观真实地报道了西华的群团组织建设情况，请您过目。”说罢，拿起那份周刊递了过来。

对方接过《群众》周刊，快速浏览了长篇通讯《屈庄》的开头和结尾两部分：

## 屈　庄

——河南光明话剧团通讯

李　游

### 迎

响亮的歌声，拴着我们这“光明”的一群，一步步地向屈庄迈进。

我们越过一条无名小河，遥远不见的一个庄里走出一条人流。

我们向着他们走，他们也向着我们走，他们的影子渐渐大起来。看清了脸，是劳动者的脸。不过，家伙不是锄头，也不是镰刀，而是枪。

他们唱着不大熟稔的《义勇军进行曲》来欢迎我们。

小三子，一个脓鼻、秽眼、脏大襟的孩子，他向我挤眼。嗬！那小家伙也有枪。

我们在千万只眼前，用歌声来掩盖我们不好意思的脸红，到底迈进了目的地——屈庄。

嗬，老太太、小媳妇、女孩子，一队队的迎来了。他们紧握着女团员们的手，像见了回娘家的姑娘，亲热得要命。打大旗的是一位六七十岁的老太婆，领喊口号的是一个小脚长辫的姑娘。好几个女孩子拿着枪。

“中华民族解放万岁！”不同的嘴唇吐出同一的声响。

我几乎不相信我的眼睛，我以为我还坐在真光电影院看《今日之苏联》，或者在北海的石栏上读《八月的乡村》。

不知怎的，我不是伤感，但我掉泪了。

我不敢看他们的脸，我害臊。

……

## 送

雨已经落了一天两夜了，整个大地都换上了一身泥泞的外衣，然而老天还是不放松，雨，不大不小地落着。我们来屈庄整整两天两夜了，不是他们热烈、固执地挽留，昨天就走了。天虽然落着雨，我们也得走了，因为还有许多地方期待着我们。一群小孩子堵住了门口，不让我们出门，不让我们走。我们又不能不走。两个12岁会打枪的女孩子哇哇地哭了，其余的都掉了泪。

老头队、老婆队、看家队、少先队、儿童团、妇女队、姊妹队，一队队的都整好，他们非送我们不中，他们不怕雨。

他们唱着我们刚教会的歌子，蛮带劲的。

一程又一程，已经送了好几里，他们总不肯回去。头发挂白了雨珠，老太太们的小脚浸在泥里，他们的眼睛盯着我们。

“请回吧！”我们大家拦住他们。

“我们再送光明话剧团两里地。”他们又集体喊起来。

我们不能再让他们送了，雨越下越大了。

我们唱：“再会吧在前线上！……我们先去了，你们快跟上！”

“我们在前线上见面吧！”

“赶走日本鬼子我们再见面！”

我们齐声嚷起来。他们接受了我们的请求，不送我们了，可又不肯回去，呆立在雨中望着我们……

沈东平看对方微笑着点了点头，放下了那份刊物，就接着说道："彭部长，西华目前的工作大致就是这样。总之，部队刚刚组建，战斗力、军政素质不高，许多问题还有待解决。我们做得还很不够，工作中有很多缺点错误，请您多多批评、指示！"

这位被称为"彭部长"的年轻人名叫彭雪枫。他原名彭修道，1907 年出生于河南省镇平县七里庄一个耕读世家。1925 年随族叔彭禹廷在北京育德中学读书时，参加"五卅"运动，被选为该校学生自治会会长。同年 6 月加入中国共产主义青年团，9 月转入中国共产党。1927 年春参加北京南苑农民暴动。失败后辗转于北京、天津、烟台等地，秘密从事革命活动。1930 年初到上海中共中央军委工作。同年 5 月被派到湖北阳新，历任中国工农红军第五军五纵队三大队政委、红八军一纵队政委、红三军团八军六师政委等。1934 年先后任江西军区政委、红军大学政委和中央革命军事委员会作战局局长。曾获二等红星奖章。同年 10 月参加长征，任军委野战纵队一梯队队长、红三军团五师师长。在攻占娄山关、遵义城等战斗中率部担负主攻。1935 年 9 月任陕甘支队第二纵队司令员。到陕北后任红一军团四师政委，率部参加直罗镇、东征等战役。后入抗日红军大学学习。1936 年秋，被毛泽东派到太原、绥远等地，以中共中央代表身份，做团结各界爱国人士、联合阎锡山抗日的统一战线工作。抗日战争爆发后，任八路军总部参谋处少将处长兼驻晋办事处主任。曾应邀到山西大学讲授"游击队政治工作教程"，该"教程"后来由延安解放社印成单行本，在各抗日根据地发行。1938 年春调任中共河南省委常委兼军事部长。他是中共 36 位军事家之一。

彭雪枫部长边听边作记录，还不时地插话询问，脸上始终洋溢着喜悦的表情。听完汇报后他感到很满意，这才向沈东平说明来西华的意图："前不久，中央派我来河南工作，意在加强这里的军事领导力量。省委朱理治书记给我谈了西华及豫东的大致情况后，我立即致电长江局并中央，提出创建豫东及豫皖边战略基地的建议。中央采纳了这个建议，当即复电：'目前根据地仍应坚持陕甘宁，准备转移时最好是在鄂豫皖边，望大力开展该地区工作。'长江局领导周恩来、叶剑英也来电明确指示：'把你们的工作中心转移到豫东，创造苏鲁皖边新局面，与八路军冀鲁豫活动部队（徐向前、陈再道部）联系起来，对整个战局有重大意义。同意彭雪枫必要时率武装到豫东部署工作。'我接到这个电报后，便以八路军少将参谋处长的身份，赶来豫东考察，第一站就来到你们西华。刚才听了你的汇报，我认为你们的工作做得很扎实，很好！我心里也就更加有底了。"

沈东平又说："彭部长，我刚才向您介绍了楚博县长和西华的情况，现在，西华还有一个很重要的人物。"

"还有一个很重要的人物？你说他是谁呀？"

"魏凤楼。"

一听到"魏凤楼"这三个字，彭雪枫的眼睛突然一亮，说："这个人我以前在西北军子弟学校就读时就有耳闻，知道他很了不起。但对他不是太了解，请你大致谈谈他的情况。"

沈东平说："魏凤楼就是这西华县人。他少年时家里贫寒，曾流浪街头，靠吃百家饭、穿百家衣长大成人。17 岁加入冯玉祥部队，因吃苦耐劳、作战机智勇敢，深受冯玉祥赏识，从士兵一步步擢升为西北军的军长。'中原大战'后，随冯玉祥辗转泰山、南京等地寻求抗日救亡之路。因不愿做空头的'中将咨议'，去年秋天，他毅然辞去国民政府军事委员会中将咨议职务，携带一批武器弹药回家乡组织抗日地方武装。现担任西华县第一区区长，兼第一区团长和城防司令。他性格倔强，正直善良，富于正义感，好打抱不平。更加可喜的是，他热爱祖国，思想进步，拥护国共合作，坚持抗日救国。哦，对了，前几天他曾向我提出过加入中国共产党的要求。根据他这些年来、特别是回西华老家后的具体表现，我认为，他已经基本具备了入党的条件。但考虑他的情况比较特殊，我先口头表示欢迎他入党，鼓励他继续努力。这事儿还没有来得及上报党组织。"

彭雪枫点点头说："魏凤楼对我们来说很重要。但他的身份确实比较特殊，吸收这样的人入党，一定要慎重，还要报请长江局批准。其实啊，周恩来同志非常重视发展魏凤楼入党的问题，前不久还专门给我交代过这事儿。这样吧，你负责安排一下，我明天上午先会见楚博，下午去见见魏凤楼，分别和这两位重要人物谈一谈，进一步了解一下他们的思想状况，尽快发展魏凤楼为'特别党员'。同时，也顺便看看西华一区的工作。"

第二天上午，彭雪枫在县政府会议室听取了县长楚博的工作汇报，其内容与沈东平谈的大同小异。彭雪枫听后表示比较满意，对西华的抗日救亡工作给予了充分的肯定和热情的鼓励，同时，对今后的工作提出了更高的要求和希望。

午饭后，彭雪枫在楚博和沈东平的陪同下，来到了位于西华县城南大街的一区区公所。早已等候在大门口的魏凤楼上前几步，紧紧握着彭雪枫的双手说："我叫魏凤楼，现任西华一区区长。欢迎彭将军来我区检查指导工作！"

彭雪枫定睛一看，此人身材魁梧，眼睛炯炯有神，面目慈祥善良，说话不卑不亢，不禁暗暗称赞。为活跃气氛，他微笑着对魏凤楼说："魏将军，让您坐在这小小区长的位置上，真是高射炮打蚊子——大材小用啊！"

魏凤楼不以为然地摇了摇头，一脸认真地说："哪里哪里！大敌当前，眼下连国家都快灭亡了，咱个人还讲啥官不官的。抗日救亡工作没有高低贵贱之分，都很重要，也都很伟大。"他随后苦笑了一声说，"嘿嘿，彭将军，要是为了当官发财享清福的话，那俺魏某当初就不回来了。"

彭雪枫赞许地点了点头，说："是啊，魏区长，你的抗日爱国精神可嘉可敬，令人钦佩！听楚县长和沈先生说，你领导的一区抗日救亡工作开展得很好，我今天特意来看看你。"

魏凤楼两拳一抱说："惭愧！惭愧！我们一区的工作才刚刚开始，做得还很不够，还需彭将军多加批评、指导！哎，各位长官请进屋里喝茶、说话吧！"

彭雪枫原计划先和魏凤楼详细谈谈，亲自了解一下他的思想状况，然后实地查看一下一区的抗日救亡工作。可听了魏凤楼刚才那一番朴实无华的话语，觉得沈东平昨天晚上对魏凤楼的评价比较客观、准确，没有必要再亲自考察他，遂取消了第一步计划。他说："魏区长，我今天来，主要是想到乡下走一走，实地察看察看。我看咱就不进屋了吧，现在就下乡去看看。"

楚博征求魏凤楼的意见说："魏区长，是不是就近看看你的老家卫营村？"

魏凤楼爽快地答道："中啊，那咱就去卫营吧。"

彭雪枫和魏凤楼骑马并排走在前面。出县城后，彭雪枫微笑着对魏凤楼说："魏区长，咱走着说着。哎，先说好，你可不能藏奸啊，好好介绍一下你们的先进工作经验！"

魏凤楼"嘿嘿"一笑，说："其实啊，也没啥好说的。成立区团队时，我把区公所秘书李子木、王青峰派到黄营联保处蹲点指导，先把那里的几十个青年积极分子动员组织了起来。由于当地群众的抗日情绪高涨，队伍组建得比较顺利。10 人左右报名就组成一个班，够三个班就组成一个排，三个排就组成一个连。不到半个月时间，一个 200 多人的大队就组织起来了。然后以黄营联保处为榜样，在全区各保各村全面铺开。就这样，上千人的队伍呼啦一下子就组成了。当时缺少武器装备，正巧我原来的一个部下带着一旅国军路过这里，我厚着老脸向他借了 200 多支钢枪和一批弹药。同时，又动员有钱人捐款买了一批枪支弹药。彭将军，我们的抗日工作才刚刚开始，做得还很不够，当然更谈不上什么经验啦，请您不吝赐教！"

彭雪枫笑着接道："魏区长，你们的工作做得很好！下一步计划怎么办呢?”

魏凤楼答道:“眼下区团的架子是搭起来了,可这些农民只会一些简单的拳术套路和棍棒刀法,好多人连枪都没有摸过,当然更不会打仗啦。我打算好好地训练他们……”

说话间,他们一行人来到了卫营村西头。还没有进村,就听到一曲曲儿歌从村里传来:

小擀杖,两头尖,
打败日本打汉奸。
小擀杖,两头挺,
打败日本得飞艇。
小擀杖,两头翘,
打败日本得大炮。

小竹竿,细又长,
我当战士你当枪。
长枪、短枪、机关枪,
要把鬼子消灭光。
……

这边的歌声刚刚落地,那边又传来一片惊天动地的喊杀声:“突击刺!杀!突击刺!杀!”

彭雪枫、魏凤楼他们循着喊杀声走去。

在卫营村北头的小树林里,有一群年轻人正在练刺杀。几个草人靶子,早已被刺得千疮百孔,支离破碎。还有一群人正在打拳格斗。即将走进小树林时,魏凤楼向彭雪枫介绍说,“彭将军,这是我们区一大队的一个中队,正在进行训练。”

一个正教武术的长着络腮胡子的年轻人看彭雪枫走过来,友好地点了点头。彭雪枫赞许地对他说:“老弟,你这拳打得虎虎生风,看来可不是一半天的功夫啊!”络腮胡子只顾擦汗,笑了笑没有说话。

魏凤楼介绍说:“他叫黄炳,是这个中队的队长。”

彭雪枫看黄炳的单上衣早已被汗水湿透,就故意问道:“黄队长,训练这么辛苦,还耽误干自家的活儿,你们这图的是啥呀?”

听彭雪枫这样问，黄炳的脸“刷”的阴沉了下来，很不高兴地答道：“俺啥都不图，就图打日本强盗，保护咱的家乡。”

彭雪枫微笑着点点头说：“讲得好！讲得很好啊！”

沈东平指着一个正在做示范动作的30多岁的年轻人对彭雪枫说：“他叫魏凤禧，是魏区长的弟弟，也是魏区长手下的一员虎将，担任黄营联保处主任和区一大队队长。他可不简单啊，10年前在苏联留过学，上过伏龙芝军事学院。”

魏凤楼解释说：“1926年，冯（玉祥）老总从苏联考察回来后，要选派一批有志青年到苏联学习军事，我近水楼台，就推荐凤禧去那里学了两年。”

彭雪枫走到魏凤禧面前，微笑着说：“嗬，听说你留苏学过军事，见过大世面啊！魏主任，说说你们是怎样拉起队伍、开展抗日救亡工作的。”

魏凤禧停下动作，擦了把汗水，说：“在县抗敌委员会和县、区政府的领导下，在李子木、王青峰秘书的指导帮助下，我们先向老百姓宣传抗日救国的道理，号召大家有钱出钱，有人出人。很快，各村都成立了二三十人的看家队。在此基础上，我们联保处先后建立了三个中队和一个大队部。”

“具体说说你们是怎样捐款买枪的，好吗？”彭雪枫追问道。

魏凤禧想了想说：“俺这一带就数‘卫老财’家最富裕，大伙儿都瞪眼瞅着他给区团队捐多少钱。刚开始的时侯，他不觉悟，只愿意出50块大洋。我和李子木等人不分白天黑夜，轮流往他家里跑，给他说说这，比比那，道理讲了一箩筐，好话赖话说了几簸箩。总之是一句话，千方百计地动员他家多捐钱、多买枪。俗话说，人心都是肉长的，石头暖的时间长了也会发热。就这样，‘卫老财’慢慢地认识到了捐钱买枪抗日救国的道理和意义，最终一把拿出了500块大洋。他这一带头，那些比较富裕的人家也跟着100、200、300的捐了起来。我们有一点儿体会是：动员捐款买枪，要首先选好目标，只要有人一带头，路子就蹚开了。”

彭雪枫听后，非常兴奋地对魏凤楼说：“魏区长，你们很会做工作啊，把老百姓抗日的积极性都调动了起来。更可喜的是，你们这种渐进式发展的方法，符合事物的发展规律，人们也比较容易接受。很好，很好！”然后转身看着楚博说，“楚县长，这是个好经验，很值得推广啊！”

楚博答道：“是的，他们的这种做法很好，我们全县其他各区正在模仿哩。”

彭雪枫又说：“自卫团由农民组成，他们平时缺乏组织，没有纪律观念，不少人长期散漫惯了,可能这里面还会混进一些兵痞、二流子,你们一定要加强政治思想教育工作,不断提高组织纪律性!"

楚博点着头说:"好的,我们一定对他们加强思想教育,加强组织纪律性。"

应楚博和魏凤楼的邀请,彭雪枫给官兵们简单讲了话。他说:"同胞们,我们中华民族面临亡国灭种,到了最危险的时刻。抗日是当前全国人民的头等大事,每个人都应该积极行动起来,学习军事,作好打仗的准备。打仗,不但要有勇气,还要有作战的本领。我们大多数战士都有抗日救国的热情,但缺乏打仗的真本领、硬功夫。希望大家刻苦训练,将来为国建功立业。魏区长是久经沙场的大将军,领兵打仗是他的拿手好戏,你们要好好跟他学,将来在抗日战场上奋勇杀敌,荣立战功!"

再说乡亲们听说魏凤楼回来了,呼啦围上来一大群,说笑着和他打招呼:"凤楼侄儿回来了,回家喝口茶吧!""凤楼兄弟,您侄儿跟着你俺一百个放心,你可要好好地调教他呀……"魏凤楼一边忙着搭话,一边向乡亲们散发香烟。

这一切,彭雪枫都悄悄地看在眼里,并且不住地点头微笑。

第二天深夜,西华县国民政府院内彭雪枫暂住的那间房屋门窗紧闭,窗帘密布。昏暗的灯光下,彭雪枫与魏凤楼相对而坐。彭雪枫说:"魏凤楼同志,周恩来副主席很关心你的入党问题,我从武汉来河南时,他向我专门提到过这个问题。今天上午,我把你在西华的表现和申请入党的情况电告给了上级党组织,长江局已经批准你为中国共产党'特别党员',党龄从今天算起。"停了停又说,"根据组织规定,你这个'特别党员'不过组织生活,和我单线联系。你目前的主要任务,一是搞国民党的军事情报;二是设法大量筹款,向国民党政府要粮、要钱、要装备,尽快掌握一支规模较大的抗日武装力量;三是做国民党人士的团结抗日统战工作。"

当得知周恩来副主席这么关心他的入党问题,中共中央长江局直接批准他为"特别党员"的一刹那,魏凤楼激动得热泪盈眶。他在心里说:我魏凤楼苦苦寻找了几十年的道路,今天终于找到了,盼望已久的庄严时刻,终于来到了!

魏凤楼的入党宣誓仪式简单而又庄严。他随着彭雪枫,面对西北延安方向缓缓地举起右手,千言万语,万语千言,都浓缩进了入党誓词:

> 我志愿加入中国共产党,坚决执行党的纪律,保守党的秘密,不怕困难,不怕牺牲,为共产主义事业奋斗到底!永不

叛党！

宣誓人：魏凤楼

此时，魏凤楼基本上完成了从一名旧军人到共产主义战士的重大转变，开始了为在全中国实现共产主义而努力奋斗的革命历程……

# 九

## 自卫团扩编自卫军<br>屈庄村建立造枪局

1938年5月上旬，日军攻陷战略要地徐州，妄图将徐州周围的国民党军队包围歼灭。国民党军队成功突破日军的包围，向豫、皖边区和大别山区实行战略退却。之后，国民政府第一战区长官部要求豫东各县，都要成立一个500人以上的人民抗日自卫团，实行守土抗战。中共中央在徐州失守后发出党内指示，要求豫东党组织迅速行动起来，在敌后开展游击战争。西华县国民政府县长楚博在中共豫东特委的支持下，在全县4个区迅速组建起4个区团，成立了“西华人民抗日自卫团”。随着商丘、开封、太康等地相继失守，6月上旬，国民政府为保卫武汉、郑州和平汉铁路，命部队炸开了黄河花园口大堤，以水御敌。黄河水夺贾鲁河奔向东南，一泻千里，西华县城以东以北成为了黄河泛滥区，西华县成为与日伪军对峙的抗日前沿阵地。为深入敌后抗击日伪军，中共河南省委军事部长彭雪枫电示豫东特委，要抓紧扩大并巩固西华部队，做好渡河东征的准备工作。为此，报请国民政府第一战区长官部批准，将“西华人民抗日自卫团”扩编为“西华人民抗日自卫军”。

1938年6月13日上午，在西华县城扬堂寺街县立高等小学抗日自卫团司令部，西华县县长、自卫团团长楚博，中共豫东特委书记、自卫团参谋长沈东平主持召开自卫团扩编为自卫军的军政会议。参加会议的有政治部主任王其梅，一区区长胡晓初，二区区长武景新，三区区长屈申亭，四区区长侯香山，以及各有关部门负责人李耀、周季方、周时源、王学武、孔石泉、宋斌、张漫萍等人。沈东平首先宣布了“西华人民抗日自卫团”扩编为“西华人民抗日自卫军”的命令。然后分析了黄河决口后豫东战场的形势。他说：“原来我们在全县范围内组建一个自卫团，待日军占领县城后，准备在农村以西华为中心守土抗战，开展游击战争。现在敌我隔河对峙，日军必然集中兵力进攻武汉，原来的计划已不适应当前的抗日形势。根据省委军事部长彭雪枫将军的指示精神,我们要尽快扩编部队。部队组建后要加紧训练,迅速出动到敌后,广泛开展游击战争,拖住日军,配合正面战场的国军作战。刚才已经宣布了扩编的命令,自卫军组织结构和人员组成是:楚博县长任司令,魏凤楼(因调离未上任——作者注)、胡晓初、屈申亭、侯香山任副司令,参谋长、政治部主任仍由我和王其梅担任。李耀任副参谋长,周时源任参谋处长,周季方任组织科长。自卫军下辖三个支队,胡晓初、屈申亭、侯香山分别兼任一、二、三支队司令。王其梅(兼)、孔石泉、王学武分别任一、二、三支队政治部主任。每个支队辖三个大队,每个大队辖三个中队,每个中队辖三个分队,每个分队辖三个班。下一步,要迅速扩大部队规模。同时要抓紧政治培训和军事训练。政治培训和军事训练时间为三七开。现在每个支队都有红军时期的团、营级骨干和抗大毕业的青年干部,他们搞政治工作、军事训练都是有经验的。另外,各支队都必须加强政治思想工作,严格遵守三大纪律、八项注意。”接着,政治部主任王其梅宣布政治培训方案,副参谋长李耀宣布军事训练计划。军事训练计划中除队列、射击、投弹、刺杀等常规训练外,特别强调了游击战术、单兵作战、行军联络、近战、夜战等训练。

与会人员对沈东平参谋长的报告和两个训练方案进行了认真而热烈的讨论。魏凤楼说:“咱西华从前几年就开展了大规模的抗日救亡运动,老百姓的抗日热情空前高涨,与国民党军队靠抓壮丁补充兵员不同,咱部队扩编兵源不是问题。过去说‘好铁不打钉,好男不当兵’,现在群众说‘老日侵豫东,保家去当兵’。”胡晓初说:“面临亡国灭种,在抗日统一战线的感召下,全县绝大多数士绅、富户都愿意捐款、捐物支援抗战。有些开明人士像王拱璧、胡民英、高子仁、王殿龙等都表示愿意毁家以纾国难,军装、被服也不成问题。”王其梅说:“部队干部配备也没啥大问题。魏凤楼副司令当过西北军的军长,大旗一树,许多返乡的军人会闻风而来;魏、胡、屈、侯4位副司令都是军事干才,富有作战经验;上级给我们派来的李耀、孔石泉、滕海清、周季方、王学武、宋斌等人都是身经百战,参加过二万五千里长征的团、营级干部;最近,还将有一批从延安抗大毕业的年轻军政干部到达这里;咱们的抗日培训班训练的大批骨干,可以在班、排任职。我们的编制实行的是‘三三’制,每个中队班、排骨干得20多人,一个大队80人左右。兵员招满,干部可随时配齐。”会议讨论整整一个上午还没有结束。沈东平说:“警卫人员已端来了饭菜,咱们吃了饭再讨论。”

沈东平等人边吃饭边议论。屈申亭借机向沈东平汇报前几天收缴韩复榘200多名溃兵和300多支枪的情况。他说:“韩复榘部有一个营的溃兵,经太康流窜到西华境内。营长早带着姨太太逃往豫西地区，由一个营副带队，准备到豫西投靠西北军81师。这支部队兵无斗志，军纪很坏。各村寨都不让他们进村祸害百姓，他们逃到西夏亭东边的一个芦苇塘边露营。我和学武主任一商量，就率三区的队伍，在黎明时分将其包围。溃兵虽是正规军，人困马乏，两顿没有吃饭，毫无斗志，一经包围就缴了械。我们将溃军集合起来饱餐一顿。学武主任给他们训了话，'你们是吃皇粮的国军，平时老百姓供你们吃，供你们喝，给你们发饷，日军来了你们逃跑。你们怕日军，我们不怕。武器、弹药、装备必须给我们留下，让我们打鬼子。弟兄们大部分家都在山东，许多人是抓壮丁抓来的，愿意回家的发给路费；愿投81师的，给你们备足干粮，礼送出境，沿途不准骚扰百姓。'这一下，学武主任再组建一个大队的全套装备、武器、弹药就基本解决了。"侯香山说："在我们四区，参加抗训班的人也不少，兵好招。但剿匪缴来的枪，各式各样的都有。既有七九步枪、捷克造、中正式，也有老套筒、水连珠、湖北条子。损坏的也不少，得赶快修理。"胡晓初说："存芝说的情况，几个区团都存在。枪不一样，用的子弹也不同。"魏凤楼说："我从武汉回来时搞了一部分武器，办抗训班时我拿出了一部分，还有一些，但不多。最近，原西北军一部经咱县西撤，我向旧部化缘一些，再收缴一些散兵游勇的枪支。但西北军是杂牌军，步枪缺刺刀，使用手枪和机枪的人缺大刀。"李耀接过话茬说："我看，目前在战场上最后解决问题，是要靠拼刺刀、抡大刀的。"

正说着，路岩岭满头大汗地从门外风风火火地闯了进来。沈东平、胡晓初等几个人站起来让他吃饭。路岩岭摇了摇头说："先别说吃饭，给我弄点水喝喝，快渴死了！"沈东平边倒水边说："岩岭，你回来这么快，请的人哩？"路岩岭一气儿将杯中的凉开水喝完，说："再来一杯！"喝完第二杯水，他边擦嘴边说："我坐火车到洛阳八路军办事处，办事处的同志告诉我，巩县兵工厂现在对技师控制得很严，没有特殊关系挖不出来。他们前天接到咱特委的密信后，通过巩县地下党组织，已将两位造枪技师请到办事处，他们带着部分修枪、造枪工具等候我到达。我和两位师傅坐西安到武汉的夜班车就赶了回来，下火车就搭马车往家里奔。"屈申亭急切地问："二位师傅哩？""我将他们安排到了县城胡民英先生家里，胡先生正设宴招待他俩。我一口水没喝，便赶过来给你们几位首长汇报。"路岩岭一边吃饭一边回答。沈东平说："好！好！不说了，快吃饭，吃过饭咱继续开会。吃过饭，岩岭你也参加会议讨论。"

吃过中午饭后，会议继续讨论。魏凤楼说："原来在西北军时，枪支型号也不一样，后来就采取将同样型号的枪支集中到一个排或一个连使用，子弹能够通用，打仗时有利于提高战斗力。"大家一听，都说这个办法好。沈东平当即表态说:“就按魏司令说的这个办法办。在一个支队范围内,立即调整人枪。”侯香山反映说:“我们四区还缺刺刀、大刀。”“不是开始打造了吗?”沈东平问屈申亭。屈申亭双眉紧锁、一脸愁容地答道:“前几天,俺在屈庄弄了两盘洪炉,打了几把刀,试试不中,硬度不够,刺刀刺杀时光弯,大刀砍东西光卷刃,都不能用。”胡晓初皱着眉头问:“怨啥?”屈申亭说:“洪炉的师傅说,没有好钢材,打不出好大刀。我派人到漯河、许昌寻找了好几天,也没搞来好钢材。”王其梅说:“京汉铁路两边换下来的钢轨,每隔几公里还有备用的。这些‘工’字钢都是进口的好钢材,很适合做刀具,就是每条七八丈长,没办法运啊!”屈申亭说:“那好办,咱多搞几把钢锯,把它锯短不就好运了。我听有位师傅说,只要有好钢材,不但能打大刀,还能造撅把子手枪(即每次掰开装一发子弹,又叫“单打一”)。”路岩岭接道:“路上我听来的师傅说,只要有好钢材,不但能造枪零件,还能造‘十支连’,就是能连续发射10发子弹的手枪。”沈东平说:“好,这抗日也不是一半天的事,咱以后需要的武器多了。原来申亭那儿叫枪械修理所,我看干脆扩大规模,叫造枪局,不但修理枪支,还要打刀、造枪、造子弹。明天就安排二位技师到屈庄去。申亭你具体安排,先修枪,后造枪、造子弹。至于搞钢轨的事,由申亭和香山你们二位负责办理。巧妇难为无米之炊呀!技师的技术再高明,没有好材料也办不成事。”屈申亭笑着对路岩岭说:“这还要麻烦路先生到许昌辛苦一趟,你在许昌人地都熟,多搞几把钢锯和锯条来。明天一早,我就派王华山、侯宗斌两人随香山到四区,先摸清钢轨所在位置,然后再策划行动!”“明儿一早我就去许昌,申亭老兄你放心,保证误不了事。”路岩岭拍着胸口说。侯香山说:“我叫李子木随同王华山他们一块去。子木家离京汉铁路很近,熟悉情况。钢轨锯开后,用小车运到沙河边装船,顺水而下比人走得快,还省力气。”

会议一直开到夜幕降临。4位区长和其他与会人员一致表示,明天就开始按沈东平的布置抓紧训练,抓紧扩军,确保7月份至少能有3000人枪渡河东征。

几天过后,王华山飞马向屈申亭报告说:“钢轨已从漯河南土洼车站附近运到了屈庄造枪局。”屈申亭拉住王其梅说:“走,王主任,到屈庄看看去。问问师傅们这钢轨管用不管用。”王其梅哈哈大笑道:“我的屈司令,钢轨都是进口的优质碳素钢,咱国内不能造,你就放心吧,保证管用。”

王其梅、屈申亭、路岩岭带着王华山、段文丑,5匹快马出县城西门,一阵风似的奔到了屈庄。他们下马后连口水也没有顾上喝,就直接去看钢轨。

看到一大堆被锯开的钢轨，又听师傅说是好钢，屈申亭仰天大笑，说："老天有眼，天助我也！文丑，快去找个大秤，看看这些钢轨有多重！"段文丑应声去找大秤。王其梅喊道："文丑你回来，不用去找秤！"段文丑停住脚步，转身问："王先生，不去找秤，咋知道这些钢轨有多重啊！"王其梅告诉段文丑说："有多重都写在钢轨上，你在钢轨上找找不就知道了吗！"小个子段文丑趴在钢轨上东找西看，满脸的麻子憋得通红，一头大汗。他抬起头抱怨道："屈司令，王先生净出我的洋相，叫我瞎找，这上面啥也没有啊！"王其梅笑着说："你没找着地方。钢轨中间有三个孔，圆孔是上夹板的地方，看那里有没有。"段文丑又找一会儿说："上面有50、38几个洋码字，还有几个外国字我不认哩，你也没教过俺啊！"王其梅说："华山、文丑您俩过来，看是不是这几个字。"说着，王其梅用小棍在地上写了50 kg/m和38 kg/m。段文丑看看王华山，奇怪地问："王先生，你又没看，你咋知道啊！"王其梅拍着段文丑的肩膀说："这就叫'秀才不出门，全知天下事'啊！"王其梅指着"kg"说："这个字念'恺儿'，是英文字母，千克的缩写。1千克就是1公斤，相当于咱们的两斤。下面'm'字母念'唉母'，代表公尺，1公尺相当于咱中国的3尺。50 kg/m就是说每尺钢轨重33.33斤，3尺钢轨重100斤重，也就是50公斤；38 kg/m是说每3尺钢轨重76斤。50 kg/m是铁路正线上用的，38 kg/m是轻轨，是附线、车站内线路用的。你们看看50 kg/m有多长，38 kg/m有多长，一算就知道了，何必一秤一秤费力去称，掏哪个笨劲啊！"屈申亭在一旁惊讶地说："看来其梅主任对铁路熟悉得很呀！"王其梅边喝茶边告诉屈申亭说："目前，咱中国铁路的钢轨有准轨与窄轨，这两种钢轨重量不一样，铁路宽窄也不一样。绝大多数是准轨铁路，两轨间距离是1.435米，而窄轨铁路则是1.000米。山西是大军阀阎锡山晋军的地盘，那里的铁路都是窄轨。云南十八怪中说的'火车不通国内通国外'，昆明到越南河内的铁路是法国人设计修建的，也是窄轨。"

王华山一边给王其梅、屈申亭、路岩岭等人倒水，一边问："王先生，你不是说在北平上的是师范大学吗？对铁路咋恁在行啊！"王其梅笑了笑，说："我在北平时，曾在长辛店办过工人夜校，当教员时向铁路工人师傅们学的。"

不一会儿，段文丑算出了钢轨重量，搔着头笑嘻嘻地说："王先生，你这法儿省劲，真中！俺算出来了，总共约12600斤。"屈申亭伸出大拇指说："王主任，你出的主意真管用，这下打刀造枪的原料没啥问题了。"在场干活的工人都笑着说："共产党里能人多，这位大头先生（根据地群众称王其梅为'王大头'）真有学问！"临行时，屈申亭安排再找两盘洪炉，加快打刀造枪的步伐。

进入7月初，西华部队为落实中共河南省委东渡抗击日伪军的指示，认真筹备渡河东征的各项工作。一天下午，沈东平听说造枪局不但修理好了许多损坏的枪支，还造出了20多支“十支连”手枪和一批刺刀、大刀、手榴弹以及易损配件，便在王华山、段文丑的护卫下，带着王其梅、屈申亭、李耀来到屈庄造枪局，检查新造的刀枪。

看到新造的手枪和寒光闪闪的大刀、刺刀，几个人感到分外高兴。他们几个带着新造的手枪来到屈庄西头，以大柳树为靶桩，将一块铁板固定在柳树上进行试射。枪支的射程、穿透力都比原先想象的好，连发点发射击自如。

在厨房里，王华山、段文丑，一个拿刺刀，一个抡大刀，对着刚买来的猪后臀尖又刺又砍。刺刀入肉十分锋利，大刀下去连皮带拐子骨一下砍断，大刀毫发无损。站在一旁观看的李耀副参谋长摇了摇头说：“华山、文丑，试战刀不是这样的试法。”说罢，他取出三块银洋放在木板上，手起刀落，三块银元顿时分为6半，大刀刃只有几个小白点。

沈东平检查完新制的弹夹、擦枪管用的各类探条、擦枪用的油壶后，安排李耀说：“李副参谋长，马上搞个分配计划，将新造的手枪、大刀、刺刀、手榴弹给部队发下去。各支队修理好的枪支，赶快让他们领回去。屈司令要抓紧时间造枪和大刀。下一批造出的手枪发给手枪中队，叫手枪中队人员再扩大一些。”手枪中队长王华山高兴地说：“参谋长放心，有了十连发，到水东打日伪，我们就能将它换成二十响和老日的王八盒子。”

这时，具体负责屈庄造枪局工作的中共西华三区委员凌复初向沈东平反映钢铁不多了。屈申亭随口说：“还到平汉铁路上去搞钢轨。”沈东平想了想说：“不行，好马不吃回头草，平汉路上的护路队肯定有了警觉。”王其梅说：“平汉路不行，咱就去陇海路。黄河决口后，陇海路被黄水冲断，钢轨、垫板、道钉、夹板、道岔等器材肯定散落的不少。”屈申亭说：“陇海路离咱这里特远，也不像在平汉路，有香山四区的人员接应。”沈东平想了想说：“现在就派人，去叫路岩岭、扶沟的施德生下午到自卫军司令部，派他俩到陇海线附近侦察侦察，摸摸情况。”

当天下午，沈东平、屈申亭给路岩岭、施德生当面交代了任务。路岩岭说：“这没啥问题，尉氏、中牟都在新黄河以西，是国统区，没有日伪军。那边有不少人和我们路家、施家是亲戚，熟人也很多。我们可以化装成小贩卖菜刀、锄头、铲子、镰刀，收废铜烂铁。”沈东平当面给路岩岭介绍了尉氏地下党的联络地点和接头暗号，告诉他说可请尉氏地下党组织帮忙。屈申亭从兜里掏给路岩岭一部分经费，说：“这些钱，你们当本钱去买些铁器，游乡卖也行，换废铜烂铁也中。时间要抓紧，重点是要摸清钢轨在啥地方。”

几天过后，路岩岭带船到龙池头卸下几千斤破铜烂铁。这堆废铜烂铁中，既有损坏的铁制农具，铁路轨道上的垫板、道钉，也有日军炸弹片、子弹壳，损坏的枪支零部件，装甲车上的螺丝、甲板，五花八门。

路岩岭向赶来查看的屈申亭汇报说："施德生用铁货换的这些破铜烂铁都运回来了，管用的咱打刀、造枪，不管用的咱打生活用具、农具，实在不管用的就打钉，卖给大车行。钢轨发现了好几条，这些东西当地群众没有啥用，他们提出只要给一些锄头、镰刀、铡刀、斧子一类的东西，就愿意帮咱装到船上。施德生、施裕民他们还在那里换破铜烂铁，我赶回来向你们报告。"

屈申亭大笑说："路老弟，你的主意好！"他一边安排人运往屈庄赶制锄头、镰刀等农具和生活用具，一边与路岩岭骑马奔往县城，向沈东平和王其梅汇报。

沈东平、王其梅在自卫军司令部听完屈申亭、路岩岭的汇报后，感到此法可行。王其梅笑了笑说："怪不得前几天报纸上说，美国开始削减对日本的废钢铁出口，原来废铜烂铁也是战略物资啊！"然后对屈申亭说，"这样一来，不但能满足我们造枪局的需要，还能方便广大群众的生产和生活需要。你们要大力组织生产，可叫泛区的劳动力（豫东农村称青壮年男子为"劳动力"——作者注）推小车到附近的西边、南边几个县去游乡换废铜烂铁，县政府给他们发放灾区难民证，帮助他们找个生活的门路。"

屈申亭一脸灿烂地说："这一下咱造枪局的原料资金还有啥问题？只有加油干了！"

沈东平最后拍板说："这事利国利民，一举多得，何乐而不为！吃过饭就分头行动，抓紧落实。"随后对王其梅说，"最近，西北的马彪骑兵师1万多人，从青海开到了周家口参加抗日，他们有战马上万匹。马家军绝大部分由回民组成，每个营、团都有阿訇，明天叫张漫萍和几位回民教长一块到周家口去劳军。可以派一些人帮回民官兵打马掌、修理马具什么的，联络联络感情。有个团长是魏凤楼的西北军旧部，昨天他还来拜会魏凤楼，叫魏司令写封介绍信，找找他。"

两天后，路岩岭、王华山带着钢锯，领着十几辆装满农具的小车在龙池头上船，沿新黄河逆水而上，在尉氏下船，分别到附近各乡村沿街叫卖。几天过后，满载着钢轨和废铜烂铁的帆船顺水而下，一路高歌向西华驶来。施德生、王华山一行人迎风站立船头，发出了一阵阵开心的笑声。

# 十

## 楚县长筹粮救灾民<br>自卫军痛击日本兵

中共豫东特委掌握了西华政权后，通过统战关系，又设法取得了扶沟县的政权。

1938 年 6 月上旬的一天晚上，沈东平突然找到魏凤楼说："魏区长，我们已通过上层疏通关系，推荐你当扶沟县长，估计省政府的委任状近日就到专署。先告诉你一声，好有个思想准备。"

魏凤楼听后愣了一下，看着沈东平说："叫我当扶沟县长？"

沈东平点了点头说："我们有个设想，通过上级统战关系，逐步让楚博出任专员，你和胡晓初、屈申亭、侯香山等人分别到附近几个县当县长，广泛建立抗日民主政府，将整个豫东地区建成巩固的抗日革命根据地。目前，你去扶沟的条件已经成熟，先行一步，带个好头。"

魏凤楼说："这倒是个好主意，有了政权就能更好地拉抗日队伍了。"停了停又说，"叫我去扶沟，听说那里很乱啊！"

沈东平接道："是啊，扶沟地方派别林立，各抱集团，当政者只想着搜刮民财，不考虑抗日救亡，老百姓深受其害。特别是开封沦陷后，国民党部队和地方官员纷纷向武汉方向撤退，县长宋炳春也准备逃跑，全县一片混乱。扶沟和西华一样，地处抗日前沿，战略地位十分重要。我们举荐你去那里当县长，是想建立一个真正领导民众抗日的县政府。前不久，我们通过上级统战关系与刘莪青专员沟通此事，他正为扶沟的混乱局面而头疼，再加上他平时对你印象很好，就同意了我们的主张。之后，他以行署的名义将你上报省政府，并积极活动省政府的主要官员。据说，前天省政府已任命你为扶沟县长。"然后又问道，"老魏，你还有什么想法？"

魏凤楼想了想说："让我去扶沟也中，只是希望能带走一支队伍和部分干部。”

沈东平说：“这理所当然，我们也是这样想的。”

就在魏凤楼准备到扶沟走马上任当县长之时，一场人为的灾难突然从天而降——黄河花园口突然决口，滔滔黄水顺贾鲁河一泻千里，夺淮入海。

由于国民党军队内部派系的矛盾和争斗，原本让中国军队士气大振的“兰封会战”失利了。由薛岳指挥的豫东兵团近20万中国军队，竟然未能消灭土肥原部2万日军，连蒋介石在给程潜的密电中也愤而称之“在战史上亦为千古笑柄”。之后，蒋介石采纳陈果夫等人的建议，企图以黄河水来阻挡日军进犯中原，力保武汉、郑州和平汉铁路，密令国民党新编陆军第八师师长蒋在珍，于1938年6月9日，在郑州花园口炸开黄河南大堤，致使黄河改道，滔滔黄水顺贾鲁河夺淮入海。

据当年目击者讲述，那天，具体负责掘堤的蒋在珍师长的助手熊先煜大校对着黄河堤上的关帝庙祷告：“关老爷啊，中华民族眼下遭大难了，我们打不赢，只好掘河放水，阻挡日军。可淹死的都是咱中国人，我们这是作孽啊！您宽恕我们吧！”工兵营营长黄映清此时“咚”的一声跪倒在地，热泪长流，哽咽不止。官兵们也都齐刷刷地跪在地上，面向波涛汹涌的万里黄河放声痛哭。观此情景，苍天落泪，天空突然下起了丝丝细雨。

曾“水淹七军”的关老爷欲哭无泪，他老人家也只能默默地见证那凄惨的场面：一阵震耳欲聋的爆炸声后，滔滔的黄河水冲出大堤，顺贾鲁河及其两岸，以排山倒海之势东南而下，像匹脱缰的野马横冲直闯。广阔富庶的豫东平原，顿时成了水乡泽国，无数生命葬身黄水。黄河水所到之处，房倒屋塌，六畜哀鸣，人们凄凉的哭叫声、呼救声撕心裂肺，惨不忍睹！

这次炸堤放水，对阻止日军机械化部队西进、南下起到了阻挡的作用，为保卫武汉三镇以及中部的工业向西部转移，争取了宝贵的时间。但由于是“军事秘密”，事先没有有效地组织下游广大人民群众转移，致使1200万群众流离失所，89万人被淹死或活活饿死，造成了豫、皖、苏三省44个县成为“黄泛区”。西华、扶沟成为黄泛区的腹心地带，一条宽四五十华里、深两三米的“新黄河”从这两个县穿境而过。由于日军入侵，国人无暇治水，长达8年之久的黄河水患，给豫、皖、苏广大人民群众带来了一场惨绝人寰的大浩劫。

黄水的到来，使本来就混乱不堪的扶沟更加混乱了，一些派别和名目繁多的组织借机大发“水”财，个别乡丁游勇也乘机拉起杆子，擅自向灾民催粮派款，肆意盘剥，扶沟人民生活在水深火热之中。

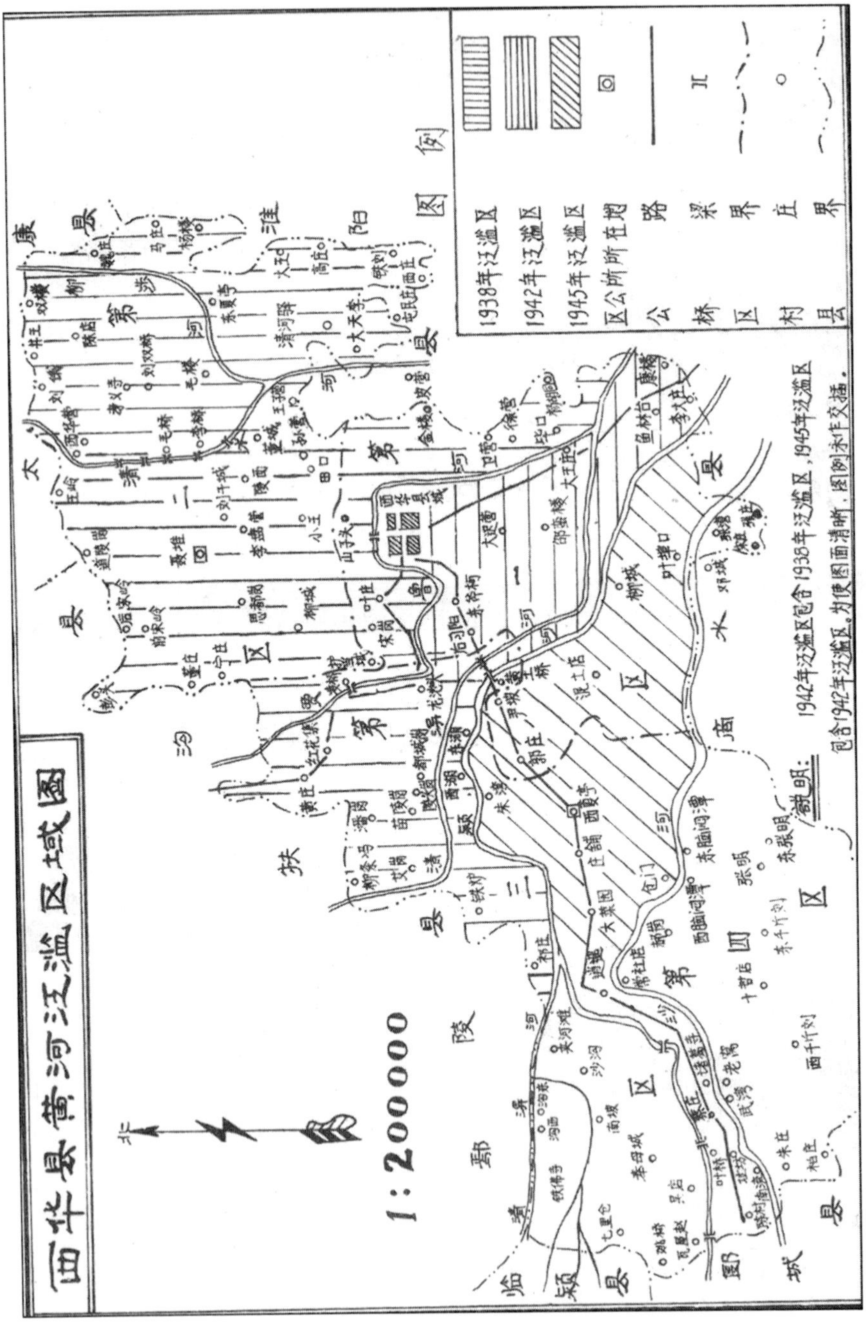
西华县黄河泛滥区域图
1:200000
北
图例
1938年泛滥区
1942年泛滥区
1945年泛滥区
区公所所在地
公路
桥梁
区界
村庄
县界
说明：1942年泛滥区包含1938年泛滥区，1945年泛滥区包含1942年泛滥区，为使图面清晰，图例未作交插。

西华县黄河泛滥区域图

历史毫不犹豫地选择了魏凤楼。河南省第七区专员刘莪青和中共豫东特委书记沈东平，都催促魏凤楼走马上任。

1938年6月15日上午，在黄河水来到西华的第三天，魏凤楼克服重重困难，肩负历史重任，带领一支700多人的武装，出西华县城北门，沿"新黄河"西岸，匆匆赶往70里外的扶沟县城，接任扶沟县长。

3天后，沈东平悄悄地来到扶沟县城，秘密宣布成立地下中共扶沟县委：王青峰、李均、王少庸、李朴人、施德生、施纪恩、杜希堂任委员，王青峰代理书记。同时，他还带来了10多名从陕北抗大、确山竹沟和武汉等地来的中共干部。

王青峰、李均的公开身份是扶沟县国民政府秘书。

魏凤楼在共产党组织的支持下，重新任命了县政府各科科长，把有贪污行为和吸食毒品的区长和大部分联保主任撤换掉，委派宋典经、刘铭斋、施裕民分别担任一、二、三区区长，各联保主任也由共产党员或进步人士担任。扶沟县国民政府成了共产党在豫东继西华之后实际掌握的第二个县级政权。

就在魏凤楼巩固扶沟政权、举办抗日骨干训练班、发展农民抗日武装等顺利开展工作的时候，西华县长楚博却面临着一个十分头痛的问题：如何救助黄泛区灾民。

楚博被恢复中共"特别党员"后，与豫东特委及沈东平、王其梅、胡晓初等共产党人的关系更加紧密了，抗日的积极性更高了。黄水到来后，中共豫东特委决定将工作重心暂时转移到救助灾民方面。这与楚博县长的想法不谋而合，他坚决执行豫东特委的决定，积极救助黄泛区灾民。

黄河决口，西华县有近一半的土地和村庄被淹没。由于地势较高，又有厚厚的城墙阻挡，黄水没有进入县城，所以贾鲁河以东数以万计的灾民纷纷涌向县城和附近乡村。楚博、沈东平、王其梅等人组织救援队，征集民船，四处抢救黄泛区难民，并在县城安排他们吃住。

一天晨曦初露，楚博带着警卫员来到大街上，走进赶集的人群问这问那，了解情况。一个老汉冲着他嚷道："东关仓库里放着恁些粮食，灾民们却饿肚子，你这个县太爷说说，这是啥世道啊！"楚博听后惊问道："老乡，你说啥？东关仓库里有很多粮食？"他把"很多"二字说得特别响亮。老汉答道："俺亲眼看见的，这还能有假？"楚博说："俺现在就去仓库查看。要真是这样的话，乡亲们成放心啦，俺楚博立马开仓放粮，救济灾民！"在场的灾民一听县长说"开仓放粮"，都不禁欢呼雀跃，有的甚至还口呼"楚县长是青天大老爷"。

这天半晌午，楚博从东关粮库匆匆赶回县政府大院，召集有关人员开会。

人到齐后,他质问财粮科长:“刘科长,我刚才去粮库,看到里面堆着很多粮食,这是咋回事啊?”

刘科长名叫刘聚财,人们戏称他管财粮是“名副其实”。他眨巴着眼回答道:“是的,咱有一批国库粮。”

楚博一拍桌子道:“那么多难民饿着肚子,咱却放着粮食撑粮仓,喂老鼠!现在研究一下,用这批粮食救济灾民!”

沈东平、王其梅等大多数与会者,当然都同意楚县长的意见。而刘聚财却摇头晃脑地说:“楚县长,这样不妥吧?黄水刚来,咱往后的日子还长,用粮食的地方多着呢!”刘聚财家是本县的大粮商之一,他家正想哄抬粮价,借机大发“水”财。他听楚县长说开仓“救济灾民”,害怕发放赈济粮影响自己家的生意,进而劝说道:“国库之粮,岂能乱动!事关重大,还望县长大人三思而后行啊!”

楚博怒火中烧,“呼”地站了起来:“黄水无情人有情!赈济灾民,天经地义!我决定,现在就派部队接管粮仓。马上告示灾民,开仓放粮!”

难民们闻讯楚县长开仓放粮,纷纷涌向县城东关粮仓,很快就排起了一支长长的队伍。县政府规定,赈济粮按人口发放,每户灾民少者几十斤,多的达数百斤。就这样,在三天时间内,县政府库存的800多石粮食全部发放给了难民。

楚博、沈东平、王其梅他们知道,县政府的那点存粮,对于众多的灾民来说是杯水车薪,远远不够。于是他们研究决定:公开向全县富裕户募集粮食。

当天夜里下了一场透墒雨。

第二天上午,雨过天晴,风清气爽。楚博和王其梅早早地来到县政府大会议室门前,和蔼地让座、寒暄,招待来宾们入座。

大会议室里摆满了长短板凳。一些身着长衫的老年人和几个身着便装的中年人,手拿折扇,正小心翼翼地走进大会议室。这里是前清时县太爷坐的那个大堂。他们一到这里,便觉得毛骨悚然,表现出焦躁不安的样子。有几个老年来宾,早已认识楚县长,一进大厅就满脸堆笑,向他拱手鞠躬,表示敬意。会场一片寂静,都在注视着楚博,仿佛要听到什么不幸的消息。秘书王其梅终于开口了:“各位肃静,现在开会,请楚县长讲话!”大家没有掌声,也许是心里忐忑不安,没有人想起这个礼节。

楚博县长清了清嗓子说:“各位先生,今天请大家来,一是通报一下全县灾情;二是说说救济灾民和解决咱西华部队口粮的事。各位请注意,我说的是商量,是志愿,决不强求。大家都知道,无情的黄水来了,据统计,我县150万亩良田有近一半成了水乡泽国，300 多个村庄被洪水淹没，10 多万灾民无家可归，衣食无着。县国库存粮有限，已发放殆尽。眼下，十几万灾民嗷嗷待哺，急需粮食救命。另外，咱西华部队几千号人急需口粮，眼下也揭不开锅了。大家好好想想呀，放着粮食不救济家乡灾民、不献给抗日队伍，给敌人留着，那不是大傻瓜、二百五吗？再说啦，小日本要灭我们的国家，刀已经架在我们脖子上了。我们是四万万五千万人口的大国，只要大家一心打日本，就能把小鬼子撵走。话又说过来，咱要是不团结，就要亡国，家产、生命什么都没有了。所以在抗战方面，我们一贯倡导有人出人，有枪出枪，有粮出粮，有物出物。"接着，他列举了一些例子，进一步说明人民大众团结起来抗战必胜的道理。

这样一来，会场上紧张、神秘的气氛逐渐松散开来。有人说"楚县长说的句句都是实话，灾民那么多，眼下救人要紧"，有人说"是啊，国家兴亡，匹夫有责，抗日子弟兵饿肚子，咱咋能袖手旁观呢"。会场上一片喧嚷之后，县城南街的开明富绅胡民英首先站起来说："楚县长说的在理儿，俺认捐 2 万斤小麦。"东街大户、县商会会长高子仁接着说："俺也认捐 2 万斤小麦。"这样以来，与会的其他人员很快就被带动了起来，纷纷 3000 斤、5000 斤的认捐起来。这天，当场募捐小麦 20 多万斤。

当时，新黄河东岸就是沦陷区，日军在紧邻西华县东部的淮阳柳林设了一个据点，他们不断出动橡皮艇横闯新黄河，耀武扬威，并时不时地骚扰西华县城和岸边的村庄，而国民党河防部队 22 师官兵只在岸上守株待兔，坚守河防。楚博、沈东平和胡晓初他们经过认真研究分析后，决定出其不意，攻其不备，伏击日军，灭灭他们的嚣张气焰。

距新黄河西岸一二里地，有一座被浸泡在黄水里的村庄，名叫小张庄。村里已空无一人，一些还没有倒塌的房屋露着屋顶，像醉汉似的摇摇欲坠，三五棵枯树紧紧抓住一缕缕茅草，在滔滔的黄水里绝望地挣扎着。这天上午 9 点多钟，十多只满载着西华抗日自卫军指战员的小木船悄悄地划进了小张庄，转眼之间都不见了。与此同时，在新黄河西岸边隐蔽着一排小木船，胡晓初面向新黄河、手持望远镜坐在船头。突然，镜头里面出现了几个小黑点，那黑点越来越大，渐渐看清楚了，是几艘挂着膏药旗的橡皮艇，正由东向西徐徐驶来。他对身边的大队长屈登瀛说："日他奶奶的，小鬼子果然又来了。龟孙们多次挑衅，都没有遇到过抵抗，胆子越来越大，越来越狂了。沉住气，等他们靠近了再打。让他们措手不及，肉包子打狗——有来无回！"

不多时，在一望无际的河面上，3 艘日军橡皮艇成"人"字队形，大摇大摆地向西岸驶来。像往常一样，他们肆无忌惮地停靠在小张庄的西北角，手持望远镜，旁若无人地向西华县城方向窥视。

胡晓初看日军进入了伏击圈，就向身边的小号手打了个手势。小号手早就盼望着这一时刻的到来，使足了劲儿猛吹冲锋号，顿时，"哒底哒的、哒底哒的"的冲锋号声响彻天空。

伴随着嘹亮的冲锋号声，停泊在河西岸的10多艘小木船像离弦之箭，朝日军橡皮艇驶来。比小船跑得更快的，是那一颗颗复仇的子弹。靠村子最近的一艘橡皮艇成了集中射击的靶子，转眼之间就被击穿好几个大洞，河水"哗哗"地涌进船舱。橡皮艇失去控制后，在水面上直打转，徐徐下沉。橡皮艇上的日军一看情况不妙，"哇啦哇啦"乱喊乱叫，纷纷弃船跳入水中，向另外两艘橡皮艇拼命呼救。遭到两面夹击的日军一边救人，一边还击。激战中，又一艘橡皮艇被严重击伤，摇摇晃晃地沉入水中。另一艘橡皮艇上的日军见事不妙，置几名落水同伙的生死于不顾，胡乱打了一阵枪后，慌忙调转船头，转眼之间便跑得无影无踪了。

这次伏击战打得干净利索，共击沉日军橡皮艇2艘，毙伤日军11名，缴获轻机枪2挺，手枪、步枪10支，手雷4箱，子弹数千发。西华部队的两艘小木船被日军击沉，2名战士阵亡，3名战士负伤。

从此以后，日军的橡皮艇再也不敢轻易到新黄河西岸西华一带横冲直闯、耀武扬威了。

西华人民抗日自卫军初战日军便获取胜利，这极大地鼓舞了当地军民。楚博、沈东平和胡晓初他们借此东风，加紧对刚组建的队伍进行严格的训练。

一天上午，在县城东关练兵场上，沈东平接到中共中央长江局和河南省委的紧急通知："速率西华人民抗日自卫军主力，出击水东沦陷区，开展敌后游击战争。"

沈东平雷厉风行，立即准备率部东进。

然而令人悲痛不已的是，沈东平，这位创建和领导西华抗日革命根据地的民族英雄、优秀的无产阶级职业革命家、杰出的共产主义战士，这次离开西华后，再也没有回来！

# 十一

## 抗日寇誓师渡黄河 参谋长率部袭太康

从1933年秋天沈东平、路岩岭来西华，到1938年7月，经过5年的不懈努力，共产党人把西华建成了当时河南省最强大的抗日革命根据地之一，计有6000人枪，1个炮兵分队，4座小兵工厂，还配备有在当时少有的无线通讯电台。更为重要的是，西华部队自从诞生那天起，就完全置于共产党的绝对领导之下，中共豫东特委、西华县委机关长期设在部队政治部里。中队、大队、支队分别建有党小组、支部和总支。西华部队有共产党员400多名，全县总计有共产党员700多名。当时，西华部队名义上归国民政府第一战区司令部指挥，实际上直接受中共中央长江局（驻武汉）周恩来、叶剑英等领导。

1938年7月12日，中共中央长江局和河南省委指示豫东特委“速率西华人民抗日自卫军主力，出击水东沦陷区，开展敌后游击战争”。

当天晚上，沈东平在西华县城抗日自卫军司令部主持召开豫东特委会议，传达上级指示，研究西华部队东征事宜。根据吴芝圃、萧望东从水东传回来的情报，经研究，决定西华抗日自卫军分两个梯队渡新黄河东征，到沦陷区睢、杞、太开展敌后游击战争。第一梯队由副司令胡晓初、侯香山，政治部主任王其梅率领；第二梯队由副司令屈申亭和豫东特委委员王学武率领。东征部队3000多人，由自卫军参谋长沈东平统一指挥。司令部、政治部随第一梯队行动。副参谋长李耀和特委委员周季方率领两个大队和地方武装留守根据地。

根据会议决定，部队出发前的思想动员和各项渡河准备工作，都在紧张而有序地进行着。

“自卫军要渡河东征了！”“沈先生要领部队到水东打老日了！”“咱们的部队要到沦陷区收复失地了……”西华部队渡河东征的消息不胫而走，被当做头条新闻传遍了西华城乡大地，在广大人民群众中议论着、传颂着。官兵们早已期待的时刻终于到来了。被留守在根据地的官兵,纷纷要求参加东征,有的官兵还找人“疏通”关系,申请参加东征,到敌人后方去。王其梅主任只得陪着李耀、周季方等人到留守根据地的连队,给官兵们做耐心细致的解释工作。

7 月 16 日,西华县城披上了节日的盛装,大街小巷贴满了红红绿绿的抗日标语,人头攒动、热闹非凡。一大早,戎装整洁的西华部队排着整齐的队伍,迈着雄健的步伐,一路高歌向东关外的大操场迈进;成群结队的群众,从四面八方赶来,一齐涌向了东关大操场。农救会、工商联合会、妇救会、青年学生联合会、儿童团、县政府机关人员等手执彩色三角小旗,纷纷赶到会场;抗日干训班的青年学员们在会场内外走来走去,忙着散发西华人民抗日自卫军东征布告。人们心如潮涌、激动不已。用十几辆大车搭起的主席台两侧悬挂着“众志成城,深入敌后开展游击战;同仇敌忾,团结一致抗击侵略军”对联,主席台上方红底黄字的“西华人民抗日自卫军东征誓师大会”的横标,在太阳照耀下闪闪发光。会场上人如潮,歌如海,锣鼓喧天。

在一片欢乐声中,楚博、沈东平、胡晓初、屈申亭、王其梅、侯香山、王拱璧、胡民英等登上了大会主席台。

西华人民抗日自卫军东征誓师大会开始了!

大会由西华人民抗日自卫军司令、西华县县长楚博主持。楚博宣布“西华人民抗日自卫军东征誓师大会正式开始”。锣鼓齐鸣,爆竹阵阵,震耳欲聋,几十把军号吹起了雄壮的进行曲,青年学生打起了腰鼓,会场上响起一片欢呼声。紧接着,楚博县长讲述了部队东征的目的、意义,并表示西华根据地是广大官兵的家,是东征部队的可靠后方,40 多万西华父老乡亲是部队的坚强后盾,并宣布此次部队东征由参谋长沈东平统一指挥。

身着整洁的灰色军装,英姿勃发的沈东平代表东征部队讲话。他深入浅出地分析了全国抗日的形势,说明了豫东敌后战场的战况,表示了深入敌后开展游击战争、英勇杀敌的决心和信心,指出了进军途中应重点注意的事项。他说:“亲爱的同志们、父老兄弟姐妹们:我们这支西华人民子弟兵,为了保家卫国,为了我们的子孙后代,我们不能守在家门口,坐等日军的进攻。鸟爱巢,不爱树。大树倒,往哪住?我们要勇敢地走出家门,到敌后去开展游击战争,配合国军正面战场作战,拖住敌人。我们一定要勇敢作战,英勇杀敌,多打胜仗,决不辜负西华父老乡亲的期望。从今天起,我们就要奔赴战场,用我们的血肉筑成我们新的长城,为了国家的独立,为了民族的生存而斗争!我们进行的反侵略战争是正义的,正义的战争是必胜的!同志们挺起胸膛,勇往直前,沦陷区的老百姓在盼望着我们!胜利在等待着我们!”

在沈东平讲话后，政治部主任王其梅宣读了《西华人民抗日自卫军东征布告》。其全文如下：

## 西华人民抗日自卫军<br>东征布告

日本穷兵黩武，挑起侵略战争。
侵占东北平津，攻陷上海南京。
大肆烧杀奸淫，汉奸土匪横行。
本军奉命东征，旨在抗日安民。
开展游击战争，保卫河南武汉。
自从徐州失守，日军疯狂西犯。
妄图窃取中原，打通陇海平汉。
商丘汴梁陷落，睢杞太康沦陷。
黄河花园决口，泛区处处糜烂。
人民惨遭痛苦，呼声高入云汉。
危局急待挽救，理当渡河作战。
此次挥戈振旅，东征共赴国难。
同仇敌忾抗日，风雨同舟为念。
恢复正常秩序，安定社会人心。
取消苛捐杂税，负担合理公平。
农民努力生产，减租减息实行。
工人增加工资，加紧劳动勿停。
确保货流其畅，商人安心经营。
士农工商各界，携手团结抗日。
凡不降日通敌，凡不参加伪军，
凡不违抗法令，一律保其安宁。
身家性命财产，依法维护认真。
各种风俗习惯，一概予以尊重。
宗教信仰自由，切实予以保证。
至于失足分子，迷途恳望自新。
如有携枪投诚，奖赏一律公平。
若能率队起义，本军尤为欢迎。

官兵原有编制，决不予以变更。
其有特殊功勋，立即报呈晋升。
所有伪军汉奸，绿林好汉弟兄。
只要改邪归正，一律赦免从轻。
各地会门武装，原为护家防匪。
望其协助本军，共抗民族敌人。
凡我中国同胞，更应团结精诚。
无论男女老幼，无论南北西东。
不分贫富贵贱，不分党派阶层。
奋起守土抗日，避其亡国灭种。
民族统一战线，本军行动方针。
更盼青壮子弟，踊跃参加我军。
我部所到之处，决不拉夫抓丁。
市场公买公卖，三大纪律严明。
尚有害群之马，在外违法乱纪；
或有不肖之徒，破坏本军名声；
一经群众告发，查清核实严惩。
本军言行一致，政策认真执行；
缺点错误难免，欢迎指正批评。
堂堂华夏大地，岂容强盗横行；
上下齐心协力，驱除日寇出境。
收复沦陷国土，军民共享太平。

切切

此布

司　令：楚　博
参谋长：沈东平
政治部主任：王其梅
中华民国二十七年七月十六日

在西华县各界代表热烈致欢送词后，沈东平率领全体东征将士举起右手，庄严宣誓：

“日寇犯境，大敌当前，亡国灭种，即在眼前。为了国家独立，为了民族生存，我西华人民抗日自卫军，誓在统一战线旗帜下：东渡黄河，开赴前线，保家卫国，共赴国难。遵守纪律，英勇杀敌；团结友军，唤起民众；挺进敌后，扩大武装；不复失地，誓不生还！”

之后，会场上沸腾了起来，“还我河山！驱除日寇！”“同仇敌忾！抗战到底！”“打倒日本帝国主义！”等口号声响彻云霄。会场内外，军乐声、爆竹声、鼓掌声、道别声交织在一起，共同谱写出了一曲军爱民、民拥军的融融乐章。兴奋、离别、感激、希望等一起涌上人们的心头，大操场内外呈现出一幅幅父送子、妻送郎、鼓励战场打东洋的壮丽画卷。

当日傍晚，微风习习，夕阳西下，万道霞光将黄河水染成了橘红色。兵强马壮的西华人民抗日自卫军东征第一梯队的1600多名健儿，手持钢枪，腰挎战刀，在西、扶、太交界的道陵岗码头登上了几十艘帆船，在沈东平、胡晓初等人的率领下，开始了深入敌后的远征。指战员们一路高唱着自编的《渡河东征歌》，向新黄河岸边进发：

抗日动刀兵，我们打先锋。
人民自卫军，胡屈侯司令。

战鼓响咚咚，渡河去东征。
坐镇中军帐，楚博沈东平。

敌后游击战，纪律要严明。
行动听指挥，爱护老百姓。

机枪迫击炮，射杀日伪兵。
打得小鬼子，抱头回东京。

沈东平，这位开创三岗革命根据地的主要负责人，是多么好的领导，多么好的同志，多么优秀的共产党人啊！根据地人民怎能忘记，他在西华5年多的日子里，为了人民的利益，为了抗战大业，足迹踏遍了豫东各地，走遍了西华的村村寨寨，日夜奔波操劳，付出了多少心血和汗水！豫东特委所在地三岗，离他老家舞阳北舞渡近在咫尺，他却没有回去看望过一次年过花甲的父母。现在他要离开西华，率领子弟兵渡河东征了，西华 40 多万父老乡亲怎能不把抗日胜利的希望寄托在他身上！怎能不把民族独立的希望寄托在共产党人身上。

晚上 7 点钟，渡河指挥官侯香山向沈东平报告："西华抗日自卫军东征第一梯队登船完毕。"随着沈东平"出发"的号令声，几十艘满载子弟兵的帆船起锚扬帆，"一"字排列，浩浩荡荡地驶向大河对岸。

7 月的黄河正值主汛期，河面宽、水量大、流速急。主航道上浊浪排空，咆哮翻滚，岸边的黄土一批一批不断地坍塌在河水中，发出震耳欲聋的响声。黄河之水像一条桀骜不驯的巨龙，挟带着数亿万吨计的泥沙呼啸着，以排山倒海之势、雷霆万钧之力奔向东南。掌舵的艄公们一边与凶猛的黄水搏斗，一边扯起嗓子，吼起了高亢有力的行船号子：

九曲黄河，
九十九道湾，
九十九位艄公九十九条船；
九曲黄河，
九十九道湾，
六月[1]渡河行船难。
双手把舵莫眨眼，
小心躲过大沙滩。

九曲黄河，
九十九道湾，
九十九位艄公九十九条船；
九十九面红旗，
九百九十九条枪。
横渡黄河啊，
去打东洋。

九曲黄河，
九十九道湾，

[1] 公历 7 月正值农历六月。

九十九位艄公九十九条船;
九十九面红旗,
九百九十九条枪,
消灭日寇和汉奸!

随着老艄公的领唱,划船的水手和船上的官兵们也随声合唱,歌声阵阵,在涛声中传扬。

沈东平站在最后一条帆船的船尾,频频挥手与送行的战友和乡亲们告别。望着岸上渐渐变小的人群和村庄,他双目湿润,心潮澎湃。回首往事,历历在目:5 年前,中共北方局派他只身到河南恢复和发展党的组织,他同路岩岭一道来到西华三岗,发展了一批批党员,建立健全了党组织;经北方局批准,在三岗组织成立了中共豫东特委;创办学校,培训革命骨干;发展武装,开辟以三岗为中心区的西华革命根据地。在上级党组织的领导和支持下,豫东各级地下党组织完成了从"反蒋抗日"、"逼蒋抗日"到"联蒋抗日"的思路转变,清除了党内"左"倾路线的干扰,掀起了轰轰烈烈的抗日救亡运动。从西华的实际出发,从办抗日干训班入手,筹集枪支弹药,组建了几千人的抗日武装,人民群众的抗日救国热情空前高涨。为落实党中央、毛主席"速到豫东敌后开展游击战争"的电令,今天就要渡过新黄河,同日伪军直接作战了,他感到无限的快慰和自豪!他忘不了北方局派人一次又一次秘密地给豫东特委送指示和文件;忘不了党中央、北方局、河南省委派来一批又一批军政干部;忘不了东征誓师大会西华各界代表欢送部队东征的壮观场面;忘不了 5 年来根据地人民对豫东特委的大力支持;忘不了三岗、屈庄一带人民群众对他本人无微不至的关怀;忘不了今年阳春三月,在胡晓初家,屈申亭主持他与东北流亡关内的热血青年朱竟仙的婚礼,忘不了乡亲们杀猪宰羊为他举办简朴而又隆重的婚宴,忘不了屈登瀛、胡雪梅等年轻人向他们夫妇讨要喜糖,更忘不了已怀孕数月的妻子临行前的反复叮咛。他想:只有带好部队,到敌后身先士卒,英勇杀敌,才能对得起白发苍苍的父母,才能对得起志同道合的爱妻,才能不辜负西华父老乡亲的厚爱,才能不辜负党组织的重托。

暮色随着红日渐渐地坠入西方的地平线,开始笼罩大河上下。突然间,3 颗绿色信号弹划破了寂静的天空。渡河先头部队已经安全登岸。部队登岸集结后,急行军至西华、太康交界的郭楼村宿营。

第二天,沈东平等人正围在一起吃午饭时,太康县地下党组织派人送来一份重要情报:驻扎在太康县城的日军,为阻击从太行山南下东进的八路军主力部队,几天前从太康县城北撤,城内现在只有皇协军200多人枪和两名日本顾问官。

侯香山闻讯后放下筷子,无比气愤地说:“这小日本真是空棺材出丧——木(目)中无人,派两个屌球人就要统治咱们一个大县,真是欺人太甚!我看啊,不如改变原定东出睢杞的计划,割草打兔子——捎带着把太康县城拿下,先抖抖咱部队初次出征的威风。”胡晓初、王其梅也不约而同地说:“是的,拿下太康县城,再东进也不晚。”沈东平想了想说:“中,咱先打太康,壮壮军威。但听说太康城墙又高又厚,护城河又宽又深,先派人到城内详细侦察,然后再制订作战计划。”侯香山自告奋勇,说:“那好,我这就带手枪队化装同地下党的同志一块儿进入太康县城。”

当天晚上,在自卫军司令部内,参谋长沈东平根据侯香山侦察得到的情报,主持召开军事会议。副司令胡晓初布置完战斗任务后,沈东平强调指出:“这次战斗是我们东征的第一仗,一定要打好。各大队必须在4点半前到达指定位置,将县城四面合围。首先要割断电话线,切断敌人与外界的联络,防止睢县、柘城、开封等地的日伪军增援。突击队员化装成赶集的农民混进城内后,要立即夺取城楼,控制住制高点,架设机枪,掩护后续部队向敌人驻地发起冲锋。伪军如向北突围出城,埋伏在北门城外的凌作云大队一定要狠狠地打,就地围歼他们。”

公历7月份,是农历六月,正是夜短昼长的时候,天亮得很早。西华部队急行军,4点半钟准时到达了各自的指定位置。稍事休息后,化装成赶集农民的突击队员在太康地下党人的带领下,如同神兵天降进入县城,迅速占领了东、南、西门的城楼。后续部队高喊着“缴枪不杀”、“中国人不打中国人”等口号冲进了县城内。守城的伪军稍作抵抗,就举枪投降了。伪军大队长率领30多名心腹亲信和2名日军顾问拼命闯出北门,妄图杀出一条生路,向睢县方向逃窜。他们刚出北门,便被王其梅率领的凌作云大队四面包围。2名日军顾问挥舞着指挥刀向前冲锋,被当场击毙,到阴曹地府找他们的天皇效忠去了!那一群伪军一看大势不好,纷纷跪倒在地举枪求饶!不到一个小时,太康县城内的伪军、伪警察被全部肃清。

上午9点多钟,太阳驱散了空中的乌云,将金色的阳光洒满了整个太康县城。王其梅主任和侯香山副司令正在操场上给俘虏们训话,这时,因受到鞭炮声惊吓而挣脱了缰绳的一匹枣红马狂奔而来,在场的许多人都束手无策,瞪大了眼睛。侯香山见状一个箭步冲了上去,“嗖”的一声窜到马背上,伸出右手紧紧抓住了马鬃。左手趁枣红马嘶鸣之时将马嚼子勒入马嘴中，使劲一勒，那马前蹄腾空，咴咴嘶叫，想将骑手掀翻落地。连续三次腾空，侯香山右手抓住马鬃，左手紧勒缰绳，双腿紧夹马肋，在操场中央盘旋了几圈，将那匹惊马治得服服帖帖。在场的人们都拍手叫好。侯香山跳下马，将缰绳交给警卫员侯存章说："溜溜它，刚出透汗的马不溜溜就会生病。"一名被俘的翻译官伸出大拇指说："侯司令的驭马术真高超，这么烈的纯种东洋战马，一下子就治服了！""你净胡扯淡！这根本就不是东洋马，这是咱内蒙古呼伦贝尔产的三河马，是咱国三大名马之一。"侯香山瞪大双眼说。警卫员段彦宾在一旁问："咱国有三大名马，那两种是啥？"侯香山答道："那两种是迪化省（今新疆）的伊犁马和乌苏县的汗血宝马。小日本自从占了东三省后，每年都从呼伦贝尔抢掳马匹充当军马。日本是个小岛国，没有草原，哪会产好马啊！"

话音刚落，中队长刘朝中和胡悦芳、牤牛犊等几个战士将两条大汉绳捆索绑押了过来。其中一个汉子边走边嚷嚷："几个人打一个，算什么好汉！"侯香山问："咋回事？"刘朝中举手敬礼说："报告侯司令，这两个小子身藏手枪想混出城去，被我们发现缴了械，搏斗中打伤了我们两个战士，俺几个费了好大的劲才将他俩制服，押来请司令发落！""制服个屁，你没听他喊不服吗？给他俩解开！"侯香山吩咐道。"听口音都不是本地人，说不定是汉奸想混出城给老日报信，拉出去崩了算了！"胡悦芳、牤牛犊等几个战士一齐嚷嚷道。侯香山双手卡腰说："解开！让俘虏辨认。"俘虏们七嘴八舌地说，他俩是伪军大队的武术教官。操东北口音的叫逄二龙，操山东口音的叫覃大虎。他们武艺高强，仨俩人都到不了跟前，枪也打得准。听到此言，侯香山仰天大笑，对逄二龙和覃大虎说："恁俩听着，我让恁一齐下手，打赢了就放恁走，要是打输了，就拉出去砍头，死也让恁死个心服口服。"逄二龙和覃大虎你看看我，我看看你，可能是求生的本能促使二人同时说："长官，你说话可算数？"侯香山一边解下身上的佩枪，一边高声说："嘿！军中无戏言，本司令一言既出，驷马难追，在场的人都可以作证！"这时王其梅出面说："要比试也要一对一，二对一不公平。"侯香山说："王主任，这事你别管，我没有金刚钻就不敢揽这瓷器活！"王其梅在一旁小声嘱咐段彦宾、胡悦芳等人在旁边注意保护侯司令的安全。

只见那东北汉子同山东大汉交换了一下眼神，健步走到侯香山面前，双手抱拳高声叫道："长官，领教了，请！"侯香山一伸手说："请出招！"只见逄、覃二人四拳齐出，"嗖！嗖！嗖！"猛虎掏心向侯香山扑去，侯香山连退数步，接近墙边，已无退路。只见他双脚蹬墙，两手按住二人的头部，"嗖"的一声，一个鹞子钻天从头顶窜过，一个鲤鱼打挺稳稳站立。二人转身回击，还没弄清咋回事，侯香山一个扫荡腿过去，就听见“扑通”一声，两条汉子随声摔倒在地，侯香山一个箭步，双脚踏在了二人的臀部，使二人动弹不得，吼道：“服不服？不服起来再打！”二人在地下喊：“服！服！我们这点功夫怎敢跟司令过招啊！”侯香山拍了拍身上的灰尘说：“就这三脚猫的功夫，还当武术教官，花拳绣腿也不知跟师傅咋学的，朝中，拉出去砍了！”几个战士上前按住拿绳就绑。王其梅上前拦住说：“慢！慢！慢！侯司令不愧是咱河南的武林擂主啊！今天我算是大开眼界了。侯司令，既然是缴了枪，就是咱们的俘虏，问问再处置也不迟！”

两个人耷拉着头来到了王其梅面前。通过审问得知，逄二龙是辽宁省锦州北边沟邦子的猎户，早几年参加过东北军，“九一八”东北军撤回关内时，因掉队，在山东德州投到韩复榘所辖 81 师警卫营当兵，混到连副职务；覃大虎是山东阳谷县人，因恶霸欺负他妹子，他杀了恶霸逃往外地投军，在 81 师警卫营混到了班长职务。日寇进犯山东，韩复榘不战而退，他俩拖枪离队想投靠抗日队伍。不料“豫东会战”失败，国军后撤，二人流落太康北部杨庙集，身上盘缠用尽，就在当地武装杨香波部当了武术教官。谁知杨香波打着抗日的旗号拉队伍，日军一来，他却认贼作父当了汉奸。“我们听到枪声，就换上便衣，准备出城到河西去投奔东北军，参加抗日队伍！”二人向王其梅说。侯香山一只脚蹬住板凳，一手夹住香烟问道：“既然你们在德州 81 师警卫营混过，那我问问你们师长是谁？”逄二龙说：“师长是中将展书堂，经常到警卫营给我们训话。他说家是河南西华县西夏亭展庄的，家里穷得很，当兵前在家连饭都吃不饱。”侯香山转过脸说：“覃大虎，你在撒谎，你叫大虎，排行老大，为啥这些弟兄叫你二哥！”“司令息怒！长官您有所不知。自从武松武二郎在景阳冈打虎和在狮子楼杀死恶棍西门庆，俺阳谷县境内就再无‘大哥’、‘大嫂’，景阳冈上无老虎。大哥就是带绿帽子的武大郎，大嫂就是勾奸夫、害本夫的半掩门子潘金莲！”覃大虎的回答引起了众人的哈哈大笑。“那大哥大嫂咋叫咋喊哩？”王其梅笑着问。“大哥叫二哥，大嫂叫二嫂。”覃大虎也笑着回答。“那二哥二嫂咋叫呢？”王其梅继续问。覃大虎说：“二哥叫小哥，二嫂喊小嫂。下面排行该叫啥叫啥。在阳谷地面你叫谁大嫂，她会骂你八辈，掂着擀面杖打你！只有骂人才会说你这货长得真漂亮，是个大嫂。”覃大虎的回话又引起一阵哄笑。

就在这时，司令部炊事班老周慌忙从后院跑过来说：“侯司令，不好啦！老雕将慰问送来的鸡子叼走俩！”侯香山抬头一看，两只苍鹰伸展着硕大的翅膀在低空盘旋，各抓住一只大公鸡，在向地下的人群炫耀战果。侯香山拔出手枪，随着“砰！砰！”两声枪响，两只老雕连同两只公鸡坠落地面。老周对胡悦芳、犍牛犊说："快去拾过来，别叫鸡子跑了！"逄二龙说："瞎鸡跑不了！老雕抓猎物先用坚硬的嘴啄瞎猎物的眼。"老周掂着沉甸甸的两只老雕说："这回赚了，一个老雕比两只鸡子还重哩！""老雕单独炖，叫沈参谋长和王主任品尝品尝野味！"侯香山安排老周说。这时，炊事班抬来了馒头、小米稀饭、红烧茄子等饭食。王其梅安排俘虏列队吃饭。并告诉他们，吃完饭发放回家的路费，除枪支弹药外，凡属个人物品一律归个人所有。他对逄二龙和覃大虎说："你们也是穷苦出身，想投东北军抗日，我给西华红花集东北军胡连长写封信，让他们收留恁俩。将来要是到抗日战场上，多杀几个日本鬼子，给你们的亲人报仇。"说罢，当即提笔给胡连长写了封推荐信。逄二龙接过信后，从身上拿出自己的金枪药交给王其梅说："王长官，你们还要东征与日伪军作战，这金枪药留给你们用吧！"王其梅接过金枪药说："药我收下，但得照价付款。"逄二龙咋说也不要钱。王其梅耐心向他解释说："我军执行三大纪律、八项注意，俘虏个人的物品归个人所有，你不收，是不是嫌少呀！"逄二龙说："我家是猎户，这药是祖传秘方，自己配的，不值几个钱。您要是非给钱不中，我就拿一块银元作个留念吧！"说罢向王、侯二人行了一个标准军礼，转身离开。刚走几步，侯香山喊了一声"回来！"二人转身问："长官还有什么吩咐？"侯香山说："你俩路费还没有领。把路费带上，再捎上几个馍路上吃。你俩是外地口音，兵荒马乱，哪有饭店吃饭呀！"逄二龙、覃大虎将馒头揣到怀里，上前拉住侯香山的手千恩万谢，随即离开太康直奔西华而去。在一旁观看的当地一位老私塾先生捻着胡须说："仁义之师！王者之师啊！中国亡不了，中华民族亡不了！自古就是得人心者得天下呀！"并当场口占一首赞誉侯香山的歌谣：

壮哉侯司令，
只身斗虎龙。
飞身降烈马，
枪响落苍鹰。

下午，在县城东门外广场上召开了抗击倭寇、收复太康胜利祝捷大会。会上，太康县各界代表控诉了日军侵占太康所犯下的滔天罪行，惩处了一批汉奸走狗，解散了为虎作伥的维持会，并将收缴的日伪旗帜、印信等当众烧毁。县城大街小巷贴满了"还我河山，驱除日寇""团结抗战，收复失地""坚持团结，抗战到底"等标语。县城老百姓杀猪宰羊，兴高采烈地到部队驻地慰问子弟兵。一位被推举为代表的70多岁的前清举人，拱手对沈东平说："贵军军纪严整，师出有名，打击日伪深得民心！其实，南京、徐州等地失陷不要紧，只要国民政府在正面战场上顶住，八路军、新四军在敌后拖住日军的后腿，使其不能大举进犯，就不愁他小日本不败！”

人民群众对子弟兵的满腔热情和对抗战必胜的信心，给了西华部队官兵极大的鼓舞。打下太康县城的第三天上午，沈东平、胡晓初率部向沦陷区睢县方向挺进。

西华人民抗日自卫军旗开得胜，收复太康县城的消息很快便传到了西华革命根据地，军民们无不欢欣鼓舞，成为街谈巷议的中心话题。《大众报·豫东版》和洛阳出版的《抗战日报》，都在头版显著位置刊登了沈东平、胡晓初率部深入敌后，收复太康县城的消息。远在确山竹沟的八路军少将参谋处长彭雪枫，也将这一消息上报延安总部。老同盟会员、著名爱国人士、西华青年中学董事长王拱璧先生闻讯后，连夜挥毫赋诗一首，发表在《大众报·豫东版》上：

盘马弯弓腰悬刀，
收复阳夏❶胆气豪。
驱倭班师凯旋日，
把酒临风洗战袍。

王老先生的喜悦之情跃然纸上，并对采访他的大众报记者徐朋武说：“《总理遗嘱》中云：余致力于国民革命凡四十年，其目的在求中国之自由平等。积四十年之经验，深知欲达之目的，必须唤起民众，联合以平等待我之民族，共同奋斗。现在诵读《总理遗嘱》者多，遵循《总理遗嘱》者少。今天，我才真正理解了中山先生在《总理遗嘱》中所说的什么叫‘唤起民众了’。”

就在沈东平率部收复太康县城的第二天，西华部队东征第二梯队1300多人在屈申亭、王学武的率领下，高唱游击战术歌，渡过新黄河，按预定计划向睢杞沦陷区挺进。

---

❶ 阳夏，地名，夏初属戈地，后属豫州。《左传》杜预注：“戈在郑、宋之间，即今太康一带。”后来，夏王太康迁都于此，故称阳夏；其死后又葬在此地，人们因之又称阳夏为太康。

# 十二

## 沈东平捐躯马路口
## 屈萧吴联手征傅集

打下太康县城后，西华部队东征第一梯队在位于睢杞太边区的平岗村驻扎。这里距日军据守的河堤岭仅 12 里地，好寻机与日伪军作战。

7 月 28 日上午，也就是在平岗驻下的第三天，沈东平带领一大队二中队 70 多人和王华山的手枪中队 40 多人出发侦察，并在马路口村召集群众讲话，宣传抗日救国的道理。会议期间，侦察员报告说，驻睢县的四五十名日军押运 20 余辆汽马车，正往河堤岭据点送辎重。

马路口村位于河堤岭北面 5 华里处，睢杞公路穿村而过，是睢县县城通往河堤岭的必经之路。沈东平果断决定打一场伏击战，夺取日军这一批辎重。

沈东平带领二中队和手枪排，迅速钻进村北路两侧的高粱地里，悄悄地埋伏起来。

上午 9 点多钟，一长排装满辎重的胶轮马车队由北向南鱼贯而来。车上的日军洋洋得意，有的哼着小曲，有的吹着口哨，大摇大摆地进入了伏击圈。这时只听沈东平高喊一声："开火！"路两边的高粱地里飞出了密集的子弹，十多个鬼子应声从马车上滚落下来。驾车的骡马突然被"啪啪啪"的枪声惊吓，立刻乱踢乱蹦乱叫唤起来。其余日军纷纷从马车上跳下来，丢下车辆马匹，有的慌忙趴到路边，有的滚到路沟里。趁日军慌乱之际，战士们纷纷跃出青纱帐，猛虎下山一般扑向对方。日军处于被动挨打地位，转眼间，又有十多人成了刀下之鬼。两名日军指挥官一看情况不妙，"咕噜噜"一阵子后，带领八九个士兵一边还击，一边退向马路口村。

沈东平见状，对王华山和第二中队长李跻青说："你们打扫战场，抢运战利品，我带领一个小分队进村，追歼残敌。"

那一群日军窜进马路口村，躲进一座小院内固守，等待援兵。沈东平指挥小分队包围了那座小院。战士们有的借助墙壁、树木等作掩体打击日军,有的登上附近的屋顶向日军点射,沈东平和几个战士将一束束手榴弹投入院内。小院内一阵鬼哭狼嚎之后,渐渐恢复了平静。沈东平估计日军死伤得差不多了,便带领战士们冲进了院子,就看见仅剩的两名负伤日军军官挣扎着站起来,声嘶力竭地嚎叫几声后,抽出东洋刀,剖腹自杀。

河堤岭据点日军少佐藤木次郎,一听到从马路口方向传来的激烈枪声,立马判断是前来送辎重的车队遭到伏击,便火速带领近200名日伪军赶到马路口。他指挥兵分两路,一部分进村包围沈东平他们,一部分把守进村的路口。

王华山、李跻青他们在抢运战利品时,突然发现日军的援兵包围了马路口村,沈东平等人的处境十分危险,便命令战士们扔下战利品,迅速向村庄靠拢。他们先后3次发起猛烈的冲锋,但都被日伪军轻重机枪的弹雨严密封锁,死活都冲不进村子。在冲锋中,多名战士身负重伤。王华山和李跻青对视片刻,都无奈地摇了摇头,最后不得不命令部队停止进攻,原地与日伪军相持。

沈东平他们收缴了日军的枪支弹药,正准备出村与王华山、李跻青他们会合时,突然发现已被增援来的日伪军重重包围。无奈之下,他们退进了一处带楼房的大院子里。很快,藤木次郎指挥部队包围了沈东平他们占据的那座院落。沈东平指挥战士们用缴获日军的武器弹药,借助围墙、门洞等有利地势,不停地向敌人射击,毙伤日伪军数名。不久,那处院落被日伪军攻占,沈东平他们被迫退守楼房内,借助门窗进行反击。突然,沈东平觉得右腿一热,一股鲜血冒了出来。他迅速脱下衬衣,缠住伤口,仍坚持继续指挥战斗。不一会儿,又一颗子弹击中了他的左臂。他捂着伤口说:“同志们,快上楼,居高临下,狠狠地打击敌人。”战士们刚上二楼,日军的一支突击队便向楼房猛扑过来。沈东平指挥战士们投出一排排手榴弹,鬼子被炸得血肉横飞,鬼哭狼嚎,留下了10多具尸体,败退而去。

狡猾的日军在多次进攻未果后改变了战术,把楼前一座客房的后墙捅开三个洞,用3挺机枪射击,又在客房顶上架起两挺歪把子机枪疯狂扫射。一时间,子弹如雨点一般封锁住了楼房的门窗。在酣战中,每个自卫军战士都多处受伤,但他们将衣服撕开当绷带,绑住伤口继续战斗。

沈东平再次观察地形,更加意识到被困楼上的危险,便指挥战士们迅速突围。当战士们冲出楼房时,大多不幸中弹,牺牲在楼道里。剩下的4名战士和沈东平不得不再次退守二楼。

日伪军久攻不下,气急败坏,藤木次郎命令部下残忍地发射了燃烧弹,沈东平他们占据的那所楼房瞬间燃起了熊熊烈火。班长和金玉请求道:“参谋长,你快突围吧！我们掩护你!”沈东平说:“不,我来掩护。你们突围出去,通知王华山、李跻青他们放弃辎重,立即撤退!”正当和金玉带领3名战士含泪下楼时,沈东平不幸再次中弹,鲜血从他的腹部涌出。他看和金玉他们转回身来要救他,少气无力地命令道:“快……冲下去!”和金玉他们转身冲下楼,瞬间都被对面的机枪射倒在地。沈东平挣扎着站起来,使尽全身力气,朝敌人扔出最后一颗手榴弹,然后,倒在了熊熊燃烧的烈火中……

万里长空突然间晴转多云,中午那轮耀眼的太阳痛苦地躲进了厚厚的云层里。

胡晓初、侯香山他们得知沈东平被日伪军围困后大吃一惊,火速率大队人马前来增援,他们很快将日伪军包围。但因日伪军占据有利地势,武器装备又好,他们始终冲不进去。双方相持到下午3点钟,睢县、柘城的日伪军乘十多辆汽车前来增援。当胡晓初调整战术,再次布置进攻时,日伪军已将沈东平他们据守的楼房焚烧后退去。

这场战斗持续了4个多小时,共毙伤日伪军40多名。西华部队也牺牲了18名指战员。除沈东平外,那17名战士都是西华籍。

当天,日伪军在马路口村放火烧毁民房100多间,枪杀、打伤村民20多人,并将该村比较贵重的财物洗劫一空。

战后第三天,豫东抗日游击第三支队司令吴芝圃受中共河南省委的委托,在马路口村主持召开了沈东平等18位烈士追悼大会。西华部队东进第一梯队全体指战员、第二梯队和豫东抗日游击第三支队指战员代表、18位烈士的家属代表以及闻讯赶来的当地群众等参加了追悼会。

追悼会主席台上供奉着18位烈士的灵牌。他们的名字是:沈东平、和金玉、张久龄、陈书然、袁富海、郭文堂、李立洋、王复礼、王登科、李天桐、刘力峰、郭收、裴学仁、郭启云、李应希、肖尚勇、张文彬、李长兴。灵牌中间悬挂着沈东平烈士的大幅遗像和吴芝圃写的挽联:“三千西华子弟兵东平统领战水东,十八烈士身先死英雄豪杰泪满胸”,主席台下面摆放着西华部队东进第一梯队缴获日伪军的战利品机枪、王八盒子、三八大盖、日军太阳旗等。

公祭大会由中共河南省委委员吴芝圃主祭。

公祭大会开始,18班鼓乐队奏哀乐,手枪中队长王华山鸣枪21响致哀,全体人员默哀3分钟。之后,胡晓初流着热泪,向大会介绍了十八勇士与日军激战壮烈牺牲的经过。台上台下一片哭泣之声。十八勇士的家属代表发言表示:“儿子死了有孙子,孙子去世还有儿子,子子孙孙抗日到底,不怕牺牲,继

续战斗,不将日寇打回老家,死不瞑目。”各界代表发言后,西华县国民政府县长、西华部队司令楚博含泪宣读祭文:

日寇猖狂,欺我中华。
侵略东北,占据沈阳。
平津陷落,南京屠城。
三十万人,惨遭杀戮。
徐州开封,铁蹄践踏。
日军所到,无恶不作。
三光政策,奸淫烧杀。
沈氏东平,率部东征。
身先士卒,奋力拼搏。
十八勇士,精忠报国。
英烈精神,民族之魂。
与天同在,浩气长存。
精诚团结,共赴国难。
覆巢之下,安有完卵。
国破之时,家亦何存。
地无南北,人无老幼。
抗日救亡,守土责任。
有人出人,有粮出粮,
有钱出钱,有枪出枪,
抗战到底,驱除倭寇。

国民政府西华县县长
西华人民抗日自卫军司令 楚博
中华民国二十七年七月

与会人员恸哭不止,淹没了楚博那低沉的讲话声。

这次公祭大会,开成了多支部队的抗日誓师大会。

下葬时,吴芝圃安排用青砖刻下了烈士姓名,随烈士遗体同时下葬,待抗战胜利后再重新建墓立碑,让我们的子孙后代永远纪念革命先烈们。随后,吴芝圃写诗记载了追悼情景:

壮哉十八人，
惊天泣鬼神。
杀敌身殉国，
父老泪滂沱。

噩耗传到中共河南省委所在地确山竹沟镇，河南省委负责同志朱理治、彭雪枫、陈少敏、王国华等人相顾无言。军事部长彭雪枫叹息道："倭寇未灭身先死，抗日军民泪满襟啊！"8 月初，彭雪枫在西华接见了沈东平遗孀朱竟仙，代表省委表示慰问，发放抚恤金，并亲自安排她到延安抗大学习。

安葬完沈东平等 18 位烈士后，胡晓初、屈申亭、王其梅、侯香山、王学武和吴芝圃，在睢县平岗小学的办公室开会，研究西华自卫军东征部队下一步的行动计划。吴芝圃说："胡晓初、王其梅率领的部队刚同日军血战，人员有一定伤亡，需要休整。而屈申亭、王学武所率的第二梯队士气高昂，武器精良，人多枪多，如果率部东出杞县，同我们三支队、萧（望东）大队在睢县南部傅集一带打击日伪，我看是比较好的选择。"胡晓初、王其梅、侯香山等人都认为，部队这样可以在更广泛的范围内发动群众，打击日伪，进一步巩固和发展睢、杞、太抗日根据地。东出杞县既可以帮助吴芝圃支队和萧望东大队打击日伪，又能在战斗中提高西华部队的战斗力。于是会议决定，由屈申亭、王学武带领东进第二梯队 1300 多人出征杞县。并当场商定：当天动员，第二天就开始行动。

出发之前，胡晓初、屈申亭请吴芝圃给西华部队东进第二梯队简单介绍了睢、杞、太边区的有关情况，并作了一场生动的战前动员报告。

那天黎明时分，屈申亭、王学武带领部队离开宿营地，一路向东北方向的杞县傅集急进。

杞县地处豫东平原腹地，土地肥沃，人口稠密，物产丰富，十分富庶，素有"金杞县，银太康"的美誉，是中原有名的粮仓棉库。

8 月上旬正值三伏，是一年中最热的季节，下午 3 点多钟，上烤下蒸，大地就像蒸笼一般，官兵们汗流浃背。部队通过睢县转角楼，愈走离杞县地面愈近。呈现在面前的是黄色的土岗、盐碱的陂河、倒塌的庙宇、长满荒草的废窑以及杂草丛生的大地。日军占领杞县，使充满生机和希望的大地变得一片荒凉。国民党军队和各级政府官员退到新黄河以西后，日、伪、汉奸杂八队横行乡里，无恶不作，杞县的父老乡亲陷入了痛苦的深渊。西华部队在马路口痛歼日军的消息像扎上了翅膀似的，在杞县上空飞快传播。“咱们中国的部队从河西又打回来了！”成为杞县城乡人民议论的中心话题，给父老乡亲们带来了快慰和希望。他们盼望着早一天将万恶的日本鬼子赶出中国，将伪军汉奸全部消灭。傍晚时分，部队进入杞县抗日根据地姜楼村宿营。

第二天上午，屈申亭率领的西华部队在杞县傅集以南与萧大队、吴芝圃的第三支队胜利会师。在第三支队司令部里，吴芝圃向屈申亭、萧望东详细地介绍了根据地的情况。

身材不高但很壮实的吴芝圃，大革命时期就加入了中国共产党，“七七事变”前是高级中学教员，开封失陷后，党组织派他回到家乡杞县傅集发动群众武装抗日，由几支看家护院的农民武装，发展成睢杞游击第三支队。当时日军占据杞县县城，伪军横行乡里，征粮派款，为虎作伥。屈申亭、萧望东、吴芝圃根据实际情况，针对打击目标制定了“分散四处出击，集中各个击破”的作战方针。采用声东击西，走南打北的战法，狠狠打击日伪军的嚣张气焰。

当时，对抗日军民危害最大的是盘踞在贾洼寨的伪军张玉如部。这伙伪军同日军勾结，不但给日军征粮征款，还给杞县县城的日军送年轻妇女，供侵略者发泄兽欲，人民群众对张玉如恨之入骨。吴芝圃第三支队曾几次与其激战，因张玉如据守贾洼寨，人多寨固，日军出动增援，未能取胜。萧望东这位经过二万五千里长征、身经百战的江西老表，同屈申亭一起率人到张玉如的老巢贾洼寨实地侦察。他们发现，这个土围子四周有水沟，易守难攻，当即商定“围三缺一”，将战壕挖到寨墙脚下，用棺材装炸药炸开寨门，冲进寨内将这伙伪军歼灭。

8 月 10 日半夜时分，屈申亭、萧望东、吴芝圃率部急行军 40 多华里，神兵天降似的将贾洼寨包围。西华部队主攻南门。在南寨门外，屈申亭指挥官兵用两个多小时，将战壕挖到距寨门只有 20 米远的地方。天麻麻亮时，萧大队、吴支队首先从东西两侧发动攻击，吸引敌人。西华部队的勇士们在轻重机枪的掩护下冲到了南寨门口，随着一声巨响，寨门被炸药炸开。隐蔽在战壕里的指战员跃出战壕，像下山猛虎般地发起了冲锋。前面 4 挺轻机枪开路，手枪队紧随。屈申亭左手抡着大刀，右手挥着“二十响”，高呼“为沈参谋长报仇，活捉汉奸张玉如”的口号，率领大队人马杀进南寨门。张玉如气急败坏地喊叫：“顶住，顶住，给我顶住！”两座地堡中的伪军还没弄清楚怎么回事，就乖乖地当了俘虏。那些伪军们哪里见过这种阵势，一阵激战，投降的投降，逃窜的逃窜。

在贾洼南寨门被攻破的同时，萧大队、吴支队也先后攻入寨内。在一片喊杀声中，这位号称拥兵千人、不可一世的张玉如，带领几十个喽啰残兵从北门逃窜。屈申亭带人追出北门二里多，命令停止追击。大队长凌作云问："屈司令，为啥不追了？"屈申亭说："这些残匪都是本地人，曲里拐弯摸得透熟。眼下地里到处是高粱、谷子、玉米，咱在明处，他们在暗处，再追击，我们会造成伤亡。剩下那几个残匪，也成不了啥气候啦，别管他，快撤到寨内打扫战场。"从此，这股伪军就烟消云散了。

打垮伪军张玉如部后，根据地的人民群众扬眉吐气。屈申亭、萧望东、吴芝圃决定乘胜横扫游击区内的土匪杂八队。

当时，在游击区的著名土匪杂八队头子是大小"二李"司令。大司令是李建朝，人称二老李，绰号大司令，啸聚近千人，驻扎在辛庄寨。另一个是李广居，人称小老李，外号小司令，有300余人枪，盘踞在李建庄村。"二李"横行乡里，无恶不作，暗中同维持会勾勾搭搭，狼狈为奸。抗日部队为恢复正常的抗日秩序，决心为民除害，铲除"二李"。

8月20日夜，三支部队在萧望东的统一指挥下，奔袭50华里，将辛庄寨包围。屈申亭率部主攻西门，西华部队指战员架云梯登上了寨墙，迅速打开西寨门，占领了伪军修械处。敌人负隅顽抗，屈申亭将机枪架在寨墙上，用密集火力掩护部队冲锋。此时，萧大队、吴支队也攻入寨内。仅用一个多小时的巷战，就将李建朝匪徒全部歼灭。这一仗屈申亭部缴获轻重机枪3挺，步枪100多支，战马30余匹及枪械所全部设备。

随后，屈申亭派人化装侦察，探明了小司令李广居的盘踞情况。8月23日夜，屈申亭亲自率部包围了李建庄村。他带领十几名勇士翻墙而入，在被窝里活捉了李广居，逼其命令部下全部缴械投降。一枪未放，干净利索地歼灭了这股顽匪。

吴芝圃对西华部队和屈申亭在杞县的作战给予了高度评价。他说："屈申亭打仗勇敢，机智果断，指挥有方，灵活善战。西华部队为傅集革命根据地的巩固和发展扫清了障碍。"

西华部队在屈申亭、王学武的率领下，和萧大队、吴支队相互配合，协同作战，在一个多月内连续作战，消灭伪军、土匪2000多人，缴获了大批武器、弹药和军用物质。以傅集为中心的抗日根据地迅速恢复了抗日秩序。根据地群众载歌载舞，兴高采烈地唱道：

打垮汉奸张玉如，
穷苦百姓出了头。

铲除恶匪大小李，
人民安居获自由。
家家户户得安乐，
生产生活无忧愁。

在狠狠地打击汉奸、土匪的同时，萧望东、屈申亭、吴芝圃率部深入发动群众，大力宣传抗日民族统一战线，广泛联络各界爱国人士和民间领袖人物，建立区、乡村级政权，使根据地人民的抗日救亡运动掀起了一个新的高潮。

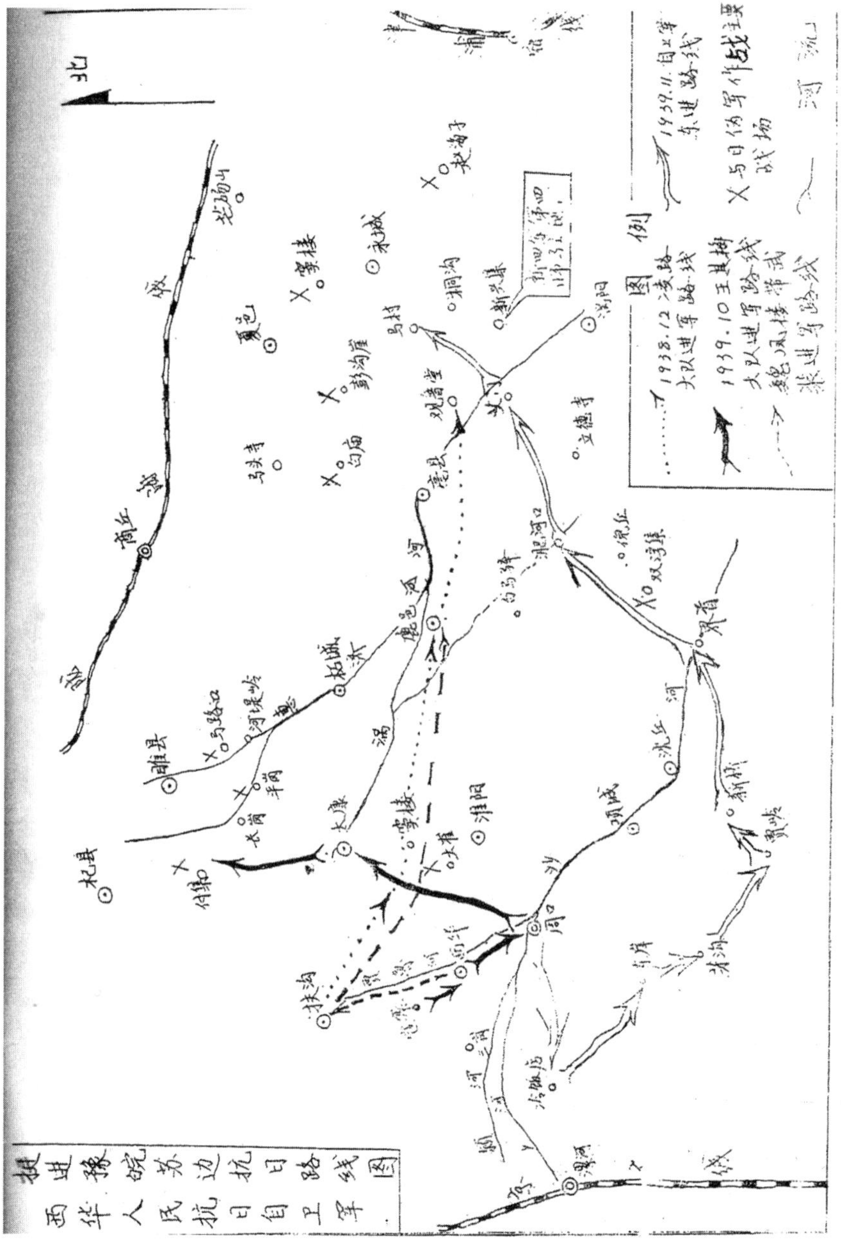


西华人民抗日自卫军挺进豫皖苏边抗日路线图

# 十三

## 楚司令渡河拔据点
## 王主任红花犒友军

1938年8月，中共河南省委军事部长彭雪枫一行4人到西华、扶沟一带视察工作，为进军豫皖苏边区做准备。在离开西华时，彭雪枫安排楚博说："下一步，希望你充分调动各位区长的工作积极性，不断发展和壮大西华抗日武装。近期，我很有可能要率部经西华渡黄河，赴豫东敌后开展游击战争，请你们为部队东渡做好思想和物资准备。另外，要不误农时，切实搞好自救和生产，改善人民群众的生活。"

为落实彭雪枫的指示，8月中旬的一天，楚博在县政府召集胡晓初、屈申亭、侯香山、武景新四位区长及有关人员开会，部署工农业生产以及灾区群众生产自救工作。会议就劝民农桑、保护工商业、减租减息、泛区水退土地耕种、灾区垦荒、田赋减免等问题统一了思想，形成了共识。遂命王其梅、张漫萍连夜起草布告草案，提请会议讨论。经会议讨论通过后，以县长楚博的名义发出布告，在全县范围内公布实施。其内容如下：

### 西华县国民政府
### 布　告

倭寇猖狂，侵犯中原，
开封陷落，黄河决口。
田园淹没，庄稼绝收，
生计无望，目不忍睹。
战胜灾荒，生产自救。
保护商旅，货流其畅。

深耕细作，农时莫误，
缺种农户，申请区部。
地主出种，耕者出力，
麦罢还种，利息不收。
今秋开始，减息减租，
黄水泛区，灾民可怜。
水退土地，大麦豌豆，
垦荒耕地，谁种谁收。
不收公粮，不准收租，
民食为天，依赖农耕。
及时播种，粪肥施足，
人畜粪便，下房老土。
车运人挑，全力以赴，
房前屋后，种菜种豆。
有田不种，游手好闲，
郑重劝告，不改严处。
野无闲田，多产粮谷，
捕鱼捞虾，熬盐制碱。
推车驾船，编席制篓，
天道酬勤，政府保护。
辛勤劳作，苍天护佑，
团结抗日，收复国土。
全县军民，认真执行，
检查督促，切切此布。

西华县国民政府县长：楚博
中华民国二十七年八月十五日

此布告印发数百份，在全县集镇、村庄广泛张贴。各区政府、联保处召开会议传达布告精神，部署生产自救工作，全县迅速掀起了生产高潮。自卫军各大队、中队也都分头参加秋收秋种，帮助灾区群众开展生产自救活动。

8 月底的一天，楚博、张漫萍、一区区长胡晓初、二区区长武景新、三区区长屈申亭，共同到一、二、三区黄水淹没的灾区检查生产自救情况。在二区聂堆所在地前梁村，众人听取了武景新关于灾区生产自救的情况汇报：“泛区群众利用水退后遍地生长的芦苇、蒲子、三春柳，编席、编篓、编筐、编斗、编蒲包运到外地换粮食。黄水退后，一些土地盐碱化，组织群众熬碱、熬盐，除自己食用外，运往外地销售。组织捕鱼，驾船到新黄河及洪子、河汊捕鱼捞虾等。”最后，武区长向楚县长报告说，“日军占领淮阳后，建立了维持会，收罗土匪、流氓、兵痞，组织了所谓的‘皇协军’，竖起了五色旗，号称‘和平救国军’，老百姓称他们是‘二鬼子’。最近，淮阳维持会派惯匪郝老虎——当地群众称他为黑老虎——在水东清河驿驻扎，打着管理淮阳在西华插花地的旗号，在清河驿和盖庙、陈楼、皮营等淮阳管辖地面上派粮、派款，并扬言说秋后谁家不交粮款就惩罚谁；伐树、集砖头，准备在清河驿修建据点，祸害周围的老百姓。郝老虎依仗有100多人枪，几次窜到附近村庄抢劫物资，祸害百姓。他到清河驿不到20天，就强行霸占了两名年轻妇女。淮阳管辖的盖庙、陈楼、曹河、皮营，有几个联保主任是原西华抗日干训班学员，各村的群众都不愿意投降日伪，主动要求向西华县政府完粮纳税。并要求派兵灭掉黑老虎，把淮阳在西华所有插花地和邻近乡村管起来。”

胡晓初拍案而起，说：“趁郝老虎在清河驿还没有站稳脚跟，碉堡尚未建好，打掉他们。”楚博点了点头，说：“对，决不能让这只黑老虎在清河驿做大做强，如等他加固了寨墙，修好了碉堡，再进攻就困难多了。”屈申亭接道：“清河驿离柳林伪军据点、淮阳县城都不远，又有公路，咱要速战速决，拿下后就撤。”楚博说：“兵贵神速，现在就调兵，从聂堆渡河到东夏亭，叫王其梅主任、李耀副参谋长都来。今晚渡河，明天打响。申亭你先渡河到东夏亭，负责派人到清河驿侦察敌情；景新你负责船只和伙食干粮；胡司令和漫萍负责联络调兵，我也同你们一起出征。咱们现在就分头行动！”屈申亭应声道：“好！我这就带几个人渡河！东夏亭镇是咱的地盘，有人接应，我看打清河驿有500人马就足够了！”楚博说：“行，就按500人马准备。”

接着，楚博县长要通了周口第七行政公署刘莪青专员的电话，向他汇报此事。刘莪青当即在电话中答复说：“好啊！抗日救国，人人有责，收复失地，责无旁贷。所有淮阳在西华的插花地，和邻近西华不愿受日伪统治的乡村赋税、公粮，由西华县政府负责征收。在抗战胜利前，地方各联保行政事务也由西华县政府管理。行署马上发文，告知淮阳县政府。你们新增的公粮、税款不再上缴，留在西华，作自卫军的经费和救济泛区灾民。只要我们坚持敌后抗日，咱们有黄河之险，崤函之固，百姓众志成城，小日本哪有不败之理！过河后狠狠地打！”

放下电话，楚博对胡晓初、张漫萍说：“这下好了，咱泛区贫苦百姓今秋所缺种子有着落了,我们队伍的粮饷也更充足了。”张漫萍接过话茬说:“那就看清河驿这一仗打得怎么样了!”楚县长说:“我们不但要打好这一仗,更重要的是给彭将军东渡黄河探探路。雪枫将军回竹沟之前告诉我,近期他就要率部深入敌后,渡河东征。”

下午5点多钟,武景新向楚县长报告:“十几艘帆船已准备停当,待命出发。负责河防的东北军胡连长表示全力支持我们船只,为保障咱们部队顺利撤回西岸,他还派一个加强排随船行动,保护船只安全,并安排冯少忠排长到东岸后,一切听从楚司令你的调遣。”这时,胡晓初领着王其梅、李耀、屈登瀛、路耀林、王华山等人赶到二区区部向楚县长报到。楚博向几位干部宣布了行动计划后,胡晓初安排了登船、行军等注意事项。

傍晚6点钟,500多健儿全副武装,在新黄河西岸,紧张而有秩序地登船渡河。

此时,晴空万里,晚霞斜照,三四级西北风吹得指战员们身上十分凉爽。随着起锚开船的号令声,顺风顺水的帆船快速驶向新黄河东岸。

经过两个多小时的航行,部队悄悄地在东夏亭南边的一个小村庄登岸,进村后所有村民准进不准出,严密封锁了消息。屈申亭向楚博详细报告了侦察情况。楚博、胡晓初、屈申亭、王其梅、李耀等人研究决定,明天一早包围清河驿,消灭郝老虎。屈申亭说:“明天清河驿逢集,派几个人化装成赶集的作内应。”楚博说:“好,就这么定了,‘围三缺一’,东面给郝老虎留着,一个大队埋伏在通往淮阳公路两侧的高粱地里,待他们逃出时全部歼灭。西边主攻,南北助攻,王华山手枪中队随屈司令放在西边。化装进去的人内部配合,接应进攻部队。”这时,东北军冯少忠排长找到楚博说:“船只已在芦苇荡中隐藏好,留下一个班看护。我带两个班,两挺轻机枪,听从三位司令的调遣。”楚博说:“好啊,友军雪中送炭,我们求之不得!你们毕竟是正规军,武器好,战斗力强,就随屈司令行动吧,进攻西寨门。”

第二天7点多钟,清河驿的伪军们正在架枪吃早饭,忽然听到三面枪声大作,冲锋号声阵阵,站岗的伪军还没弄清楚咋回事,就被化装赶集的手枪队员打翻在地。郝老虎急忙爬到院墙垛口一看,三路人马机枪开路,冲锋队员右手挥舞手枪,左手提着大刀,嗷嗷叫地一路杀来。这一群由地痞、无赖、散兵游勇组成的乌合之众,从没见过这种阵势,早已吓得魂飞魄散,不知所措。郝老虎一边高喊“顶住,顶住,给我顶住!我打电话,皇军很快就会来支援我们的”,一边领着几十个人,抱着1挺轻机枪,顺淮西公路向淮阳方向逃窜。剩余的伪军,都乖乖地举手缴枪做了俘虏。

郝老虎率一群魂魄失散的残兵刚出清河驿，埋伏在高粱地里的官兵从四面杀出，喊声震天，他们还没有来得及反抗，就全部束手就擒。

武景新命人将郝老虎牢牢地捆绑起来，押着俘虏回到清河驿。清河驿的老百姓欢呼雀跃，指着郝老虎说："这一下，黑老虎变成纸老虎了。"

在伪军大队部，王其梅、张漫萍正在审讯郝老虎时，桌上的电话铃突然响起。原来是柳林维持会向郝老虎通报说，驻淮阳日军给郝老虎补充枪弹等军用物资的五辆大车已过柳林，正向清河驿驶来。胡晓初用手枪抵住郝老虎的后背让其接电话，告诉柳林维持会，他在清河驿准备迎接。

从电话中得知，押车的有两名日军和一个排的伪军。楚博立即部署：清河驿寨上仍插上膏药旗和五色旗，屈申亭率王华山手枪中队和冯少忠排共100多人，到清河驿东部埋伏。

屈申亭率人在淮西公路左侧刚刚埋伏就绪，就看见从东边过来几辆装满货物的大车，几十个伪军坐在车上哼着下流小调，两个日军骑着战马，悠闲自在地跟在后面。当车队全部进入包围圈时，屈申亭甩手一枪，一匹日军战马毙命倒地，指战员们从庄稼地里"嗷嗷"杀出，将日伪军团团包围。另一名日军见状，掉头打马便跑，冯少忠排长一枪将其击落马下。摔倒在地上的另一名日军爬起来刚要开枪，他的躯体便被东北军一名班长抱着的轻机枪打成了筛子。30多名伪军一看大势不好，纷纷扔掉枪支，跪地求饶。打扫完战场，屈申亭率领部队押解着俘虏和几车军用物资，高高兴兴地回到了清河驿。

吃过中午饭，胡晓初拿着战利品清单向楚博报告说："这一仗我们赚大了，咱只有几个轻伤。缴获轻机枪4挺，步枪170多条，冲锋枪2支，手枪7支，各类子弹1万多发，刺刀70多把，望远镜1架，指挥刀3把，军用地图3张，还有被服、军装、粮食、罐头等，足够我们装备一个加强连。"楚博想了想说："东北军的兄弟们帮助我们渡河有功，冯排长他们作战勇敢，将缴获的王八盒子、望远镜、钢盔、指挥刀、罐头给他们，再加1挺歪把子机枪和几条三八大盖，你们看如何？"胡晓初、屈申亭、王其梅异口同声地说："应该！应该！今后咱们渡河，还得仰仗他们支持哩！"

楚博对王其梅说："下午召开群众大会，公审郝老虎。同时，贴出安民告示，郝老虎强加给淮阳插花地老百姓的苛捐杂税一律取消，被郝老虎征收的木料和砖瓦，由物主认领。所有上缴公粮数额按西华县政府规定的标准执行。淮西公路以北由二区负责，公路以南由一区负责，黄水淹没土地一律免收公粮。"然后安排胡晓初、武景新说："征收的公粮要立即用船运往新黄河西岸，防止日伪军抢粮。"

屈申亭问："楚县长，俘虏咋办啊？"楚博说："郝老虎公审后就地处决，其余俘虏经教育后，发给路费遣返回乡。"

这时，张漫萍向楚博请示道："楚县长，缴获的大烟土是不是当众销毁？"屈申亭急忙接道："咱们禁毒品，不能用，不如派人到开封或淮阳沦陷区，用大烟土换成盘纸，咱办卷烟厂用。"楚博看着屈申亭说："这倒是个好主意，就这么办！另外，在新收公粮中，给你一万斤粮食做本钱，抓紧办卷烟厂。东平参谋长在时，就和我商量过如何解决官兵们抽烟的问题。"王其梅对屈申亭说："屈老兄，我不吸烟，但知道很多同志离不开烟。能不能先生产烟丝，让抽烟的弟兄们先卷喇叭筒吸。"屈申亭拍着王其梅的肩膀说："王先生你放心吧！有咱县长支持，今年过年，俺保证让队伍抽上咱自己造的卷烟。至于烟丝问题，那是张飞吃豆芽——小菜一碟，回去就管办！"

下午开完群众大会，部队登船迅速撤回新黄河西岸。船到河中间时，王其梅望着天空的月亮对楚博说："快过中秋节了，'每逢佳节倍思亲'啊，东北军的弟兄们背井离乡到关内7年多了，家乡音信断绝，心中苦闷得很，我看咱们应当到他们的驻地去犒军慰问。"楚博说："是应该去慰问他们，这事儿就辛苦王主任、晓初、申亭你们操办吧！"

部队顺利回到西华县城的当天晚上，西华人民抗日自卫军司令部内灯火通明。王其梅、胡晓初、屈申亭、周季方、张漫萍等人商量到红花集胡兰亭部犒军慰问一事。会议临结束时，王其梅安排张漫萍、李耀将淮阳、太康日伪军驻防、新黄河的水情、地形、民情以及渡口等情况写出报告，画出草图，准备通过地下交通站送往竹沟，向省委和彭雪枫报告。王其梅接着说："我们拟了一个草稿，李耀副参谋长绘制了一个草图，你们几个看看行不行。"几个人看后，提出来一些补充、修改意见。王其梅说："漫萍，今晚你辛苦一下，写好密信，交给王子英，明天一早让地下交通员快速送往竹沟。"

几天以后，王其梅、胡晓初、屈申亭、张漫萍及西华商会会长高子仁，知名爱国人士胡民英，三民医院院长李翠如，普理学校文艺演出队员、篮球队员等一行抬着杀好的猪、宰好的羊、鸡鸭烧酒和月饼等食品来到红花集，慰问东北军驻西华河防部队。东北军105师赵毅师长派赵团长率枪械库主任李化臣、胡兰亭连长等全体官兵出营房列队相迎。上午普理学校篮球队与东北军举行了篮球比赛，三民医院的医生给官兵们进行义诊，中午全体官兵举行会餐，下午在操场上举行了慰问演出。

舞台两边悬挂着"打回老家去，收复东三省"的竖标，上方贴着"团结抗战”四个大字。东北军官兵和西华人民抗日自卫军战士整齐地坐在操场中间,四周挤满了闻讯赶来的群众。105 师赵团长首先宣布对胡兰亭连协助地方部队出征,打击日伪的嘉奖令,决定任命少尉排长冯少忠为中尉副连长,上尉连长胡兰亭晋升少校军衔。嘉奖令要求全师所辖各部,都要主动配合协助友军打击日伪。演出在“到敌人后方去,把鬼子消灭净”的雄壮歌声中拉开序幕。之后,西华县著名曲艺表演家高大辫新编的坠子书《收复失地东三省》,将慰问演出推向了高潮。

高大辫登台后,先和弟子们合奏坠胡曲十八板,接着用清脆响亮的声音说唱道:

九一八东北大地高粱红,
关东军夜间偷袭了北大营。
东三省百姓遭劫难,
天一亮日本兵就占据沈阳城。
国民政府下令不抵抗,
东北大好河山丢干净。
东北军挥泪撤进山海关,
白山黑水一片哭喊声。

日本强盗本是野心狼,
侵占了东北更猖狂。
义勇军奋起来抵抗,
小日本合村并屯搞“三光”。
扫荡先把粮食抢,
宰鸡捉鸭杀猪羊。
牛马驴骡全掠走,
房屋农具都烧光。
青壮年抓去下煤井,
大街上轮奸花姑娘。
最可怜老人与小孩,
被赶进大院挨机枪。

日本造枪炮用的是咱甲午战败赔的款,

占了东三省又犯中原。
飞机大炮轰开锦州城，
偷袭了卢沟桥又攻宛平。
吉星文奋起来抵抗，
大刀队夜斩日本兵。

（白）:宛平县在北平西，西门紧接卢沟桥。吉星文是何许人也？家居扶沟吕潭镇，抗日名将吉鸿昌之侄也。1937 年“七七”卢沟桥事变中，他指挥第 29 军 219 团在卢沟桥打响了全民族抗日的第一枪，与日军激战 20 余日。

卢沟桥边响枪声，
全国军民齐响应。
国共两党合作赴国难，
誓死不做亡国奴！
“八一三”上海大会战，
日寇仨月灭中国的妄想落了空。
三十万同胞遭屠杀，
血流成河失陷南京城。

八路军平型关灭坂原，
李宗仁台儿庄围歼几万日本兵。
陈锡联夜袭阳明堡飞机场，
指挥的是独眼将军刘伯承。
川、桂、滇军齐出动，
西北的马家军出骑兵。
汉满蒙回携手齐上阵，
就连那少林寺的和尚也出了征。
东北军空中英雄高志航，
驾飞机击落日机八架整。
日本国弹丸四海岛，
国小物少他缺乏兵。

中国军民战且勇，

相持后就必定会迎来大反攻。
收复关外东三省，
东北军请缨打先锋。
关外有抗日联军作内应，
关内有四万万工农兵。
东北军嗷嗷叫杀出山海关，
前锋直抵达安东（今辽宁丹东——作者注）。
回师战沈阳，
里应外合打下吉林城。
南北夹攻围长春，
出奇兵智取哈尔滨。
关东军举手缴枪械，
他们连滚带爬回东京。
开庭公审狗汉奸，
松花江畔枪毙小宣统。
东北军的兄弟们你看中不中，
你看中不中！

高大辫唱完，台下的东北军官兵黯然泪下，鸦雀无声。突然，新任副连长冯少忠跳上舞台大声喊道："谁当汉奸投降日本，妈啦巴子，他祖宗八代都不是人；谁再说抗日就要亡国，我日他八辈祖先，操他老娘！"说完跳下舞台。顿时，全场响起"打回老家去，收复东三省！""团结抗战，收复失地！""还我河山，抗战到底！"等口号，声音震撼山河，经久不息。

临别时，东北军赵团长对王其梅、胡晓初、屈申亭说："来而无往，非礼也！我奉赵毅师长之命，将我部 120 条破损步枪回赠西华部队，你们设有造枪局，请修理后使用。"当把步枪运到屈庄造枪局打开一看，只有 20 多条破损的枪支需要修理，其余 100 条全是崭新的步枪。

# 十四

## 楚县长智断争羊案
## 侯香山妙解老纠纷

1938 年秋天，处暑已过，白露将近，暑气渐消，天气转凉。西华县没有被黄水淹的秋庄稼已陆续收割进场。农谚说种麦“白露早，霜降迟，秋分前后正当时”“天丝下降，种麦莫忘”。天刚蒙蒙亮，县长楚博便带领秘书张漫萍和几名警卫人员骑马出县城西门，向三区所在地西夏亭集疾奔而去，人马背后，扬起阵阵尘土。

进入西夏亭，三区区长屈申亭在此迎候。楚博对他说：“我来看看三区、四区的秋收和小麦备播情况。上马吧，咱们沿途看看，到逍遥吃早饭，然后到四区找侯香山。”屈申亭和警卫段文丑、侯西宾翻身上马，跟随楚县长沿西（华）漯（河）公路朝逍遥方向而去。屈申亭在马上向楚县长汇报了今年的秋收情况，并说今年种麦墒情好，可一次播全苗。

从西夏亭到逍遥 20 华里，一会儿工夫就到了。在逍遥南大街一家饭店，警卫人员端来了油条、包子、烧饼，盛上了胡辣汤、小米粥、豆沫。一行人正准备吃早饭，外边一群人围着 1 只槐山羊和 4 只小羊羔，吵吵闹闹说要找县长打官司。张漫萍走出门外说：“你们不要吵闹了，县长正在吃饭，吃了饭再问行不行？”几个人说：“县长走了，俺找谁去！”屈申亭到门口说：“多大的事，也得叫人吃饭啊！”楚博放下手中的胡辣汤碗，走出门口说：“好吧！好吧！我断了官司再吃饭！”楚县长说着命警卫人员搬两张桌子和几把椅子，找来纸笔，指着张漫萍说：“张秘书，你来记录。”

听说县长大人当街断案，不多时，大街上便挤满了人，围得水泄不通，一些小孩挤不到跟前就爬到树上看热闹。楚县长问：“你们谁是原告？”葛二全和任艽都说自己是原告。楚博指着牵羊的葛二全说，“你先说。”葛二全说：“我叫葛二全，是葛庄人，因家中急需用钱，今儿早上来赶集卖羊，碰见任艽，硬说羊是他家的,要牵走。我不给他,他和他的两个邻居要强夺我的羊。听说县长大人下乡察看,就来找您,请给我做主!”任芃说:“我是任庄的,前天下午,我下地犁绿豆茬地,将我家的羊拴在一个木橛子上啃草。我只顾犁地,母子羊(当地俚语,指母羊——作者注)将木橛子挣脱跑丢了,我到附近几个庄找都没找着。今儿个俺赶集,正巧碰到他牵着俺的羊来卖。我向他要羊,他不但不给,还想动手打人。请县长为我做主,将羊还给俺。”楚县长问任芃说:“你说羊是你的,可有什么证据?”“我家的俩邻居,任二场、石太清都能给俺作证,俺的羊一窝下四个羊羔子,半截庄子的人都知道。”任芃刚刚说完,葛二全就抢着说:“他有证人,我也有证人,俺庄的葛七、周原,都能给我作证羊是俺家养的。”楚县长说:“传证人。”四个证人从人群中挤出来,走到前面。4 人陈述后,在证言上画了押。楚县长继续问:“你说羊是你养的,你的羊下羔是第几窝,羊羔几个公的,几个母的。这次葛二全先说。”葛二全说:“俺的羊下羔是第六窝,二个骚胡(公羊),两个水羊(母羊)。”任芃说:“俺的羊下羔是第二窝,羊羔是俩骚胡,俩水羊。不过,俩骚胡羔子都骟过了。”葛二全抢着说:“我的俩骚胡羔子也骟了,不信找人看看。另外,我的拴羊绳有记号。”楚县长问任芃:“你家的拴羊绳可有什么暗记?”任芃答道:“没有。”楚县长接着问葛二全:“拴羊绳有什么暗记?”“年前俺娶兄弟媳妇,办喜事染的红蔴没有用完。俺打绳时掺有红颜色的蔴,羊经常在外面放,泥水将外面的红颜色泥得看不见了,不信用刀剁开看看。”葛二全理直气壮地回答。警卫员从屋内找来一把菜刀,在县长面前将羊绳剁开,里面确有红颜色的蔴。

这时,楚县长派人从清真寺请的马阿訇来到现场。楚县长小声给他交代了几句。马阿訇走到母羊前,掰开羊嘴仔细察看了牙口,然后回到县长身边耳语几句,退到一旁。“既然你们都说羊是自己喂的,都有人作证,4 只羊羔一人两只,一公一母;母羊一撕两半,两人平分,你们看怎么样!”楚县长说。两人同时发声:“撕就撕,谁怕谁呀!”人群中顿时发出一阵阵哄笑声。当葛二全与任芃每人抓住两只羊腿将要撕时,4 只羊羔望着母羊发出了阵阵哀鸣。这时任芃突然松开双手,两眼含泪说:“这羊俺不要了,自家恩养的羊咋忍心去撕哩!再说将母羊撕死了,吃奶的羊羔咋活哩!”葛二全得意地说:“真的假不了,假的真不了。这 5 只羊全归我了。”说罢,牵着母羊就要走。任芃一屁股蹲在地上,望着羊流下了伤心的泪水。楚县长突然大声说:“慢!葛二全,这羊根本就不是你的。”在场的人都睁大了眼睛,看县长怎么判决。“如果是你喂了几年的羊,你忍心去一撕两半吗!这羊判给任芃。”楚县长接着说。两个警卫冲过去,将羊绳从葛二全手中夺回来,交给了任芃。葛二全一蹦多高,窜到楚博面前喊道："你胡判乱断，判的不公！这羊是俺的，俺不服！"站在一旁的屈申亭大声喝道："竟敢咆哮公堂，来人，给我拿下！"几个警卫应声将葛二全摁倒在地。楚县长说："松开，松开！我让羊告诉他，这羊是谁的。葛二全，你刚才一口咬定，你家的羊下的是第六窝羊羔。羊下羔是两年三窝，就是说，你的羊至少有5岁龄。下面，请马教长再次当众检验羊的牙口！"马阿訇再次来到羊前，掰开羊嘴，喊了几个懂牙口的人进场共同观看。然后说："各位乡邻，各位老表，这只羊只有两岁半口，绝对不会是5岁的口。每年经我手宰的牛羊不下千只（回民宰牲均要阿訇动手——作者注），牛羊有几岁口，我是能够分辨清楚的。上述所言，我可以面向真主起誓。"楚县长接着将剁断的一截拴羊绳扔到葛二全面前，说："你看看这绳，分明是条新绳。拴羊绳经一个夏天和大半个秋天，风刮日晒雨淋，早就被羊尿、泥水浸透，你闻闻里边的蔴有羊尿味吗？大家看看，里面的蔴白的、红的，全是新的。分明是你刚换的！再说，两年多的母羊能下6窝羊羔吗？你还有什么话说？快将羊从何处而得，如实招来！"楚县长话音一落，喝彩声、掌声响成一片。葛二全无奈地低下了头，说羊是前天在村西头路上拾的，怕失主寻找，换了拴羊绳想赶集快点卖掉。当楚县长问葛七、周原为什么昧着良心作伪证时，他俩说，葛二全承许得了钱，请他们下馆子喝酒、吃饭。葛二全"扑通"一声跪在地上求饶："县长大人，俺服了，俺真服了！这都是俺的错，以后再也不敢了。请您开恩！"楚县长挥笔写好判词，让张漫萍当众公布：

葛氏二全，昧羊不还。
赶集卖掉，妄图贪钱。
出示伪证，良心丧完。
为虎作伥，葛七周原。
与人争羊，吵骂挥拳。
公堂咆哮，扰乱治安。
尔等三人，罚工一天。
推土垫街，路平工完。
监督执行，区部派员。

张漫萍公布完毕，周围再次响起阵阵掌声。观众都称赞这案审的巧，判的公。屈申亭说："咱楚县长自从上任以来，过问的案子多了，这桩小案算个啥！大家都散了吧，散了吧，县长还没吃早饭哩。"听说县长还没吃饭，摊主们纷纷端来羊肉胡辣汤、小米粥，拿来油条、包子。他们边走边说：“不能叫咱县长空着肚子问官司呀！”

楚县长大街智断争羊案，顿时成为逍遥镇的一特大新闻。一些年轻的媳妇和姑娘，三五成群地上大街去看年轻的县长长啥样，赶集在饭摊吃饭的群众全是在议论此事。一位中年汉子边吃边说：“楚县长别看年轻，问官司真在行。这样有本事的县长让他顿顿吃肉，咱天天喝稀饭也不亏。”一位老者放下胡辣汤碗，捋着胡子说：“楚县长还不满30岁，上马领兵作战，下马挥毫草檄，问案心细如发，判案条条入理，这样的县长真少见啊！”

吃过早饭，楚博、屈申亭一行在逍遥镇南门沙河码头上船渡河。由于新黄河水大，沙河水倒灌，水面比原来宽了许多。船到中流，张漫萍向船家付船钱。船老大怎么也不收，说：“沙河两岸西华县百姓过河都不收钱，县长、区长过河才不能收哩！”楚县长问：“你们这两只渡船好几个人，不收船钱靠啥吃饭？”船老大笑着说：“县长您有所不知，沙河两岸好几个村庄由联保处负责，一年秋麦两季按地亩给我们收的有粮食，逍遥镇商会按镇上生意大小收钱，用来维修渡船，来往渡河的行人都不收船钱。”张漫萍执意要付钱。船老大说：“楚县长，我们不能因为你们是县长、是司令而坏规矩呀！”

不一会儿船到南岸，西华县抗日自卫军副司令兼四区区长侯香山率一行人早已在岸边等候。见县长等人下船，侯香山快步上前敬礼致意，然后一同上马，沿途察看。

侯香山在马上向楚博县长汇报四区秋收和秋种的准备情况：“四区今秋由于雨水充足，估计比往年增收一成多。早茬已收割完，地已犁耙好，准备到秋分就耩麦。汾河以南的地往年是年年淹，今年7月份下大雨，黄水倒灌，坡水难排。咱们在水东作战，留在区里的官兵和群众筑堤挡水，挖沟排涝，将坡水引入了洪河，收成也不错。夏庄、纺车刘、木锨张、湾张、柴堂等几个村庄，紧邻上蔡县华陂区，耕地相邻，插花而种。今年筑堤挖沟都在咱县境内，洪水将下游一座木桥冲走，将华陂区苏堂、翟庄、西河几个村的土地冲坏四五十亩。历史上，这里地处三地三县（即西华属淮阳专区，上蔡华陂属汝南专区，五沟营几个村归属郾城，属许昌专区），是鸡叫听三县的三不管地方，民风强悍，经常因排水问题发生纠纷，械斗时有发生，致使多名人员伤亡。上蔡华陂几个村联合起来，要求咱们赔产、包地、建桥。如果不答应，他们准备组织人修堤堵水，告状与咱打官司。咱区中队的几个队长和几个村的头面人物，说咱人多、枪多，要打就跟他们打。上游五沟营等几个村也支持咱，说他们能筑堤一尺，咱就筑堤一丈！在咱县内筑堤挖渠排涝，碍他们啥了？管他们什么事！”

楚博接道：“这事儿可不能胡来呀！要双方协商妥善解决。你是区长，你咋想的？”

侯香山接着汇报道：“你说得对，不能乱来，应协商解决。具体情况是：华陂区和砖桥区交界处有一条两里多长的土岗挡水，排水沟在岗北边，曲里拐弯排水不畅。如从上面挖沟排水，咱的几万亩耕地可解除洪涝之害，五沟营镇的滚坡水也能顺畅排入洪河。现在新黄河水大，沙河水倒灌，水更不好排了。考虑到华陂区长、五沟营镇长和各村的当家人，都是王拱璧青年中学的学生，我请王老先生几次出面调解，并完全答应对方的要求，包赔了他们今秋几十亩地的产量。王先生也给对方耐心地解释说，‘大敌当前，在面临亡国灭种之时，咱不能再窝里斗了。治水不能学大禹父亲鲧去堵，要像大禹靠疏导。’并答应他们冲坏一座木桥，给他们建一座石拱桥，冲坏一亩土地，赔他们岗地一亩半。在我们这边挖一个百十亩的大水塘，在石拱桥上安上闸门。水小时坡水存在塘内，水大时开闸放水调节水位，水再大时从石桥上漫过，以保证下游土地不被冲毁。几经协商，已达成共识，商定将筑堤粮款都用在挖沟建桥上。我和王先生到漯河铁路工务段，找到他在河南大学当教授时的学生张子夏段长，请他帮忙。张段长已派技术员对沟渠、石桥进行了测量设计，准备这几天就开工，赶在大寒节气前竣工。今天王先生在家中宴请华陂区区长、五沟营镇镇长、漯河工务段张子夏段长以及三县邻邦各村的头面人物，共商联手治水开工事宜。”

楚博问：“挖坑塘和包赔所需土地咋办？”

侯香山说：“原来的老排水沟弯弯曲曲长达四五里地，两边经常被水淹，平整后都能耕种。除去给华陂区七八十亩，挖水塘占百十亩，还多出 60 多亩地。”之后，侯香山郑重其事地向楚县长请示说，“你看这多出的地，给青年中学当校产怎么样？”楚博哈哈大笑，说：“农桑是衣食之源，学校是教民之基。咱侯区长是上马征战，下马治民，修桥办学、治水兴利都是积德行善的大好事，怎么能不行。”

侯香山继续向楚县长请示说：“改变地契的文书得由县政府办啊！”楚博说：“赔给华陂的土地算是洪水冲毁，免除赋税。平整新增土地是新垦荒地，5 年内县里免征田赋，不纳公粮，区里收起来，修理渠塘时使用。至于校产，交给学校管理就行了。”然后问，“你们以闸带桥，石料从哪儿来？”侯香山说：“准备用船从沙河上游运来。”楚县长说：“区里兴修水利，县政府支持一下，石料你们就不要去买了。沙河老闷潭险工修防段有石料，看需要多少，你们组织人到那里运就行了。漫萍，你给沙河修防段的人安排一下，所用石料按防洪抛石核销，我签发上报专员公署。挖土方要是劳力不够的话，咱自卫军的官兵都是当地农民，你带的官兵可全部出动！”屈申亭说：“你们要是人手不够，三支队官兵也可以来。”侯香山高兴得直拍大腿，说：“有你们支持，这事儿办着就顺当多了。”

一行人在马上边走边说，边看边问，11 点多钟，来到了青年村，在王拱璧家大门口下马。

在王拱璧家南屋厨房里，几位厨师正忙碌着烹、炸、煎、炖、蒸、熬、煮、烧，沁人心脾的香气随风四溢。身着银灰色中山装的王拱璧出门相迎。楚博上前施礼说：“王老前辈，今天学生楚博是不请自到啊！”王先生边还礼边说：“父母官下乡察看，劝民农桑，光临寒舍，可是蓬荜生辉啊！”王拱璧一边让客，一边安排管家带警卫人员牵马到西院休息。

王家宅院青砖灰瓦，是一个三进深的典型四合院。正房是明三暗四 7 间出厦房，东、西、南厢房各为 5 间，东、西厢房是书房、客厅，南厢房为佣人住室、厨房、仓库。院中的几棵桂花树，朵朵碎花正在开放，微风吹动香气袭人。东西两边有两个月亮门与东西两院相连，院内青砖墁地，收拾得干净利落。走进书房，正面墙上悬挂着孙中山的彩色画像，右边写着“驱除鞑虏，恢复中华”，左边写着“建立民国，平均地权”，横批为“天下为公”四个大字。楚博进门还未落座就说：“这可是先总理孙先生的笔迹啊！”“都是临摹的，哪会是真迹啊！”王先生笑着说。他指着北边山墙上的中华民国全图两边的对联说，“‘革命尚未成功，同志仍需努力’是于佑任先生的手书。”北边的桌子上有两方砚台，几盒一得阁墨、纸镇、宣纸，三个大笔筒内插满各种型号的汝阳刘毛笔。靠南边的桌子上，整齐地摆放着各类图书和报纸杂志。靠墙四周并排有十几个大书柜。书柜内既有匣装的《二十四史》《资治通鉴》，也有线装的四书五经等儒家经典和《孙子兵法》《老子》《韩非子》《墨子》等诸子百家的著作；既有中文书籍，也有英文、日文书籍；既有杰佛逊的《北美独立宣言》、孟德斯鸠的《论三权分立》、卢梭的《契约论》、亚当·斯密的《富国论》等资产阶级思想家名著，也有《乌托邦》《资本论》和《共产党宣言》。楚县长在桌边坐下后，指着书柜和书架上的图书说：“先生真是学贯中西，这书房就是一个图书馆啊！”王拱璧微笑着说：“见笑，见笑。老夫老矣，怎比你们后起之秀啊！”张漫萍接过话茬说：“先生涉猎之广，学富五车，并非虚传啊！”侯香山将楚县长支持排涝兴利的意见告知王拱璧后，王先生说：“以闸带桥，木桥变石桥，华陂百姓会更高兴。感谢楚县长对老朽办学的鼎力支持啊！”

楚博翻着桌子上的《论持久战》说:“请教王老前辈,读此书有何感想啊?”王拱璧说:“此书是上个月在武昌,二马先生(即冯玉祥先生)赠送给我的。润之先生高瞻远瞩,把抗日战争分为战略防御、战略相持和战略反攻三个阶段。我看日军能打下武汉,就不可能有大规模进攻的能力了。他们占一个地方,就得分兵防守,机动兵力减少,进攻能力就越来越弱。国军能在正面战场顶住日军的进攻,八路军、新四军能够在敌后战场展开,拖住日军的后腿,熬上几年嘛,中日两国的力量就会此消彼长。也就是中国以空间换时间,积小胜为大胜,一旦国际形势发生变化,咱中国军队就会进入战略反攻。正如泽东先生所预见的那样,抗日战争是抗击侵略的正义战争,保家卫国,中国必胜,侵略者日本必败。小日本是多行不义必自毙!速胜论和亡国论都是站不住脚的。”屈申亭在一旁伸出大姆指说:“王老先生,你读书所得,真不是我们这些俗夫凡人所能理解的。”

谈笑间,华陂区、五沟营镇的客人全到了。楚博、王拱璧等人起身到客厅迎接客人。客厅正中,挂着一幅拱璧先生手书唐代刘禹锡的《陋室铭》,南墙上挂一幅世界地图,北墙是一幅武昌起义革命军攻占楚望台军械库的油画,中间是一张绿漆白边的乒乓球案,案子两边摆着椅子。

侯香山首先向来宾介绍了楚博县长一行。在一片掌声中,王拱璧致词说:“今天诸位屈尊到寒舍相聚,共商兴利除害、根治水患一事,这是对老夫的抬爱。前些日子已经多次磋商,初步形成了共识,勘测设计已经完成。刚才侯区长说了西华县方面的意见,请各位共同商定。”华陂区区长和几个联保主任议论一下说:“既然楚县长决定将木桥改为石桥,以闸代桥,建桥要是西华出料的话,我们就出工。”五沟营镇镇长说:“老校长,既然是联合治水,我们就负责往工地运送石灰、沙子,洪河上游大沙有的是。”接着就开工的一些具体问题进行了商量。最后,王拱璧站起来笑着说:“既然你们大家都这样给我面子,我也得有所表示。我已让漯河张段长购买了80袋洋灰(即水泥),用于石桥基础建设,以确保工程质量。既然大家已达成共识,下午就到工地分工认段,大家看五日后开工怎么样?”与会的各方头面人物都一致表示同意。这时侯香山站起来说:“好,请大家到餐厅入席,品尝王先生特意给我们准备的佳肴美酒。”

尽管是乡村酒席,但厨师的厨艺并不比城里差。席间,在上了红烧鲤鱼后,每桌又上了一大盘红烧甲鱼。当时豫东、豫中一带没有吃老鳖的习惯,绝大多数人从来没有见过鳖肉上宴席。这时王拱璧端起酒杯说:“诸位干了此杯,我给大家介绍一下这道菜。”在座各位举杯一饮而尽。王拱璧说:“这是道粤菜。民国十二年，我去广州参加国民党第一次全国代表大会，广东的廖仲恺、胡汉民宴请我和于佑任先生，上了龙虎斗（猫与蛇）后，压轴菜就是这道红烧圆鱼。红烧圆鱼的价格在广州是红烧鲤鱼的十来倍。回来后，我让厨师学着做，厨艺还可以。咱这一带打鱼的，有老鳖都送给我，他们说集上根本就没人要。今天特意上了红烧老鳖这道菜，请大家品尝品尝。”大家品尝后都说好吃。侯香山说：“既然好吃，就再上一盘，反正缸里老鳖有的是！”华陂区区长说：“老校长您不但将孝武营村改为青年村，开新风气之先河，而今还将岭南的烹饪技术引到了咱们家乡这里。”

午饭后，楚博一行人在四区刘副区长的陪同下，继续到各村察看，王拱璧、侯香山一行前往工地。在分路口，众人下马告别。楚博执意要王拱璧上马先走。王拱璧纵身上马，楚博称赞道：“您这位早稻田大学的高才生英勇不减当年！”王拱璧在马上调侃说：“老矣！老矣！今天是老夫聊发少年狂啊！不过我已经是尘满面，鬓已霜了！”楚博说：“鬓已霜又何妨！”漯河铁路工务段张段长说：“酒酣胸坦，快骑奔平岗。”华陂区区长指着侯香山说：“为除水患随校长，排纠纷，看侯郎。”王拱璧在马上招呼众人说：“都上马，走！”带众人奔驰而去。

下午4点左右，楚博、屈申亭、张漫萍和刘副区长等人来到西华最西南端与上蔡交界处的小桥边下马休息。楚博面向西南竹沟方向喃喃地说：“延安北斗，何日遣彭郎？”

# 十五

## 砖桥集军民大联欢
## 杜岗村三军齐会师

杜岗位于西华县城北8华里，是一个风景秀丽、民风淳朴的村寨。就是这个普普通通的村寨，在抗日战争初期，发生了一件彪炳史册的大事。如今矗立在村东南角，由原中共中央军委副主席张震题写碑名、原国务委员兼国防部长张爱萍题写碑文的“杜岗会师纪念碑”，正在向人们娓娓讲述着70多年前在这里发生的那一幕幕往事……

1938年初夏，徐州、商丘、开封等地相继沦陷，日本侵略者沿陇海铁路向西，妄图攻占郑州，向南迅速侵占中原，打通平汉线，进而占领九省通衢的武汉三镇。

8月初，中共河南省委常委、军事部长彭雪枫按照省委指示，一行4人来到西华、扶沟、周口等地调查了解豫东地方抗日救亡的形势、政权及武装建设等有关情况，并确定将西华作为部队东进的第一站。

9月14日，在延安的毛泽东致电彭雪枫，要求他“尽快组织部队，先行开展豫东敌后游击战争”。

彭雪枫接电后，立即动身去洛阳拜访国民政府第一战区司令长官程潜。次日下午，在一间宽敞明亮的会议室里，程潜热情地接待了彭雪枫。程潜微笑着说：“久闻彭将军大名，久仰久仰，可惜一直无缘谋面。今见将军雄姿英发，可谓青年才俊呀！世人都说共产党内人才济济，名不虚传，名不虚传啊！今日有幸谋面，幸哉！幸哉！”

彭雪枫接道：“颂公过奖了。雪枫前来拜会将军，万分荣幸，请不吝赐教！”

“不知彭将军远道而来，有何赐教？”

杜岗会师纪念碑

“颂公爱国丹心，众人皆知。国难当头，爱国是一家。我奉周恩来副主席的指示，向程司令长官通报我军的下一步行动。”

“不必客气，请讲！”

“徐州、开封失守后，日军西犯、南下，欲直取武汉。若武汉失守，豫东将要成为日军西犯的后方基地。目前，那里土匪武装蜂起，训练有素，装备良好。若策略得当，可对他们就地改编，成为反侵略力量。否则，他们将被日伪军收编，沦为皇协军，助纣为虐，祸国殃民……”

程潜站前来，在屋里来回踱了几步，又回到原位，说：“明知山有虎，偏向虎山行！将军乃虎胆英雄也！自古英雄出少年啊！贵部游击战术素来有名，将军对此颇有研究，前去收复失地，维系民心。可敬！可佩！有何难事，请讲!”

“我军东征之处,是您管辖的地盘,恳望程将军给予关照!”

“这没问题! 还有呢?”

“我军奔赴豫东,远离延安和武汉,联系不便,拟在洛阳设立办事处,不知将军意下如何?”

“当然可以! 彭将军,你率部深入虎穴,其抗日救国精神令人感动,我送你一些军事地图和部分武器弹药,聊表敬意!”

“程将军,那太谢谢你了!”

彭雪枫这次成功拜会程潜,为他率部东征铺平了道路。

9 月 29 日,周恩来电催彭雪枫:“情势危急,速去豫东。”

次日凌晨,彭雪枫和张震带领 372 名指战员,在竹沟东门外广场上誓师东征,然后直奔豫东平原西华县。

秋天的阳光洒满田野,挂满果实的枣树、梨树、苹果树在向指战员们频频招手,小鸟在枝头欢快地歌唱,争相用优美动听的歌声为东征健儿送行。彭雪枫率部途经蚁蜂、界牌等地,穿越平汉铁路,急速前进。

“秋老虎”使身负重荷、急速行进的指战员们汗流浃背,有些喘不过气来,有的脚上起了泡,速度减慢了,有几个挑弹药的战士落伍了。“加油,跟上去!”彭雪枫时前时后,在同战士们交谈着,说笑着。指战员们相互鼓励,相互帮助,恨不得一步迈到豫东敌后,同日本鬼子拼杀一场。

部队进入西华县境,沿途贴满了欢迎标语,路旁站满了欢迎的人群。老乡们听说彭雪枫将军率部去豫东打日本鬼子,都赞叹不已,注目致意。

10 月 7 日上午,部队来到西华县第四区区公所所在地砖桥镇(今属漯河市召陵区)时,村东南角的打麦场上站满了人。不久,在一片欢呼声中,“军民联欢会”开始了。

联欢会由西华县第四区区长、西华抗日自卫军副司令侯香山主持。

首先,同盟会元老、西华县第四区青年村人(今属漯河市召陵区)王拱璧先生代表民众致欢迎词:“伟哉彭公,率部东征。正义之师,无往不胜……旗开奏捷,胜利无疆……”之后,彭雪枫致答谢词。他说:“我首先代表东征指战员,感谢各位的欢迎和王先生的赞美。我们这次东征敌后,是为了开辟豫皖苏抗日根据地,动员群众、发动群众,团结一切可以团结的力量,共同抗击日本侵略者,收复失地,保卫家园。”然后,深入浅出地讲述了军民团结抗日的必要性和重要性。

紧接着是演出文艺节目。部队拂晓剧团的一群文艺战士首先登台，合唱了一曲催人泪下的《我的家在东北松花江上》：

我的家在东北松花江上，
那里有森林煤矿，
还有那满山遍野的大豆高粱。
我的家在东北松花江上，
那里有我的同胞，
还有那衰老的爹娘。

“九一八”“九一八”，
从那个悲惨的时候，
“九一八”“九一八”，
从那个悲惨的时候，
脱离了我的家乡，
抛弃那无尽的宝藏，

流浪！流浪！
整日价在关内，流浪！
哪年，哪月，
才能够回到我那可爱的家乡？
哪年，哪月，
才能够收回我那无尽的宝藏。
爹娘啊，爹娘啊，
什么时候，
才能欢聚在一堂？

之后，当地青年中学（爱国民主人士王拱璧在家乡青年村创办的一所私立学校）的一位年轻女教师，登台演唱了一段自编的豫剧清唱：

沙河岸边一棵槐，
爹娘病倒起不来。
跟着爷爷去卖唱，

换钱回家把爹埋。
土豪劣绅黑心肺，
天天派人来讨债。
爹啊爹，
您咋撇下俺赴泉台。

沙河岸边一棵槐，
日本鬼子打过来。
跟着爷爷去卖唱，
换钱回家把娘埋。
土豪劣绅黑心肺，
天天派人来讨债。
娘啊娘，
您咋撇下俺赴泉台。

一曲唱罢，台下哭泣声一片。

最后，拂晓剧团表演了《鬼子进村》《八路打鬼子》《举起手来》等抗日短剧。其间，每演到精彩处，台下总是报以热烈的掌声。

这次军民联欢会，对新四军东征部队指战员和当地群众鼓舞很大。

新四军东征部队离开砖桥时，侯香山代表西华四区人民，送给彭雪枫战马一匹，支援东征部队军衣 300 多件，鞋、袜各 300 多双，钢洋 500 元。

10 月 8 日这天，正是农历的中秋佳节，彭雪枫带领的东征部队到达西华县城，驻扎在县城北杜岗村。

几乎是与此同时，吴芝圃率领的豫东抗日游击第三支队 460 人，萧望东率领的新四军先遣大队 260 余人，奉命从睢杞太地区西渡新黄河，赶来西华与彭雪枫部一起进行整编。

豫东抗日游击第三支队是吴芝圃在开封失守前，奉河南省委之命，以睢杞太地方党的力量为基础组织起来的一支抗日武装。

吴芝圃原名吴殿祥，河南杞县人，1925 年加入中国共产党，次年参加广州农民运动讲习所学习，后来领导了豫东农民武装起义。曾任中共杞县县委书记，开封市委委员兼组织部长。抗战爆发后，历任中共河南省委委员、豫西特委书记、豫东特委书记、河南省委组织部长等职。

新四军先遣大队是萧望东奉中共河南省委之命，从竹沟带到豫东的一支部队。初来时只有六七十人，在西华得到了沈东平、楚博等人的大力支持，调一个加强连编入该部，队伍扩大到260余人。这支部队渡过新黄河来到睢杞太地区，配合吴芝圃率领的游击第三支队开展抗日活动。

这三支抗日部队会集西华，顿时使西华城乡更加活跃起来，抗日救亡的歌声响遍了三军驻地附近的大小村庄。

10月10日上午，彭雪枫以河南省委常委、豫东军政委员会主席的名义，在西华县城西华部队司令部驻地扬畅寺街县立小学，主持召开了具有历史意义的中共豫东特委扩大会议。彭雪枫、吴芝圃等17人参加了会议。会议听取了豫东特委、西华、睢杞军队和豫东统战工作的报告，确定了党的工作、地方部队整顿、开展豫东邻近省区游击战争和统战等方针。会议还决定，西华部队仍留西华，坚持当地抗日救亡运动，掩护地方工作的开展，加强部队的军事政治整训，提高部队军政素质，待命东进。彭雪枫就关于在平原地区开展游击战争和建立根据地作了动员。会后，成立了豫东军政委员会(委员：彭雪枫、吴芝圃、萧望东、谭友林、方中铎、周季方、岳夏、张震、王其梅、刘作孚)和3人团(主席：彭雪枫；成员：吴芝圃、萧望东)。同时，还对豫东特委领导成员进行了调整，决定由吴芝圃担任特委书记(吴不在时由王其梅代理)，王其梅、周季方、郑平、刘作孚、胡晓初、屈申亭、路岩岭、王学武等任委员。

11日这天上午，晴空万里，秋高气爽，风和日丽，庆祝三军会师大会在杜岗村东南角的打麦场上隆重举行。

会场正面用几辆大车搭起一个主席台，台上悬挂着“庆祝新四军游击支队成立大会”的横幅。会场中间竖起一根高高的杉木杆子，从顶端拉向四周的绳子像一把大伞，绳子上许多三角彩旗迎风招展。会场周围竖立的门板上，贴着五颜六色的标语和宣传画。整个会场显得十分庄严、隆重、热烈，到处洋溢着欢乐的气氛。几支部队全副武装，军容严整，列队进入会场，成长方形坐得整整齐齐，显得特别精神。这时不知谁一声高喊：“欢迎三支队唱个歌好不好?”“好!”随着一阵呼喊，爆发出一片热烈的掌声。于是，你拉我唱一个，我拉你唱一支，《义勇军进行曲》《到敌人后方去》《大刀进行曲》《游击队之歌》，歌声嘹亮，此起彼伏，使整个会场充满着热烈、团结、活泼的气氛。

在一片欢乐声中，彭雪枫、吴芝圃、张震、萧望东、岳夏等人健步来到会场，登上主席台，依次坐在中央。会场上响起一片欢呼声。许多游击战士还是第一次见到彭雪枫司令，纷纷扬头凝望。只见他浓眉大眼，中等身材，身着整洁的灰色军装，打着层次分明的绑腿，腰间束的一条插满子弹的皮带上，挂着一支左轮手枪,将才雄风,英姿飒爽。

上午10点钟,庆祝大会在一片锣鼓和鞭炮声中宣布开始。会议由吴芝圃主持。在萧望东报告豫东数月的战绩后,彭雪枫讲了话。他从抗日战争的战略方针,从沦陷区人民对八路军、新四军的盼望和要求,从会师合编的意义以及游击支队的神圣职责,讲到深入敌后开展游击战争的伟大意义。接着,他喜形于色,兴奋异常,迈步台前,激昂地说:“三支队的同志们,你们在豫东英勇地打击了日寇,扩大了武装,有功于祖国,无愧于人民!你们是中华民族的优秀儿女,坚持抗战的游击英雄,祖国和人民不会忘记你们!同志们,我们的抗战将是持久的战争,只要我们坚持团结,抗战到底,胜利一定是属于我们中华民族的。大家有没有信心呀?”指战员高声回答,“有!”他越讲越有劲儿,越讲越入情入理,“要坚持抗战到底,就要舍得离开家乡,在哪儿打鬼子得心应手,我们就到哪儿去打。抗日战士要服从大局,四海为家,不能光在自家门口转来转去。同志们,要打日本,还需要抗日部队加强团结。一根筷子,一撅就断,一把筷子集中起来,力量就大了,就不那么容易撅断了。新四军、三支队联合起来,全国的抗战部队都联合起来,在华北、华中、华南、东北到处打击日寇,叫鬼子顾此失彼,护住头顾不住脚。只有这样,我们才能打败日本鬼子,中华民族才能得到解放。你们说对不对呀?”“对!”听得入神的指战员们异口同声地回答。

彭雪枫富于哲理和深入浅出的讲话,像一盏明灯,一下子照亮了指战员的心,又像一盆烈火,使大家顿时热血沸腾起来。

“坚持抗战到底!”“打倒日本帝国主义!”“驱除日寇出中国!”会场上响起了一片鼓舞人心的口号。

接着,萧望东带领大家唱起了新编的三支军队大团圆(杜岗会师)歌曲:

全国总动员,
一起来抗战,
新四军、三支队开上前线。
今朝来到西华县,
兄弟们大团圆,
大团圆……

会议宣布合编后的新四军游击支队领导人名单,彭雪枫任司令员兼政委,吴芝圃任副司令员,张震任参谋长,萧望东任政治部主任,谭友林任政治部副主任。支队下辖三个大队：第一大队代号“南阳”，大队长黄思沛，副大队长钟友松，政委张太生；第二大队代号“信阳”，大队长滕海清，政委姜郎山；第三大队代号“淮阳”，大队长冯胜，副大队长吴守训，政委张辑五。另有一个警卫连、一个侦察连，还有一个随营学校，共计 1020 人。

这天，西华县国民政府县长、西华人民抗日自卫军司令楚博到会祝贺。他说：“朋友们，今天我有幸参加新四军游击支队成立大会，心里很高兴！我代表 40 万西华人民，祝贺三支部队胜利会师和游击支队的成立。我们坚决拥护共产党‘国共合作，共同抗日’的主张，全力支援游击支队深入敌后开展游击战争。以后，前方要人给人，要枪给枪，要物给物，西华就是新四军游击支队的家，随时欢迎游击支队回到西华整训补充。在西华期间，新四军的伙食等一切费用，我们全包了……”

楚博的讲话赢得了一阵热烈的掌声。

会议结束时，全体指战员共同唱起了自编的《东征战歌》：

日本强盗蛮横不讲理，
杀我同胞强占我土地。
全国同胞们，
大家武装起，
要把鬼子赶出中国去！

英勇健壮我们新四军，
开赴前线杀敌人。
开展游击战，
保卫大河南，
不复失地决不生还！

来到杜岗会师的三支共产党部队，视老百姓如父母，一进村庄，指战员们就帮助老乡担水、劈柴、打扫庭院，医生护士跑着送医送药，问寒问暖。村民们也都欢欣鼓舞，力所能及地给子弟兵提供食宿等方便。

这天，张震带着通讯员到老乡家访贫问苦。一位大嫂看他的鞋快露着脚趾头了，便连夜赶做了一双布鞋，托通讯员转送过来。她怕张震不收，就对通讯员说：“这是联保主任王文治叫大伙儿做的军鞋，俺先一步送来，无论如何也要请首长收下。”

通讯员将这双布鞋送到了张震参谋长的办公室,并转述了那位大嫂的话。张震接过那双布鞋看了看,然后拍着通讯员的肩膀说:“小鬼,我们实行的是供给制,服装鞋帽等生活用品,都由后勤部门统一配发,我不能因为是参谋长就搞特殊,私自接受群众的东西。这双鞋你给大嫂送回去,她的心意我领了,你代我好好地谢谢她。”

听说这是一支纪律严明的抗日部队、人民子弟兵,驻地群众纷纷送子参军,其中就有萧望东主任的房东夫妇。萧望东带领政治部及各大队的同志做了大量的思想工作,向老乡们反复说明部队不能接收的原因。看房东夫妇送子抗日心切,萧望东就介绍他们的长子加入了由中共领导的西华人民抗日自卫军。

游击支队东征离开杜岗的前一天晚上,萧望东向房东夫妇话别。临别时,房东大嫂突然把一布兜红枣塞到了他手上,并一再解释说是全家人的“一点心意”。萧望东说:“大哥、大嫂,我们有纪律,不能拿群众的一针一线。你们的心意我领了,但这枣不能收。”房东大哥说:“你就收下吧,自己家里种的,不值啥钱。”房东大嫂说:“你无论如何都得收下,不收就是看不起俺两口子。”她把话都说到这个份儿上了,萧望东左右为难。他灵机一动,从上衣口袋里摸出一块银元放到房东大嫂手上,说:“楚博县长刚才送给我们支队每人一块银元,我就把它转送给你们吧,也算是我的一点点心意。”他看房东大嫂执意推却,又说道,“大哥、大嫂,你们要是不收,这红枣我也不要。”房东大嫂无奈,只好收下了那块银元。

# 十六

## 屈申亭扶沟买稻草
## 彭雪枫小庙论军机

三支部队杜岗会师，合编成立新四军游击支队后，士气空前高涨。按计划准备用20多天时间进行短期整训，以提高官兵们的军政素质。彭雪枫对培训作了详尽安排，令萧望东主任负责根据敌后特点提出政治教育计划；参谋长张震率司令部根据平原地区作战特点训练官兵；副司令吴芝圃给指战员讲豫东的敌情、社情、民情。政治、军事训练时间为三七开。各大队之间官兵组织相互参观、学习，交流经验。练兵场上来自不同地域的官兵之间，官教兵，兵教官，兵教兵，歌声阵阵，一派热火朝天的景象。

彭雪枫让参加过湘南暴动，随朱德、陈毅上井冈山与毛泽东会师的老红军资风，会同胡晓初、屈申亭、侯香山三个副司令筹措物资，准备渡船，保障军需。

10月中旬的一天上午，彭雪枫看到西华县军民送来的成捆的布鞋、干粮袋，安排资风说："赶快买三四千斤稻草，让指战员们每人打几双草鞋。"资风挠了挠头说："这里不是井冈山，老百姓不种水稻，上哪里去搞稻草啊！"

彭雪枫说："前不久我去扶沟时，看到县城西南角有上万亩的连片稻田。稻子上个月已经收割完毕，咋能会没稻草呢？这事你去找西华屈申亭司令，让他出面协助办理！"

当资风在自卫军司令部见到屈申亭，说要到扶沟买稻草之事后，屈申亭不解地问："咱部队伙上缺粮，马棚里缺草，我派人送过去不就中了，咋能跑恁远到扶沟去买？"

资风笑着解释说："部队一入咱西华，柴禾烧不完，草料用不尽，后勤保障没一点问题。彭司令安排买稻草，是让官兵们每人打几双草鞋，以备渡河东征用。"

"唉，我真笨！"屈申亭拍着脑袋说，"仨月前，我领部队东征睢杞太时，咋就不知道让部队打草鞋哩！在沼泽地行军穿草鞋既轻便，又不伤脚，比光脚蹚水过河沟强多啦，粘泥沙又少，脚出汗干得又快！”

资风说：“到扶沟运稻草还得麻烦你雇几辆大车。”

屈申亭回答道：“这不需要大车。你坐在司令部里不用动，我马上给你安排。”随后，叫来警卫员段文丑说，“你去把路岩岭路先生给我请来。”

不一会儿，路岩岭到了司令部。屈申亭对他说：“路先生，刚才资处长说，部队需要稻草打草鞋，你现在和文丑骑马到扶沟办这事。路过红花集你传达我的命令，叫二大队指导员刘建功领几个人，今晚搭船赶到扶沟，明天押船将稻草运到杜岗卸船。路先生，老家的情况你比我熟，到练寺找施德生，他是联保主任，你的学生，咱的事叫他和区长施裕民帮助办理。他俩都是魏凤楼放的官，这事肯定能办好。如果他们都不在，你直接到城隍庙街一号，去找你家族叔路式斋，请他老人家出面办理！路先生，你看还有啥问题？”

路岩岭笑着说：“我的大司令啊，别的本事咱没有，跑个腿，传个令，拿钱买东西，这不是蒸笼里拿馍——手到擒来的事吗？我是在扶沟县城土生土长的，路式斋是我老族叔，闭着眼俺也能摸到他家！”

屈申亭笑着说：“路先生，叫你办这事是大材小用，委屈你啦！”然后对段文丑说，“你去财务处领 50 块钱。另外，叫刘建功带几只船到扶沟，装运稻草。”

不一会儿，段文丑已将两匹战马牵到院内。屈申亭对路岩岭说：“快上马吧！抓紧时间，办完事还可以到家里看看！”

路岩岭翻身上马说：“屈司令、资处长，你们成放心了，明天就在杜岗等着卸稻草吧！”

送走路岩岭、段文丑二人，资风笑着说：“屈司令办事真是雷厉风行啊！安排得周到、详细、利索。”

屈申亭哈哈大笑，说：“资处长，过奖了，过奖了，一家人咋说两家话哩！”

接着，两人就如何征集渡船，渡河地点选在什么地方等事项筹划了一阵子。将近中午时分，资风起身要走，屈申亭拉住他说：“人是部队的人，肚子是自己的肚子。刚才东北军 105 师胡连长打电话说要来，正好一块说说让他们配合咱渡河的事。上回我们渡河东征，他们就帮了不少忙。”资风风趣地说：“那好！那好！恭敬不如从命，我就奉命给你陪客，顺便打打牙祭吧！”

当路岩岭、段文丑、施德生 3 人在扶沟县城见到了路式斋，说明来意后，路式斋问道：“你说的彭司令，是不是俩月前和魏凤楼县长一块到我家的八路军少将参谋处长彭雪枫？”当得到肯定回答后，路式斋说：“稻草咱这儿有的是，但咋着也不能卖给他呀!”不等路式斋说完,路岩岭就迫不及待地说:“咋!魏县长在这儿时,你这位县参议要啥有啥,鼎力支持。叔,你今儿个这是咋回事呀?”

“我认识彭雪枫比你早,他和你庭训哥有金兰之交。8年前,为躲避当局的抓捕,你庭训哥从开封领着他到咱家避难,在后院住了20多天。因施裕民、高光第被通缉偷偷跑往外地,接不上关系才离开的,两月前还到家里来看我。那时他叫彭修道,家是南阳镇平县七里庄的,我同他族叔彭禹廷是好朋友。现在雪枫贤侄率部东征抗击日寇,几把稻草还要钱,我咋有脸再见他。你把施裕民区长给我找来,给几个种稻村的保长开个会,说一下,捐几捆稻草支援新四军抗日。我那几十亩地的稻草随便捆,捆够为止。别误了事,赶快去吧。”说罢,安排家人说:“快去碾几担米,随船给雪枫带去。”

两个多小时后,施德生骑马奔回县城,对路式斋说:“老斋叔,你家的草就别捆了,给老少爷们一说,新四军游击支队东征抗日要用稻草打草鞋,家家户户争先恐后去捆草,捆的已用不完,就等着明天装船吧!”

正说着,刘建功领着几个战士风风火火地走了进来。路岩岭问:“建功,恁咋这么快就来到了?”刘建功答道:“顺风满帆,搭的又是空船,俺几个划的划、撑的撑,比正常行船当然要快得多啦!”

“船停在啥地方?”路岩岭又问。

“停在105师河防部队的码头上。事先屈司令请胡连长打电话给他们说过了。东北军的弟兄们真热情,晚上还让俺几个到他们那里吃饭哩。”刘建功回答说。

路式斋从太师椅上站起来说:“那可不中!都在我这儿吃,晚上也住我家里,大米饭红焖鱼都快做好了。彭雪枫的人都是客,谁也不能走。”

路岩岭说:“老斋叔,俺俩天黑前得赶回西华给屈司令复命,下次回来再吃,叫德生、建功他们几个在这儿吃吧。”说完到院内翻身上马,直奔西华而去。

第二天中午10点钟,运回的稻草及路式斋捐送的800多斤大米就在杜岗卸船了。

刘建功将路式斋给彭雪枫的信呈给资风处长。资风在给彭雪枫汇报时说:“屈申亭办事效率真高,西华、扶沟往返一百四五十里,一天一夜就将稻草运到,雷厉风行,办事利落。”

萧望东接过话茬说:“屈申亭战场上也是这样。上次攻打傅集,他身先士卒,勇敢拼杀,是员虎将。”

彭雪枫看完路式斋的来信,8 年前在路家避难的往事历历在目。他立即提笔写好回信,派秘书黄林和警卫员赴扶沟送信。并嘱托黄林说:“两个月前,你随我去过路家。现在我军务缠身,不能亲自登门拜谢,务必请他老人家谅解。这里有两支汝阳刘毛笔和一双马靴,送给他老人家作个纪念吧!”机灵鬼警卫员小赵接过毛笔笑着说:“汝阳我去过,上回咱们从竹沟上洛阳经过汝阳,汝阳刘毛笔肯定是汝阳县出的。”“你不懂净胡扯,让人笑话。”彭雪枫瞪他一眼。小赵瞪大眼睛,满脸不解地问:“汝阳刘毛笔不是汝阳产,是哪儿产的?”彭雪枫说:“被历代文人墨客视为文房上等佳品的汝阳刘毛笔,全名叫‘皖香汝阳刘毛笔’,产自河南项城孙店汝阳刘村。相传西汉末年王莽篡位,他为将刘氏族人赶尽杀绝而四处用兵,时值南顿县令刘缜继任不久,只好逃往湖北枣阳老家避难,途经项城孙店汝阳鸿隙陂畔一农家过夜。王莽追兵即将赶到时,恰逢刘缜之子刘彦生病行动不便,于是刘缜只能忍痛弃子携家眷南去。在农人照顾下,刘彦病愈后与农人之女结婚。后来刘缜与刘秀起兵举事成功,建立了东汉。刘秀坐天下后,四处寻找刘彦,终于在项城的汝阳鸿隙陂畔找到。刘彦因避乱而长期居于乡野,不习惯险恶官场,对仕途深感厌恶,却精通技艺,对毛笔大感兴趣,光武帝刘秀封他为‘御笔王’,管理皇家制笔之事。后因疏于宫廷礼节屡受排挤,心情郁闷,向光武帝请辞,带家眷回到鸿隙陂畔,传授子孙毛笔制作技艺,并且世代相传。后人为纪念刘氏祖先,就把刘彦所在的村子称为‘汝阳刘氏村’。因此,该村被称为中国毛笔第一村。”说完,催他们赶快上路。

彭雪枫见他俩出门,对资风说:“你给张参谋长说,下午调整训练科目,在打麦场训练打草鞋。支队大多数人不会打,你就当打草鞋总教练吧!”资风说:“1000 多人,我自己一个人怎么行啊?”彭雪枫和蔼地说:“咱支队凡参加过长征的,不都是合格的教官吗! 张震、萧望东、孔石泉、谭友林,一大队长黄思沛、政委张太生、副大队长钟友松,三大队长冯胜,这些一方面军的老人你都熟;二大队长滕海清、副大队长姜朗山是四方面军的,谁不会打草鞋;司令部几个参谋,政治处几个干事,电台队、机要科报务员都参加过长征,是打草鞋的行家里手。时间紧迫,一下午完成,不能推迟。”

午饭后,在村东南打麦场上,这个在全世界军事教科书上都找不到的训练科目,热热闹闹地开训了!

在支队整训中,彭雪枫在县城城隍庙内召开了连级以上干部会议,针对三支部队刚刚合编,东渡后将要在敌占区行军,就如何避开敌伪,如何侦察,行进间如何联络,如何保密以及长途行军,特别是夜间行军应注意的事项等,都作了详尽的安排。

10 月 17 日,彭雪枫向毛泽东并长江局报告部队合编整训情况,计划于 10 月底渡河东征。19 日,毛泽东、王稼祥联名回电,命彭雪枫统一指挥平汉线以东、陇海路以南、淮河以北所有共产党抗日武装力量,并要求彭部尽快东渡。彭雪枫立即回电:"结束整训,遵命出征。"于是,游击支队提前结束整训,筹备渡河东征事宜。

10 月 21 日上午,彭雪枫悄悄地离开司令部,带着军用地图来到村西一个叫奶奶庙的小庙中,将地图挂在墙上,一会儿站在地图边凝视,一会儿伏在桌案书写。他安排警卫员,如有人来找,一律挡驾。平时很少抽烟的彭雪枫,接连不断地抽烟。直到掌灯时分,中饭、晚饭都没吃。一个警卫员将此事向秘书黄林报告,黄林立即将这一情况向吴芝圃、萧望东、张震作了汇报。

吴芝圃、萧望东、张震三人一起走进小庙内,紧锁双眉、陷入沉思的彭雪枫竟然没有发觉。张震低声问道:"司令员,啥事啊?让你愁成这个样子,连饭都不吃,说出来俺几个给你分摊些!"而彭雪枫却脱口而出:"夫未战而庙算胜者,得算多也;未战而庙算不胜者,得算少也;多算胜,少算不胜,何况无算乎!"(语出《孙子兵法·始计篇》——作者注)他们三人听后哈哈大笑。萧望东说:"攻长沙,反围剿,夺娄山关,四渡赤水,爬雪山,过草地,直罗镇宰牛❶,东征阎老西❷,那么艰难困苦,我也没见你愁过这样啊!"张震接着说:"黄河咱又不是没渡过,1936 年东征山西讨伐阎锡山时,山陕之间黄河咆哮水急,对岸碉堡林立,阎军封锁所有渡口,我们不是也顺利突过去了吗!据侦察人员报告,日伪兵力不足,沿新黄河东岸没有设立工事,又有西华部队和淮阳薛朴若部的策应,我们渡河是不成问题的。"吴芝圃指着窗外说:"你看天都到啥时候啦?再大的事儿也得吃饭呀!"

彭雪枫恍然大悟说:"我还没吃中午饭吗?"吴芝圃接着他的话茬说:"天黑透了,还吃午饭,你午饭、晚饭一块吃吧。"随命警卫员把饭菜端走热一热。

彭雪枫对吴芝圃、萧望东、张震说:"你们不知道,过去在中央苏区、长征路上、陕甘宁,咱中央红军有毛主席、朱总司令、周副主席、彭总等中央领导决策帐帷之中,决胜于千里之外,战役指挥有刘伯承、陈毅、林彪、叶剑英、聂荣

---

❶ 宰牛:1935 年 12 月 21 日直罗镇战役,围剿陕北根据地的国民党东北军 109 师师长牛元峰被中央红军击毙。

❷ 阎老西:山西军阀阎锡山。

臻、左权等首长，我们这些人只要按部署，奉命行事，勇敢作战就行了。现在我们远离党中央、毛主席、朱总司令，远离主力部队，支队刚刚合编组建，新成分多，老骨干少，政治思想工作、党的建设等一时还不能完全跟上。而我们新的对手是日伪军，和过去10年内战的对手不可同日而语。用武士道精神支配的日军训练有素，武器精良，拼死作战，死不投降，平型关之战就没俘虏一个日军。伪军大多是本地混子，熟悉地形。在豫东，平原千里，道路纵横，敌伪便于机动，如敌汽车、坦克、骑兵出动，运动速度极快，对我军十分不利。渡河到敌后，我们处于日伪的四面包围之中，稍有不慎，就会遭受巨大损失，甚至有灭顶之灾。我想，到敌后，首先找一个比较安全的落脚点，建立后方，待站稳脚跟后，才能有效出击。关于建立后方落脚点的问题，我们已经议过两次，大致有三种意见。一是淮太西交界处，二是睢杞太根据地，三是部队直插豫皖苏徐州附近。到淮太西，前有薛朴若游击大队接应，后有西华部队策应，但机动范围小，背水作战是兵家大忌，如遇日伪合围，要么分散游击，要么退回西华。日军机动性强，如飞机出动，半渡而击，我们必遭重大损失。睢杞太根据地是芝圃你们三支队的发祥地，8月份，在望东、申亭协助下，初步建立起以傅集为中心的抗日根据地，有党的组织，有较好的群众基础，但北距陇海线太近，开封、商丘以及杞县、柘城、睢县县城都在日军控制之下，我军到此，日伪必四面包围进剿，不是一个好的落脚点。东出徐州附近，部队新编，远离家乡，长途跋涉，途中没有补充，很难办到。再说，日军占领武汉后，如北出占领平汉线，中央将会令我部西进，以豫西山区为依托建立抗日根据地。到那时，千里返回费时劳力。你们说，我咋能不慎重思考呢！"

吴芝圃、萧望东、张震三人相视无言。

彭雪枫边走边说，用手电筒照在地图上一个叫白马驿的地方，"你们看，这个地方叫白马驿，在鹿邑县城南部豫皖交界处，虽说是归鹿邑管辖，但距太和、亳州辖区不足一华里。这个地方是驴叫听两省（河南、安徽）、鸡鸣闻三县（鹿邑、亳州、太和）的三不管地方，明清两代为一繁华驿站。在这里落脚，北面鹿邑、郸城，东面亳州现均为国军掌控。南面是第六战区李宗仁、白崇禧统辖的桂系部队驻守，安全没啥问题。更重要的是，原西北军军长魏凤楼部的主力是西华部队的第一支队，部队内有我们党的组织。8月上旬，我已令扶沟县委全班人马，率部分地方干部随同魏凤楼部到鹿邑，改为中共鹿邑县委。鹿邑是豫东大县，物产丰富，人口众多，军需物资比较好筹集。"

不等彭雪枫说完，吴芝圃就说："看来兵发豫皖边，落脚白马驿，你是成竹在胸，早有谋划呀！"萧望东、张震二人端着煤油灯在地图上详细观看了一会儿，不约而同地说："好！好！好！就这么定了。过去咱的根据地，不是都在省、县交界三不管的地方嘛！这些地方敌人的统治力量比较薄弱。"

彭雪枫接着说："一旦我们到达预定地区站稳脚跟，建立后方，部队立即整训，随军的地方干部进村入寨，建立并巩固后方根据地。然后兵出西北，到睢杞太地区发动群众，扩充兵力，留下部分武装巩固睢杞太根据地。主力回师东进，出亳（州）、永（城）、肖（县）、夏（邑），在日伪占领区树起抗日大旗。敌后不愿做亡国奴的豪杰志士，必定四方响应。兵员招募、粮饷供给无大问题。进而分兵淮上，向东挺进洪泽湖，跨过津浦铁路，进入皖东北和苏北，占据铁路两侧的广大乡村，待巩固后，跨过京杭大运河，向东直指大海。日伪占城，我们据乡；日伪城镇一条线，我们乡村连成片。建立政权，壮大军队，发展生产，坚持抗战。东击日伪，西防顽军，与敌周旋，熬过艰难的战略相持阶段。一旦国内外形势好转，我们从根据地杀出，斩断交通，夺取城市，战败日伪。到那时，豫皖苏根据地北邻冀鲁，南接江淮，背靠太行，西依陕甘，联兵百万，辖毂中原，驰骋于江淮河汉四水之间。豫皖苏根据地与华北、东北、太行、陕甘宁根据地连成一片，百万大军横渡长江，攻取南京，夺取上海，会师武汉，饮马长江，跨越五岭，兵锋直指海南岛的天涯海角。"

萧望东说："长征时，国民党反动派追赶我们向北走，到那时，我们收拾那些残兵败将，必定是向南追。"

彭雪枫继续说道："江南百姓一定会箪食壶浆以迎我军。国家统一、人民翻身做主，中华民族重新振兴指日可待！"

吴芝圃听后兴奋地说："军未出师，宏图绘就。咱彭大将军胸中自有雄兵百万啊！"

这时警卫员端着饭菜走了进来。彭雪枫十分严肃地对吴芝圃说："在咱党内，我可不能称彭大将军呀！"吴芝圃皱着眉头问："咋不能称？""饿了，饿了，我吃饭，叫他俩谁给你讲都中。"彭雪枫说完，拿起筷子狼吞虎咽地吃了起来。

萧望东告诉吴芝圃说："就是三年前的今天，1935 年 10 月 21 日，毛主席、周副主席率领我们红一方面军结束了长达一年的二万五千里长征，进入陕北根据地吴起镇。当时我们长途跋涉，人困马乏，全军仅剩 7000 多人。一直追赶我们的国民党四个骑兵团，想趁我立足未稳打进根据地，毛主席安排彭老总要切掉追随的这条尾巴。彭总在吴起镇西部设伏，俺仨都参加了那场战斗。激战两个多小时，一个骑兵团被全歼，三个骑兵团战败溃逃，俘敌 1000 多人，生擒战马 800 多匹。中央红军第一次组建了骑兵团，首任骑兵团团长是张爱萍。战斗胜利后，毛主席非常高兴，当即赋诗一首，赞扬咱们的彭老总：山高路远坑深，大军纵横驰奔。谁敢横刀立马，唯我彭大将军。”彭雪枫边吃边说，“红军官兵上下称彭老总为咱们的彭大将军！彭大将军从此成了彭总的代名词。你说，我有啥资格敢称‘彭大将军’啊！”

吴芝圃听后，微笑着点了点头。

张震安排警卫员将军用地图从墙上取下，说：“咱们回司令部吧，具体问题回去后再商量。”

彭雪枫示意警卫员先走，然后对吴芝圃、萧望东、张震说：“兵者，诡道也。故能而示之不能，用而示之不用，近而示之远，远而示之近……此兵家之胜，不可先传也（语出《孙子兵法·军形篇》——作者注）。既然兵出鹿南，白马驿立足，大家没有异议，就这样定下来。但各位必须严守机密，不得向任何人透漏，以免走漏风声。至于何时渡河，行军路线，均以司令部发布的命令为准。”最后对张震说，“张参谋长，你通知西华部队，请胡晓初、屈申亭、侯香山三位司令明天一早过来，商讨西华部队策应渡河的事宜。”

# 十七

## 侯香山奉命取淮阳<br>彭萧吴率军渡黄河

10月22日拂晓，东方的地平线上刚刚露出一缕红色，6匹战马冲出西华县城北门向杜岗村飞奔而来。马踏初霜大地，扬起阵阵尘土。8华里路程一眨眼工夫就到了。3名警卫员将马拴在杜岗村头的小树林边，随着胡晓初、屈申亭、侯香山进村。带哨排长屈黑娃跑步来到三人跟前敬礼，然后问道："三位司令，这么早一块来，一定是有急事啊！""张参谋长昨天晚上打电话，说是有军务相商。"胡晓初边走边说。屈申亭拍着黑娃的肩膀说："才仨月，你这孩子进步真快啊！还不满18岁，班长就升排长啦！"黑娃憨笑着说："抗训班时王先生（王其梅）和罗锅叔（郑平，因驼背，干群习惯叫他郑罗锅）介绍我入的党。在水东打完傅集后，队伍扩大了，肖主任叫我当排长。""好好干，等赶走了小鬼子，我给你娶个漂亮媳妇。"黑娃低头憨笑。

一行人在支队司令部门口停住了脚步。随着侯香山响亮的报告声，彭雪枫、张震、萧望东先后出门相迎。胡晓初笑问道："彭司令，一大早就招呼我们过来，啥急事？"彭雪枫招呼众人进屋后说："请你们来，是落实毛主席指示，商量支队渡河东征的事。"屈申亭问："部队整训不是到月底吗？"彭雪枫解释说："目前国民党军队和政府官员都溃退黄河以西，八路军又远在河北、山东境内。新四军叶挺、项英、陈毅、粟裕二部远在长江以南的皖南、苏南，张云逸、罗炳辉部现在淮河以南。陇海路以南、淮河以北、黄河以东直至大海被日伪军占据。这里千里平原，庐舍相望，人口稠密，物产丰富，各色地方武装蜂起，而我党我军在此力量薄弱。毛主席在延安命我们立即东渡，深入敌后发动群众，开展游击战争，所以要提前结束整训，立即东渡。"胡晓初表态说："坚决落实党中央深入敌后的指示，西华自卫军随时听从彭司令调遣。"这时吴芝圃副司令、资风处长领着警卫员端来了饭菜。看着半盆青菜粉条、半盆白菜豆腐、两盘咸菜以及小米稀饭和高粱面馍，胡晓初对屈申亭说："守义老兄，叫你负责筹措粮饷、物资供应，你就叫彭司令吃这吗！"不等屈申亭接腔，彭雪枫说："吃这就不赖啦！我知道正常年景百十亩地的户，秋罢不就是吃个三七开的杂面花卷子吗！兵法云，'士不饮，将不可言渴；兵不食，将不可言饥'。咱们部队从井冈山开始就实行官兵平等的原则。毛主席跟连队同伙，朱总司令和士兵一样下山挑粮。这青菜粉条是大伙上的，有豆腐白菜吃还是沾了回民的光。回民官兵，小火单炒，今早我看有客让多炒点。"吴芝圃给警卫员说："去将昨天阿訇送给我的咸牛肉拿来招待三位司令。"侯香山说："吴先生，在西华我去过几个清真寺，院落都很干净，盖的也不赖，为啥大殿都门朝东？少林寺、相国寺我都去过，大殿都是门朝南开啊！睢杞太回民多，清真寺大殿也都门朝东吗？"吴芝圃笑着说："不光是你们西华清真寺大殿门朝东，在咱全中国，只要有清真寺，大殿都是门朝东的。""全国的清真寺你都去过？"侯香山不解地问。"穆斯林的圣人出生在阿拉伯半岛，神庙在麦加城，都在遥远的西方。中国的回民进大殿，面向西方礼拜，进门面朝麦加神庙方向，大殿的门自然朝东了！"侯香山若有所悟地说："我算知道了，孙悟空取经不就是上西天吗！""你说的是哪儿和哪儿啊，要是孙猴子到麦加取来《古兰经》交给唐僧，唐三藏还不念八百遍紧箍咒惩罚这个猴头！"彭雪枫拿着筷子指着侯香山说。吴芝圃笑着说："唐僧到印度取的是佛经，而回民信奉伊斯兰教，其经典是《古兰经》，'风马牛不相及'，完全是两回事。"

饭后，彭雪枫带着胡、屈、侯等人走到军用地图前，交代说："你们要尽快组织过河，到淮阳开展游击战争。人不要太多，我看去一个大队，三四百人就够了。任务是游击，前两天游，后两天击。游击的范围是淮阳城以西，在西淮公路两侧展开。这样距西华近，方便撤退。你们到河东后要亮出旗子，打出牌子，露出底子。告诉老百姓是新四军游击支队的先遣营，要公开打出是与日军血战马路口的部队。宣传口号是'打进陈州府，收复淮阳城'。要将新四军和西北军庞炳勋部，也就是老百姓说的庞瘸子（庞炳勋临沂与日军激战中负伤腿瘸）马上要过河收复淮阳的消息广泛散布。"胡晓初问："漯河的庞瘸子啥时候出动。"彭雪枫笑了笑说："兵不厌诈，善攻者，敌不知其所守，善守者，敌不知其所攻。过河部队今天集结准备，明日渡河，两天时间游动侦察，务必于25日夜在淮阳以西或以南打响，26日连续出击。出击声势要大，不以攻取敌据点为目标。胜不可恋战，部队撤出要快。要提前控制船只，27日下午即刻渡河西撤。我看屈申亭负责支队渡河船只和物资的筹备，胡晓初居中调度，香山率部队过河怎么样？""请彭司令放心，我保证完成任务！"侯香山一听派他率队出征，应声答道。胡晓初问："香山你带哪个大队去?"侯香山说："叫三支队郭玉林大队去吧?"屈申亭说："不如叫登瀛、建功(即刘建功，大队教导员)去。这个大队打过傅集，有经验，官兵都是黄水窝里人，知地形、熟水性。叫机炮连和王华山的手枪队也去，叫王学武主任协助香山。"胡晓初、侯香山同时说："中，就这么定了!"侯香山问彭司令："还有什么安排?"彭雪枫说："你到政治部找萧主任，旗帜标语口号由政治部负责提供。回去你向楚县长通报一下。今天准备，明天渡河。"

侯香山出门后，彭雪枫告诉胡晓初和屈申亭："西华的同志要求到水东去的想法很好，但要做好他们留下的思想工作。日军占领了武汉，然后南下攻长沙，还是北占平汉线，现在还很难料定。如果日军北攻平汉线，党中央肯定命我部渡河返回豫西，八路军也会南下，依托豫西山地建立根据地。西华东靠新黄河，西邻平汉线，现在是我们渡河东征的出发点，要打回来，西华是我们的落脚点，是可靠的后方。我们东去后，你们要千方百计带好部队，要切记没有一支人民的军队，就没有人民的一切，要依靠广大人民群众巩固好根据地。西华半个县都被黄水淹没了，人民群众生活困难，又是筹款，又是送物，又是补充枪弹，对我们支援太大了，谢谢你们啦!"胡晓初说："支援子弟兵是天经地义的事，还说啥感谢的话。"屈申亭说："你们人太少，是不是再拨给你们几个连队。"彭雪枫解释说："兵贵精不贵多。西华自卫军是地方武装，属国民党第一战区序列，成建制带走对统一战线不利，对全局不利，也不利于根据地的巩固。何况 7 月初，萧支队来西华名为一个大队，实际只有 70 人，你们补充了一个加强连，180 人枪，还配备了机枪。这次你们又抽调了部队中西华水东、太康、淮阳籍的官兵 120 多人枪补充到战斗连队，我听望东讲这部分人出身好、士气高、能吃苦，还有部分是党员，我叫望东按原在你们那儿任什么职，到这里原职务同等安排。换下来的骨干编入随军干训队，到敌后立即深入农村建立根据地，要立即开办随营学校，培训骨干。这些人都是到敌后发展的本钱。你们补充人员不算少了，一千多人的支队，补充训练有素的兵员三分之一左右。豫皖苏人口稠密，人民抗日情绪高涨，只要有骨干，兵员没啥问题，现在最缺的是营、连、排级的军政干部。如果日军南下攻长沙，国民党方面守住了平汉线，你们再分批东进。毛主席告诉我们，抗日战争是持久战，日本强，中国弱，中国大，日本小，日本侵略者要想消灭中国不可能。'亡国论'和'速胜论'都站不住脚，我们要做长期抗战的打算。"胡晓初、屈申亭听到这入情入理的分析，感到十分满意。最后胡晓初请示道："楚县长说部队渡河前，到部队慰问，开个军民联欢会，给东征的将士们送行，您看放在什么时候?"彭雪枫想了想说：

"那就后天晚上吧!"随后,彭雪枫叫参谋拿出一张十万分之一的军事地图交给胡晓初说:"这是第一战区长官部发的,留给你们用吧。"

胡晓初、屈申亭离开司令部。屈申亭对胡晓初说:"你先走,我到河边去看看船只征集情况。"胡晓初边上马边应声道:"好,就这么办!"说完,四匹战马分道扬镳,飞驰而去。

10月23日,农历是九月二十,正值霜降,气温早晚已凉。东方的红日斜照在初霜上,霎时白色的初霜化为乌有。楚博、胡晓初、屈申亭、王其梅、郑平、张漫萍,以及工商、教育、文艺界代表王殿龙、刘芳亭、胡民英、高学彬,阿訇马振江等一行人牵猪赶羊、抬着丰裕德酒馆的老烧酒和其他慰问品,来到杜岗新四军游击支队司令部。屈申亭将大溽沱高连堂、高连开兄弟按祖传秘方熬制的几百张跌打损伤膏和回民医生杨子建兄弟配制的金枪药交给资风处长说:"这药管用,治跌打损伤、止血止痛,具体怎样用,萧望东主任清楚,前些日子在睢杞太,萧大队用过。"

这时,有位司务长问资风处长:"嘿,咋逮这么多泥鳅呀?"几位担泥鳅的老乡告诉他说:"今年黄水下去,楚县长下令叫不管种麦的洼地都犁起来晒地,明年开春好种高粱,淤泥地里净是泥鳅。小孩们都唱'西华扶沟,遍地泥鳅,犁两犁子拾一箩头'(用荆条、柳条编成的篮子)。""这么多泥鳅,炊事班人又少,咋一个一个宰哩?"司务长继续问。"不用宰,放清水里叫它自己将肚里的脏东西吐出来,一个小时一换水,最后一次水里放盐,油多炸,油少煎,要是没油,滚水氽,清炖!"资处长说完,司务长接道:"还是资处长的办法多!"

中午时分,几亩地大的麦场上一片欢声笑语,游击队全体官兵在此聚餐。大米饭飘香,官兵们吃着红烧肉炖粉条,喝着烧酒,边吃边说,热闹非凡。几位参加过长征的老红军,边吃边唱起了"红米饭呀南瓜汤"歌谣。拂晓剧团团长左齐边吃边说:"今天应该改成'白米饭呀泥鳅汤'才对。"萧望东指着左齐说:"吃完饭快改歌词,今晚上就给同志们唱唱。"

23日下午,杜岗村打麦场上披上了节日的盛装,万头攒动,热闹非凡。部队排着整齐的队伍,踏着有力的步伐进了广场。妇救会、儿童团、西华自卫军代表,杜岗村的父老乡亲、十里八村的群众熙熙攘攘涌进会场。正值秋高气爽,晚霞夕照,整个会场浸透在一片红色之中,微风中舞台上方红底黄字的"军民联欢大会"几个大字闪闪发光。随着游击支队政治部主任萧望东"西华县国民政府,新四军游击支队军民联欢大会现在开始"的喊声,彭雪枫、楚博、吴芝圃、张震、胡晓初、屈申亭、王其梅以及西华县各界代表登上了主席台,几十把军号奏起了雄壮的《义勇军进行曲》。首先由西华县国民政府县长、抗日自卫军司令楚博讲话。他号召全县人民积极行动起来，支援新四军游击支队渡河东征，抗击日寇。要精诚团结，守土抗战，有人出人，有钱出钱，有力出力，地无分南北，人无分老幼，誓与日寇血战到底。接着英姿飒爽的彭雪枫代表新四军游击支队的全体官兵讲话，他首先感谢西华县国民政府、西华抗日自卫军和各界父老乡亲对新四军游击支队的无私关怀和大力支持！他接着说："西华县地处抗日最前沿，在我们年轻有为的楚县长领导下，发动群众，武装群众，组建了西华人民自卫军，使西华成为了坚强的抗日堡垒。西华人民自卫军是一支守土抗战的英雄部队。上次渡河东征斩杀日寇，收复太康县城，旗开得胜，在豫东首开地方部队歼灭日军的先例，打破了日军不可战胜的神话！为中华民族立了功，为西华父老乡亲争了光！以沈东平为首的抗日烈士们，我们的民族，我们的国家，我们的人民是永远不会忘记你们的！"他在分析了敌我双方战场上的有利因素和不利因素，批判了"亡国论"和"速胜论"后说："只要全国各地都像西华人民一样，行动起来，武装起来，坚持持久战，就一定能够把日本鬼子从中国赶出去，收复失地，夺取抗日战争的最后胜利。"彭雪枫深入浅出、简单明了的讲话，博得听众阵阵掌声和欢呼声，最后他说："同志们！朋友们！父老乡亲姐妹们！我们新四军来自工农，是中国共产党领导的队伍，是人民的子弟兵。为了保卫家乡，保卫国家，我们将要渡过黄河，到敌人后方去，打击日伪，开展游击战争。到了敌后一定会英勇杀敌，多打胜仗报答西华县国民政府、西华县父老乡亲对我们的期望！"

在西华各界代表发言后，联欢会在上千人的大合唱中拉开序幕。游击支队指战员高唱"到敌人后方去，把鬼子消灭净……"歌声震天动地，响彻云霄。紧接着普理学校师生、拂晓剧团、西华艺人先后登台表演。著名艺人高大辫师徒演唱《岳元帅大破朱仙镇》时，台下掌声不断，演完后掌声经久不息，他们谢不了幕，只好又演唱了一段《梁红玉擂鼓战金山》。拂晓剧团新编《出征将士会餐歌》，在掌声和欢呼声中连唱三遍。其歌词是：

白米饭啊泥鳅汤，
红烧肉，
分外香，
不吃不吃又盛上。

根据地啊情意长，

父送子，
妻送郎，
工农子弟打东洋。

新四军啊兵马壮，
彭司令，
谋略强，
打得日伪无处藏。

乡亲情啊永不忘，
保国家，
理应当，
精忠报国威名扬。

10 月 24 日上午，艳阳高照，杜岗村寨内寨外，指战员们担水的担水，扫地的扫地，家家户户院净缸满，大街胡同道路打扫得干干净净，墙壁上贴满了标语，就连各家的粪肥也被指战员们运到田间。妇救会的姐妹们拉着拂晓剧团的女兵们好像有说不完的话。联保主任王文治陪着萧望东主任一家一户征求意见，检查部队执行群众纪律情况。司令部内彭雪枫安排屈申亭和副官长雷明带礼物到东北军 105 师河防部队告别，感谢友军提供渡河便利。

下午 2 时，游击支队排着整齐的队伍进入打麦场。打麦场上军旗猎猎，战马嘶鸣，村子里群众也都闻讯涌了过来。在张震参谋长部署完行军序列和注意事项后，彭雪枫登上讲台高声说："我们新四军游击支队全体指战员奉延安毛泽东主席、朱德总司令之命，今日渡河东征，在中国共产党的领导下，誓与日寇血战到底，现请举起右手，对天盟誓：

大敌当前，日寇犯境。
奔赴前线，渡河东征。
深入敌后，唤起民众。
扩大武装，游击战争。
团结友军，英勇拼搏。
前仆后继，不怕牺牲。
遵守纪律，听从指挥。

爱护人民，缴获归公。
消灭日寇，报国精忠。

震耳欲聋的誓言声在杜岗上空回荡，誓死抗日的决心镌刻在每个宣誓者的心头。

新四军游击支队在杜岗休整的半个多月时间里，受到了西华人民的热烈欢迎和物资上的大力支持。在黄河水泛滥成灾、生活极端艰难困苦的情况下，西华人民咬紧牙关，勒紧裤腰带，不但解决了1000多人的吃、住、用问题，而且在游击支队离别时，还赠送3万多斤粮食，7天的干粮，两万块现大洋，另有棉衣、鞋、袜、鞋垫等一大批慰问品。

对于西华人民的大力支持，彭雪枫在率部东进时，深致谢意。他对楚博、胡晓初等人说："西华人民'解衣衣我，推食食我'，这跟记载汉刘邦的故事一样。两千多年前，西汉还没立国时，有个叫刘邦的人，他手下有个大将，叫韩信，他对韩信好得很，按韩信的话说，就是刘邦和我穿一条裤子。一次，刘邦端着饭碗，肚子里饿得咕噜咕噜响，但他不吃，对韩信说，'我吃饱了，这碗饭就单等你，我看着你吃。'西华的乡亲父老省下的粮食，叫我们吃，省下的布匹，给我们做衣服、鞋袜，令人感动不已，终身难忘！我们将决不辜负人民群众的期望，一定用战斗的胜利，来回报西华人民的关怀和厚爱。"

临分别时，彭雪枫让通讯员牵来一匹战马。他对杜岗联保主任王文治说："王主任，我们在杜岗这么多天，没少给你们添麻烦，这匹白马，留给你作纪念吧！"

随着"出发"一声令下，军旗招展，歌声嘹亮，部队迈着雄壮的步伐向聂堆镇进发。村口，路旁乡亲们把煮熟的鸡蛋、鸭蛋和成卷的烙馍塞向战士的怀中，部队出村一二里，成群乡亲们还站在那里目送子弟兵。

一个半小时行军，游击支队来到聂堆西边三官庙村的一个小树林里补足干粮。资风处长告诉各连队，每人携带一天干粮，水壶灌满，每人灌装小米10斤。这时警卫连长飞马向彭司令报告："东北军105师陈团长求见。""有请！"彭雪枫说。很快，一位穿着马靴、佩戴上校军衔的军人来到佩戴少将军衔的彭雪枫面前，立正，敬礼，操着东北口音："报告彭将军，国民革命军陆军第105师上校团长陈四奎奉张师长之命，携手榴弹20箱为贵部送行！"彭雪枫举手还礼，说："请转告赵师长，感谢贵军厚礼相赠，到敌后只有多杀日寇才能回报你们的抬爱。"陈团长接着说："老日占我东北已有7年，家乡惨遭涂炭，不叫小日本龟儿子打走，东北军的弟兄们死不瞑目，共同抗日是咱中国军人的共同责任,有啥感谢的!”

夕阳西下,晚霞撒满了聂堆码头边的几十艘帆船。10 月下旬的黄河水大流急,混浊的黄水不时卷起一个又一个漩涡,官兵们紧张而有秩序地登上帆船。彭雪枫、吴芝圃、萧望东站在船头挥手与屈申亭、陈团长、东北军的河防部队及当地群众告别。随着艄公们的起锚声,几十只船满帆驶向波浪翻滚的黄河。风顺桨急,宽阔的黄河三个多小时就到了东岸,部队在东夏亭镇北边登滩上岸。紧接着,传来了侯香山率部成功袭击淮阳西部柳林、侯家铺一带日伪据点的消息。

农历九月初三的新月早已沉下了地平线,大地一片漆黑。夜间急行军一个多小时,安全到达东夏亭镇东北西淮太三县交界袁楼村宿营,吃过干粮安顿好后,彭司令命电台队速架电台,然后向延安、洛阳发报:

延安

毛、朱、张(闻天)、周、彭(德怀)、叶(剑英)并理治(时任中共河南省委书记,在延安参加中共六届六中全会)、少敏(陈少敏)二同志:

我部已于今日安全渡过黄河,明日遵令向豫皖边挺进。

彭雪枫

中华民国二十七年十月二十四日

洛阳

第一战区司令长官颂公勋鉴:

我游击支队奉命安全渡黄河,深入敌后,拟于近日向睢杞太方向攻击前进,恳请通知友邻部队予以协助!

国民革命军陆军新编第四军

游击支队少将司令:彭雪枫

参谋长:张　震

中华民国二十七年十月二十四日

# 十八

## 七里仓宋伯祥遇难
## 鹿邑县共产党掌权

1938年10月,日军占领广州、武汉后,中国的抗日战争进入了战略相持阶段,日本军国主义对重庆的国民政府采取以政治诱降为主、军事打击为辅的方针,从正面战场抽调主力对付共产党及敌后抗日根据地。代表大地主、大资产阶级利益的国民党顽固派集团,制定了《限制异党活动办法》,打击迫害进步势力,大肆进行防共、反共活动。在西华,地方土顽、劣绅、大地主也蠢蠢欲动,到处制造摩擦。在此形势下,令人惨不忍睹的“七里仓惨案”发生了。

这年秋天,为深入发展西华西部边远地区的抗日运动,中共地下西华县委通过楚博县政府,派共产党员宋伯祥(西华县龙池头宋桥口村人)等十几位干部到第三区七里仓联保处工作,宋伯祥任联保处主任,胡占富任文书。他们到任后,一方面秘密发展党员,建立和完善基层党组织;另一方面积极宣传发动群众,为抗日前线募款、募粮。当时,募捐、摊派的主要对象是拥有百亩以上土地的地主,广大人民群众因为生活贫困,少捐或不捐。

七里仓位于西华西部边缘,是西华县最大的一个村寨,有五六千人,分为五个保,设有联保处。这里反动势力比较猖獗。当时,以七里仓学校校长、七里仓保长、大劣绅何相臣为首的一伙反动地主,表面上拥护全民族联合抗日救国的主张,暗地里却进行着破坏抗日的反革命勾当,伺机进行武装暴乱,妄图摧毁由共产党控制的七里仓联保处。

农历十月初,西华县第三区政府向七里仓联保处摊派20条枪,支援前线抗日。这天上午,七里仓联保处把百亩以上的地主召集到联保处开会,分派捐款买枪任务。会上,联保处主任宋伯祥传达了县、区政府的会议精神,详细说明了这次开会的意图和捐枪抗日的意义,号召富户们捐款买枪。文书胡占富公布了各大户应摊的捐款数目。当时,与会富户绝大多数都接受了分派的捐款任务,有不少人还表态说:“为抗日捐款是应该的,一定如期兑现。”就在会议即将结束时,前李庄大地主、后邵村保长李邵堂气呼呼地站起来说:“哼!200 块大洋,我上哪儿去偷去抢恁些钱啊! 宋伯祥,你们这不是想活活逼死俺吗?”

宋伯祥耐心地解释道:“李保长,请你冷静一下。我刚才讲了,这次捐枪是县政府的统一部署,是为支援抗日前线,打日本鬼子用的,联保处只是将区里下达的捐枪任务,如数分解到了各大户,一分一文都没有增加。请你仔细合计一下,根据你家的土地等财产,你出 200 块大洋,这算多吗?”停了停又说,“这次捐枪,还希望你这个保长积极配合我们联保处的工作。”

李邵堂头一歪、眼一瞪接道:“哼,宋伯祥,你说的比唱的都好听! 配合,配合不是两嘴一张瞎呱啦,得出真金白银。李某人我要钱没有,要命有一条! 你们看着办吧!”

李邵堂的态度如此蛮横,是因为会前受到了何相臣的唆使。何相臣看时机到了,便开始煽风点火,蛊惑人心。他阴阳怪气地说:“依俺看啊,抗日捐款虽说是正经事,但也应量力而行,适可而止! 当官的不能为贪功钓誉而逼死人命,更不能假借抗日之名而中饱私囊!”

胡占富听罢此言,气得咬牙切齿,脸爆青筋,站起来指着何相臣说:“何保长,你身为咱联保处的绅士名人,本应积极带头为抗日救国捐款,今天咋这样说话! 你说谁贪功钓誉啦? 谁逼死人命啦? 谁中饱私囊啦?”

何相臣也毫不示弱地站了起来,皮笑肉不笑地说:“心里没玄事,不怕鬼敲门。胡文书,有理不在言高,你喊叫个啥哩? 哼,谁干的好事,谁心里清楚!”

宋伯祥马上意识到,老奸巨猾的何相臣这是别有用心,妄想搅乱会议场面,破坏本次捐款活动。要牢牢地把握住会议的大方向,绝不能让他牵着鼻子走。于是他看着何相臣说:“何校长,咱红口白牙,也都是脸朝外的人,说话要有分寸、有凭据,咋能信口开河呢!”接着对李邵堂说:“李保长,关于你家捐款的事好说,好说,会后咱俩单独再谈。你成放心啦,捐款买枪是办好事,好事咱要办好,看你说的,咋着也不能逼死人命啊!”然后巡视了一遍会场,说,“从大家以往的行动和刚才的表态来看,在座各位绝大部分都积极拥护抗日救国,是真心实意爱国的。希望大家说到做到,不放空炮,三天内交齐捐款。要是不然的话,拖了咱联保处的后腿,上面怪罪下来,大家面子上都不好看! 现在散会。请李邵堂保长留下。”

李邵堂被“席下留客”,直到傍晚还没有被放回家,这大大出乎了何相臣的预料。他心想:李邵堂大闹捐款会场,是我昨天晚上在他家鼓动的结果,如今他被联保处扣了下来,要是有个三长两短的,我身边少了个得力助手不说,他家里人也不会愿我的意呀!无论如何得想办法把他救出来。于是他连夜赶赴临颍县城,找到了大土匪头子鲁静斋,添油加醋地把联保处扣留李邵堂之事说了一遍,并请求鲁静斋亲自出面调停,救出李邵堂。

一听说把兄弟李邵堂大闹捐款会场被扣留,可能还会有生命危险,再加上西华"名士"何相臣连夜亲自来请,鲁静斋二话没说,第二天一早,便带着4名保镖骑马赶赴七里仓联保处,找宋伯祥说情放人。

那天上午,一向盛气凌人的鲁静斋对宋伯祥点头哈腰,客气了一番后说:"宋主任,我和邵堂兄弟是光屁股的好朋友、铁哥儿们。都几十年了,我了解他,他这人一张嘴就能看见屁眼子,是个直肠子,有嘴无心。这事都怪他一时糊涂,当了人家的枪使。打日本鬼子是正儿八经的事,身为保长,又是当地的大财主,他本应积极带头,咋能抗捐不交呢,简直是太不像话了!俗话说,'大人不计小人过,宰相肚里能撑船'。宋主任您宽宏大量,别跟他一般见识。再说了,不就是200块大洋嘛,这算个啥事哩!您只要放了他,3天内保证交齐,分文不少,而且以后要啥给啥,随要随到,积极响应政府的号召。放心吧,我来担保,这200块大洋他李邵堂要是不交,鲁某人我替他交上。"

宋伯祥心想,鲁静斋手里握有几百号人马,人称他"一脚跺三县,家家乱动弹",在临颍及周边地区是个响当当的人物,今天他专门来说情,而且话都说到了这个份儿上。人,路不能走绝。七里仓紧挨临颍县境,以后还免不了要和鲁静斋打交道,努力团结他抗日救国。借坡下驴,送个人情,料他李邵堂也跑不到哪儿去,200块大洋他照样得捐。于是就把李邵堂放走了。

李邵堂被放出来后忿忿不平,大失脸面,当天晚上就把何相臣请到家里喝酒密谋,发誓一定要报复七里仓联保处,"回敬"宋伯祥他们。3杯酒下肚后,何相臣眯着一对三角眼说:"邵堂老弟,咱堂堂的男子汉大丈夫,哪能受这种屈辱!今天窝囊得很,这仇是一定要报!但不知你打算咋个报法?"

李邵堂瞪着一双愤怒的眼睛说:"俺打算派人到各富人家游说,鼓动大伙儿拧成一股绳,这次都抗捐不缴,活活气死宋伯祥他们那群乌龟王八蛋。"

何相臣那头摇得像拨浪鼓似的,说:"这不中,这样太便宜了他们。依我说呀,要干,咱就痛痛快快、真枪真刀地干!"

"咋干?"李邵堂迫不及待地问道。

"组织人马,端掉七里仓联保处,夺取政权!"何相臣咬牙切齿地答道。

"端掉七里仓联保处?"李邵堂恼是恼,恨是恨,但从未敢想过这样干,于是反问道。

“对，端掉七里仓联保处！”何相臣朝李邵堂身边探了探身子，低声说，“近期，南流、张明、何庄等村的大地主联合抗捐、抗粮，闹腾开了。这事可恼坏了县长楚博，他派三区区长屈申亭，前天带领几百人马去攻打南流。今个儿我以交棉布为名，到逍遥区公所观察部队动静，探知屈申亭部攻打南流失败了，白白搭上了四五个士兵不说，他本人还挨了一枪，左脚被打了个大窟窿，已被送到许昌医院。他的部队现在情绪低落得很，而且群龙无首。眼下，国民党正在全国范围内加紧进行防共、反共活动。前几天新上任的县党部书记谢廷献是我的好朋友，他曾亲自对我说，西华由共产党控制的现状很快就要改变了，要我们见机行事，先动起来。咱可借这个机会，联络附近各大户武装，趁黑夜袭击七里仓联保处，夺回政权！”

“那好啊，老兄你出面召集人马，我领着打头阵！”李邵堂摩拳擦掌，跃跃欲试。

经过几天紧锣密鼓的准备，反动地主何相臣、李邵堂他们的报复行动开始了。

农历十月十日傍晚，群众都在吃晚饭，李邵堂带着20多人枪，由七里仓北门潜入寨内，隐藏在大地主何广金家中。稍后，何相臣指挥一部分人秘密把守四处寨门，另派一部分人伙同李邵堂带的20多人，暗中包围了七里仓联保处。晚上11点多钟，他们悄悄地将联保处工作人员的住室门锁上，然后登上房子，用大锤把屋顶砸开，一边乱往屋里打枪，一边命令屋里人统统把枪从窗户里扔出来。屋内胡占富等6名联保处干部突围不成，都当场被捕。宋伯祥因当天晚上临时另居，未被当场发现。突围后，被四处搜查的地主武装发现，他机智地爬到路边的一棵小柏树上躲避起来。但因柏树太小，人体重，树身摇晃不止，宋伯祥被追来的地主武装发现后抓捕。还有宋保信（宋伯祥之弟）等3名抗日干部不知情况有变，当天晚上从外村工作回来，走到东寨门口也被抓捕。这天后半夜，除宋伯祥、胡占富、宋保信之外，其余7位共产党干部全部被残忍杀害，尸体被扔到了七里仓王家祠堂南柏树园边的井里。第二天，何相臣带人挨家挨户搜查，又有一名联保处干部被捕遇害，尸体也被扔进了那口井里。

这天下午，何相臣命令手下再次毒打宋伯祥、胡占富、宋保信，逼其交出七里仓联保处共产党人员名单。他们一个个被打得遍体鳞伤、死去活来，但都宁死不屈，守口如瓶。宋伯祥破口大骂何相臣、李邵堂“破坏抗日救国，是人民的公敌，历史的罪人，终将受到人民群众的审判”。何相臣他们恼羞成怒，晚饭后，将宋伯祥、胡占富、宋保信三人残忍杀害，将尸体扔进了七里仓西门外南边的土井里。

更有甚者，有一名叫邵志军的老年村民，因说了句“打死人家恁些人，上级会愿意吗”，也被反动地主武装一刀捅破肚皮，肠子流了一地，当场死亡。（全国解放后，宋伯祥等11名共产党干部被追认为革命烈士，尸骨被隆重安葬；制造七里仓惨案的何相臣、李邵堂等刽子手被人民政府公开审判镇压。）

且说一天下午，魏凤楼在扶沟县国民政府办公室里接见了一位英姿勃发的年轻人。这位年轻人一进门便自我介绍说：“魏县长，我叫姜林东，是彭雪枫将军派来的。”说着，从兜里掏出一封信递了过来。

魏凤楼展开信纸，眼前呈现出几行遒劲有力的钢笔字：

魏县长：

您好！来人名叫姜林东，其来意由他与你面谈。该同志忠诚可靠，勤勉敬业，暂随你工作。盼再会！

彭雪枫

民国二十七年八月十九日

魏凤楼看罢来信，十分热情地说：“姜先生，欢迎你来我们这里工作，请坐！”然后倒了一杯开水递给姜林东，问道，“姜先生，不知彭将军要你给我面谈什么？”

姜林东接过茶杯放在面前的桌子上，说：“魏县长，说来话长啊！徐州失守后，国民党几十万大军撤退大别山，大片国土落入日本人之手，广大华中地区将很快变成敌后。日军西进、南下后，豫皖苏边区将会变成敌人统治的薄弱地带。我们计划采取‘敌进我进，打击敌伪，解放人民，深入敌后，建立豫皖苏边区抗日根据地’的方针。将来我们挺进豫皖苏边区，西华、扶沟隔着新黄河，可作为后方基地，但最重要的基地应该是鹿邑。鹿邑地处豫皖两省交界处，又是沦陷区，抗日前线，在我们即将建立的豫皖苏抗日根据地中占有重要地位。但那里的抗日力量比较薄弱，国民党县、区政府及大部分联保处，被顽固分子或地主劣绅把持着。前不久，日军进犯鹿邑县城，大肆烧、杀、抢、劫一通。在这前夕，县长张作舟及其军政要员闻讯弃城逃跑，全城百姓大都扶老携幼纷纷到乡下避难，或逃往外地，城内十室九空，城外路断人稀，秩序混乱，一派萧条。为加强我党对鹿邑抗日救亡工作的领导，同时也为新四军游击支队东进抗日做准备，彭将军及豫东特委通过统战关系，由河南第二专署专员宋克宾出面,举荐你升任第二专署保安副司令兼4总队队长、鹿邑县县长。”

魏凤楼听罢站了起来,在屋里踱了好几个来回,然后看着姜林东说:“扶沟才算刚刚稳住局势,还有大量的工作要做。我本打算像西华那样,将扶沟抗日自卫团发展到五六千人,然后拉到前线,与日伪军血战。”停了停又说,“既然鹿邑这么重要,我服从彭将军调遣,随时准备前往赴任!”

9月1日上午,艳阳高照,晴空万里,可在扶沟县城东关新黄河岸上为魏凤楼送行的人们却满脸阴云,许多人皱着眉头,唉声叹气,有几个老大娘还不停地抹着眼泪。

是啊,人非草木,孰能无情!扶沟的老百姓都清楚地记得,是魏县长亲自带领船队救出他们的亲人,是魏县长亲自主持发给他们赈济粮,是魏县长率部打垮了作恶多端、妄想占山为王的原县民团头目,突袭称霸扶沟的土匪张荫吾,保了扶沟一方平安……

当几十只大船向东南缓缓移动时,王青峰、李均、李子木、李跻青等1200多人站在船上,挥手告别前来送行的亲人及生活和战斗过的扶沟大地。魏凤楼站在最后一只船头上,双手在空中晃动着,向黑压压的人群道别:“请回吧,父老兄弟姊妹们,我们保证好好打日本!”

新黄河宽四五十华里,一望无际的黄波随微风起伏,隐约中还有半被淹没的茅屋、枯树。准备渡河东进的船只如战舰一般排列着,多么威武呀!黄河的微波,岸边迎风摇摆的杨柳,配合着东升的旭日,在欢迎魏凤楼他们破浪前进,在预祝他们到敌后取得更大的胜利!

魏凤楼他们一路高歌,扬帆南下西华,然后途经周口、纸店、郸城,风风火火地来到了鹿邑县城,接管了县政权。

鹿邑县这一届国民政府,是共产党在豫东地区实际掌握的第三个县级抗日民主政权。为加强党的领导,豫东特委和彭雪枫指示原中共扶沟县委随魏凤楼部一起来到鹿邑,更名为中共鹿邑县委。中共豫皖苏边区工委书记张爱萍也暂留鹿邑,协助魏凤楼工作。

到鹿邑后,魏凤楼、张爱萍、姜林东、李均他们首先想到的是建立一支农民抗日武装。

经过20多天的紧张筹备,鹿邑县抗日农民自卫团宣告成立。

那天,在鹿邑县政府门前的广场上,用10辆大车搭成一个台子,台子上方悬挂一幅“鹿邑县抗日农民自卫团成立大会”的会标,魏凤楼、张爱萍、姜林东、魏凤禧、林士笑等在主席台上就坐。台下站着2000多名全副武装的官兵。会议开始,魏凤楼起立高声说道:“我宣布,鹿邑县抗日农民自卫团成立了!”

他的声音还没有落地，礼炮声、鞭炮声、欢呼声便响成一片。

会场静下来后，魏凤楼继续说道："下面，请张爱萍参谋长宣布整军方案。"

张爱萍起立，向台下行了一个军礼，高声说道："鹿邑县抗日农民自卫团设司令部、政治部、参谋处、副官处和卫生处。直属部队下设第一、第二、第三大队和特务连、侦察连、后方医院等；五个区各设一个大队。魏凤楼县长兼任自卫团司令，张爱萍任参谋长，姜林东任副参谋长，魏凤禧任政治部主任，林士笑任后勤处长兼医院院长。黄文炳任第一大队队长，李跻青任第二大队队长，理至善任第三大队队长，各区大队长由各区区长兼任。部队的服装统一由土色紫花布制作，扎绑腿，佩长方形白底蓝字臂章，上印'建亭'二字。另外，鹿邑县国民政府和自卫团司令部合署办公。"

自卫团成立不久，已发展到近3000人的新四军游击支队，在彭雪枫司令的带领下，来到鹿邑白马驿整训。不用说，他们的给养大部分依靠鹿邑提供。自卫团本身3000多人的军需也不是个小数目。为此，鹿邑县国民政府召开会议，动员全县富裕户捐粮捐款，保障这两支部队的物资供给。会后，魏凤楼把工作重点放在了本县的几个大财主身上。

一天上午，老庄寨的张巳时正躺在床上喷云吐雾，管家慌慌张张地跑进来喊道："老爷，魏县长来了！"

听到这话，张巳时放下烟枪，下床快步迎到门口："啊！魏县长来了，请进！请进！"

魏凤楼跺了跺鞋上的积雪，走进客厅。张巳时慌忙捧茶、敬烟。然后试探着问道："这冰天雪地的，县长大人不在官邸内烤火取暖，光临寒舍，想来必有要事？"

魏凤楼说："无事不登三宝殿啊！张大财神，只因弟兄们没饭吃了，俺来想卖给你点东西，搞些钱给他们弄碗稀饭喝喝。"

张巳时一愣，然后笑着说："哈哈哈，鄙人知道魏县长幽默风趣，爱开玩笑。"

魏凤楼严肃地说："不！不是开玩笑，真的要卖东西。"

张巳时连忙说："魏县长，您有啥困难，尽管提出来，鄙人一定倾囊相助，咱共渡难关！您堂堂的一个大县长，再难，咋能谈到卖东西呢？"

魏凤楼装作生气的样子说："别看俺老魏穷，可从来不无故要别人的东西，你不愿买俺的东西，俺也不强卖给你！"

张巳时看魏县长面带怒容，站起来要走，就点头哈腰地说："我买我买！但不知魏县长要卖啥东西？"

魏凤楼重新坐下，愁眉苦脸地说："唉！不抗日就亡国灭种，抗日又缺枪少粮。俺这个县长无奈啊，只好变卖老祖宗留下的东西。前几天，老君台卖给了县城里的王作锡，东城墙卖给了营子寨的刘洪远，西城墙卖给了西关的陈纪五，南城墙也卖给了观堂的李万有，现在只剩下北城墙，我打算卖给你。价钱不偏不向，都是5000块大洋。"张巳时毕恭毕敬地听着，慢慢地皱起了眉头。"钱交完后，城墙归你们买主所有，但有一条要讲清楚，只能严加看管，不准动用一砖一石，哪里毁了，由你们及时负责修缮，否则，定要重罚！"

张巳时勉强挤出一丝笑容，说："县长大人的话，俺咋能不听哩，一定照办！可这么多钱，我今儿个一下子凑不齐啊！"

魏凤楼温和地说："那不要紧，近日凑好，我派人来拿。"

张巳时连忙说："不不！钱凑好后俺送去，俺亲自送去！"

"就这样定了。"魏凤楼边说边走，张巳时拦都拦不住。

魏凤楼从老庄寨回来，直冻得牙打牙。他屁股还没暖热，通讯员刘尚文进来报告："魏县长，亳州富商耿竹奇求见。"

"快请进来！"魏凤楼话音刚落，耿竹奇便走了进来。

魏凤楼笑着说："耿老板，今天刮的是哪股风啊，把你这大财神爷给吹来了？请坐！请坐！"

耿竹奇也笑着说："魏县长，你们的抗日精神，特别是你前天冒着恁大的风雪到俺家，动员我为抗日捐款时说的那番话，令俺万分感动，夜不能寐。我决定捐献5000块大洋！另外，我把你们的事迹和目前的困难向我的老乡、大绅士高士图说后，他也被你们的精神深深感动，说'与其被老日来了抢去，还不如捐给抗日队伍'，委托我送来5000块大洋。银票俺带来了。"说着，从兜里掏出两张银票，放在茶几上。

魏凤楼望着耿竹奇说："为支援我们抗日部队，你自己慷慨解囊不说，还动员朋友为我们捐款，你真是爱国商人、有义之士，我们真得好好地谢谢你呀！今中午我席下留客，请你喝酒。"

耿竹奇不好意思地说："魏县长，要说谢呀，得谢谢你们！现在东邻的亳州、西北的柘城、北边的商丘、西南的淮阳都被日伪军占领，只有鹿邑是挂着青天白日满地红中国国旗的您坐镇。听说您是抗日县长，部队纪律严明，外逃的市民们陆续回城，商店很快都恢复了营业。我们这些沦陷区的商人也争相来此经商避难。魏县长，是你们搞统战，团结各界人士抗日救国，稳定了人心，繁荣了市场，给我们提供了一个经商的好环境和赚钱的机会。俗话说，人心都是肉长的。我们商人赚了钱，拿出来一部分支持抗战，回报社会，完全是应该的嘛！”

鹿邑县抗日农民自卫团基本上是由共产党掌握，受豫东特委和彭雪枫、张爱萍领导。在不到一年的时间内，以西华抗日自卫军第一支队为骨干的鹿邑抗日自卫团发展到四五千人枪，可谓是兵强马壮，粮草充足，装备良好，士气高昂。他们在境内的惠济河袭击日军运输船队大获全胜，截断了日军从亳县到柘城的水上交通运输线；在“县城保卫战”中重创日伪军，收复了失去的县城，打出了自卫团和魏凤楼司令的威风；建立了与友军——新四军游击支队的密切关系。这一切，很快引起了国民政府第一战区长官部的关注。

1939年6月的一天，第一战区司令长官卫立煌派员来鹿邑视察自卫团。那天，魏凤楼组织直属部队和驻守在县城附近的部队近3000人接受了检阅。检阅后，王视察员讲话。他说：“我们奉卫司令长官的命令前来视察，刚才，检阅部队后，感到很满意。魏县长治县有方，鹿邑人民安居乐业。特别是他积极发展地方抗日武装，坚决抗击日寇，这种爱国主义精神实在是令人钦佩，值得我们大家好好学习！回去后，我们要给魏司令请功，并建议给你们部队一个名分……”

之后不久的一天，在和魏凤楼交手中多次吃亏的驻柘城日军，带领大批伪军，再度攻袭鹿邑县城。为避免损失，魏凤楼率部撤离县城，退守到鹿邑南部白马驿一带。

鹿邑被日军占领，形势更加严峻，魏凤楼部处境更加困难。由于国民党顽固派的压迫，宋克宾失去了专员兼保安司令的职位，除留下魏凤楼所部外，率部到河北投靠鹿钟麟、石友三，图谋新的合法名义；彭雪枫率领游击支队东进永城县书案店；日军在开封组成绥靖委员会，委任柘城张岚峰为“中央和平救国军”第四方面军总司令。从此以后，日伪军在豫东一带活动更加频繁。据此，中共中央长江局及河南省委认为，宋克宾失去专员官职后，魏凤楼的县长名义也很难保留，指示彭雪枫密切关注魏凤楼及其部队的情况。

这时，张爱萍已经调回新四军任旅长，离开了鹿邑，他留下的工作暂由姜林东负责。

一天晚上，姜林东来到书案店，向彭雪枫报告魏凤楼的情况。他说：“卫立煌派员视察鹿邑自卫团后，又派人秘密与魏凤楼接触，紧锣密鼓地做魏的工作，要收编他的部队。”

彭雪枫问：“据你观察，魏凤楼对卫立煌收编他的态度如何？”

姜林东答道:“我看魏凤楼现在是举棋不定,但总的来说是倾向于接受第一战区的编制。他曾私下对我说,被卫立煌收编后,既有了合法名义,又能得到武器装备和经费,有利于提高部队的战斗力,能更好地抗日救国。”然后又补充了一句,“眼下魏凤楼部处境非常困难。”

彭雪枫指出:“魏凤楼是原西北军著名将领,冯玉祥的爱将。西北军的特点是爱国反蒋。蒋介石对西北军一贯是采取威逼利诱、分化瓦解、各个击破的手段。他们现在拉拢魏凤楼,实际上是想借收编之名,把魏凤楼本人及其部队搞垮。我们要严肃地向魏凤楼讲明这个意思,劝他认清利害关系,以大局为重,坚持团结,坚持抗战,坚持进步,对国民党顽固派不要抱任何幻想。但我们不阻止魏凤楼接受一战区的改编,不强留他,而要把眼光放远些。可以肯定,蒋介石不会给他多大好处,相信他在碰了壁、幻想破灭之后,是会再向我们共产党靠拢的。”然后又说,“你马上转告尹景湖,要利用朱德总司令同卫立煌的关系,设法为魏凤楼谋取一个合法而又较高的职位。”

尹景湖在读大学期间就加入了中国共产党,曾任工农红军的师副政委,反“围剿”时被国军俘虏,几经周折,后来打进国民党内部,当上了河南省第二行政专署保安总队副司令。近日,鹿邑抗日农民自卫团准备“易名”时,中共豫东特委通过统战关系,顺势推荐他当上了该自卫团副司令,成了魏凤楼的得力副手。尹景湖按照彭雪枫的指示,立即到洛阳拜见了第一战区司令长官卫立煌。那天,他转交了魏凤楼写给卫立煌的亲笔信,详细报告了魏凤楼及其部队的情况,并婉转地提出了一些要求和条件。卫立煌当即表态说:“回去告诉魏凤楼司令,成放心了,收编后,他的部队按师一级单位对待。”就这样,魏凤楼很快便接到了国民政府第一战区游击纵队司令官的委任状。

# 十九

## 合德问香烟销四方<br>淤泥滩万亩稻飘香

1939年1月25日是农历腊月初六，这天晚上，中共豫东特委会议在屈庄召开。因屈申亭脚伤未愈行动不便，会议地点设在他家的堂屋内。出席会议的有刘作孚、胡晓初、屈申亭、路岩岭、郑平，自卫军副司令侯香山，洪渊、胡锡光等列席，特委机关党支部书记林泽生作会议记录。会议由特委书记王其梅主持。

会议首先通报了国民党中央五届五中全会通过的《限制异党活动办法》，传达了中共河南省委和彭雪枫给豫东特委的指示。根据当时国共合作、共同抗日的政治形势，为不给国民党顽固派进剿西华抗日根据地提供口实，上级党组织要求豫东特委停止对何庄、南流、张明三处的军事行动计划。与会人员对上级的指示进行了认真的讨论，一致认为，尽管西华部队完全有能力消灭这三处顽固势力，但整个西华根据地处于国民党统治区的包围之中，打开三处土围子，在政治、军事上都是弊多利少。胡晓初等人表示，坚决执行上级党组织的指示，不能感情用事，立即停止对攻打何庄等三个土围子的军事部署。特委用一天多的时间，认真总结了1938年的各项工作，对1939年的各项工作进行了深入细致的研究。鉴于中共西华县委书记吴剑（又名樊亚峰）和特委委员周季方，将要率自卫军凌作云、路耀林两个大队渡河东征到彭雪枫处，决定由洪渊接任西华县委书记兼第三区区委书记。会议还就如何贯彻落实上级的指示精神，展开了热烈的讨论。腊月初八上午，会议作出了五项决议：

一、鉴于楚博县长调离，国民党反动当局妄图破坏西华抗日根据地，吞并西华部队，根据省委指示，暂时接受国民政府第一战区司令长官命令，将西华人民抗日自卫军改编为"第一战区抗日自卫军第七路军"。这既顾全了国共合作、共同抗日的大局，也可解决部队粮饷、弹药的供应等实际问题。王其梅、胡晓初、王学武、侯香山、路岩岭等随军行动，掌握部队。地下电台设在军中，发报、译电人员随司令部行动，及时保证同上级联络，以防突发事变。

二、落实党中央、省委关于公开工作与秘密工作必须严格分开的指示，坚决执行“隐蔽精干，长期埋伏，等待时机”的方针，所辖地下各县委、周口镇党委要严格执行党内“横不超(过)支(部)，纵不超级”的规定，采取单线联系，少发或不发文件，有关党内指示通过密信传达。特委在根据地外的黑龙潭、周口镇设立秘密活动点，如遇紧急情况可迅速转移。

三、继续巩固特委与水东、竹沟、洛阳八路军办事处三条秘密交通线，配备得力干部，确保地下交通线畅通。

四、特委所辖各县地下党员，都要职业化、合法化、社会化，都必须勤业、勤学、勤交友。要求隐蔽地下的党员、干部要打入国民党各界，取得合法身份，广交朋友，掌握情况，等待时机，按规定只能同接头人取得联系。

五、切实巩固好西华根据地。决定特委委员屈申亭(脚伤未愈，不便随军行动)、郑平留守西华，负责在黄泛区发动群众搞生产自救，巩固和发展根据地核心区的工农业生产，支持西华部队建设。设在屈庄的造枪局要全力修理、生产枪支弹药，设在肖横的卷烟厂春节后要尽快开业生产。

腊月初八，西华有吃“腊八粥”的习俗。这天，申亭家的伙房给与会人员做了一大锅二米饭(即小米、大米、绿豆掺在一起煮的饭)。屈登瀛破冰在水塘里捞了几条黄河鲤鱼，每条都有七八斤重。他进门问胡晓初:“胡大叔，这鲤鱼是红烧还是清蒸?”胡晓初说:“这得听你其梅、作孚和郑平几位叔叔的。他们在南方老家，都是吃鱼米长大的，比咱这旱鸭子会吃鱼。”刘作孚笑着说:“鱼头剁下来清蒸，鱼身切开红烧。多放些大葱、生姜和辣椒!”路岩岭笑着说:“作孚不怕辣，其梅是辣不怕。”郑平问路岩岭:“那我哩?”路岩岭说:“你是怕不辣。”

吃饭时，望着香气扑鼻、成盆成碗的鱼，路岩岭说:“前几天，我到许昌给中心县委送文件，许昌保安大队长宁子湘请我吃饭，上了个鱼只有筷子那么长。听说那里许多人家结婚或办丧事，上供只能用面粉做个假鱼摆上。”屈申亭问:“为啥?”路岩岭说:“今年冷得很，坑里河里早就结冰冻实了，封河无处捕鱼。武汉、信阳被日军占领，平汉路中断，南边的鱼无法北运。现在大雪扑门，流冰封路，鱼市上的鱼是绝户头家的儿子——缺得很。我在王合聚家见到了东关鱼行邱老板，他说现在鱼行价高无货，歇业关门。”屈申亭放下碗筷，放声大笑道:“天助我也!”几个人都被弄糊涂了，问:“啥事啊，让你恁高兴?”屈申亭说:“烟厂的设备已齐，盘纸已购进一部分，上级给咱派的上海烟师已在途中，万事俱备，就缺购烟叶的流动资金。制烟这个事，是一次进原料，天天收成本，开业需要资金大。今年秋季河汊、洪子、水洼里到处都是鱼，群众打来的鱼吃不完，天气炎热无法外运，我让他们放到肖横、屈庄、龙池头、后石羊、西湖几个村的坑塘里、寨海子里。我给他们说，要活的不要死的，只要大的不要小的，小的长大后开春再逮，黄河春汛不来，鱼都蛰在咱黄水窝里跑不掉。给群众许的是，开春后1斤鱼给1斤谷子或高粱，让渔民度春荒或当种子。渔民们的积极性可高了，一个渔民一天多的能弄两三斗粮食，光给他们打的条子就有十八九万斤。有些渔民将1斤以下的小鱼没称就放在坑里了。除火头（乌鱼）、鲇鱼，它们吃鱼，没同鲤鱼、混子（草鱼）放在一起。许昌一带吃鱼，大部分是红鱼（黄河鲤鱼鳞金黄，鱼尾拔水为红色，黄泛区群众称鲤鱼为红鱼）。咱破冰捞捕，到许昌换回现金，办烟厂的资金问题不就解决了吗？”王其梅担心地问：“今年天冷得很，大雪几尺深，河里坑里都上实冻，地上又下流冰，就是有鱼，可咋逮、咋运哩！”屈申亭解释道：“这好办，现在地里有的是芦苇、蒲草和山川柳，在冰上点几大堆火，冰一旦裂纹比破竹竿还快。我这里有种运输工具叫‘滑车’，跟东北的马拉爬犁差不多，骡马打好掌子，包上破棉花，外部再缠上生狗皮，在冰上，一个滑车子可拖七八千斤，比大车拉得都多。咱离许昌也就百把十里路，冰上行走快，一天老早就到。”郑平说：“就是贵，鱼也不能卖完呀，不得留一部分春天给群众兑现粮食吗！”屈申亭说：“明天先试一趟，如像岩岭说的那样，春节前得将坑塘里鱼逮干卖完，大小不留，今年过年咱们也不吃。罗锅（当地人叫郑平“郑罗锅”）老弟，看来你不懂商道，在商言商。贱买贵卖，适应市场需要，一本万利不为赃。卖了鱼后，许昌那一带今年秋里收成好，回来时将粮食捎回来，一来一回省的运费，够咱运鱼路上人吃马喂和盘缠了，老百姓还能吃上便宜粮食，出滑车和牲口的人家也能挣些外快（运费）。另外，咱在郏县买的烟叶，也可拐弯捎回来。吃过饭，就叫登瀛组织年轻人破冰捕鱼。岩岭你和凌复初、王金堂，下午先到许昌找宁子湘和王合聚联系卖鱼。叫凌复初去烟行订烟叶，王金堂在粮行当过师爷懂行，叫他去联系籴粮食。”刘作孚边吃边说：“申亭老兄做生意是个行家里手，跟打仗一样，说干就干，雷厉风行！”屈申亭笑着说：“作孚老弟你取笑了，这买卖只赚不赔，只有赚多赚少之说。该出手时就出手，傻子才不干啊！”

吃罢晌午饭，屈申亭将王其梅拉到一边小声说：“卷烟厂问题不大，烟师到来后就能开业。我担心的是屈庄、肖横、龙池头、三岗、东西湖、后石羊这一二万亩地。原来是死洼子，黄水是紧沙慢淤，漫过来的黄河水在地里留下好几尺深的淤泥，个别地方漫过人，下面是胶泥底，水洇不下去。麦没种上，今年雪又大，开春后几万亩地一滩泥，人进去大腿陷入出不来，牲口进去肚子挨淤泥，得找人拽出来，咋种哩？到秋罢，民用军食没粮咋办哩！”王其梅沉思片刻说：“旱路不通走水路，活人咋能叫尿憋死！不行的话，咱就往地里撒水稻。我们家乡种秧田，稻种都是撒的。”屈申亭眼睛一亮说：“好啊，能种上就比不种强，见苗三分收！过年开春后，我再找你具体商量。咱西华县可从来也没有种过稻子。”这时，胡晓初、郑平、周季方、刘作孚等几个人走过来说：“走！到坑塘边看逮鱼去！”

他们一行人说笑着来到坑塘边，看到屈登瀛、段文丑、侯存章等十几个小伙子脱掉了棉袄，正呼喊着号子将油锤砸向冰面，几个人在已破冰的坑塘里用渔网拉鱼，坑边捕的鱼已堆成一大堆。胡晓初高喊道：“登瀛，你们快上来，穿上衣裳，别砸了！咱这儿到处是柴禾，架到冰面上放火烧，啥冰烧不化哩！”屈申亭安排人说：“快去搬柴禾，烤冰。再派俩人，去运回来几百个蒲包，准备装鱼。”

不多时，几堆大火熊熊燃烧，火光映红了冰面。池塘内的鱼由于缺氧，见冰破纷纷向上直蹦，一蹿几尺高，不时引出人们的阵阵欢笑。

第二天一早，屈登瀛、刘建功、段文丑、段彦宾骑马配枪，带着西华人民抗日自卫军的公文，押运 4 辆冰滑车，载着两万多斤鱼向许昌进发。临行时，屈申亭叮嘱道：“到许昌后，一切听从路先生安排。如果地方当局有麻烦，找宁子湘；流氓无赖找事，给王合聚说。到渔行后少说话，按行规办事。要知道行大压商，商大压行。卖鱼是给西华泛区人民过年用的，要是有渔霸敢哄抢咱的鱼，也别客气，如遇这种阵势，会有当地人给咱出面摆平的。路上速去速回，不要惹是生非。”

呼啸的西北风卷起地上的积雪在空中翩翩飞舞，搅得周天寒彻，将坐在滑车上的人的眉毛、胡子都染白了。马拉滑车像溜冰一样向许昌快速前进，下午 3 点多钟就赶到了许昌东关渔行。开始，渔行老板将信将疑，认为河塘冰封，冰天雪地哪里会有那么多鱼！当看到金鳞闪闪的黄河鲤鱼从滑车上卸下来时，喜出望外，高兴得合不拢嘴，立即叫人挂出大幅招牌：黄河鲤鱼两万多斤，明天早上上市。

第二天天还未亮，买鱼人就在门口等待开市。

渔行刚一开门，就看到屈登瀛等 4 名青年军官身配手枪站在两边，帮助行务维持秩序，凌复初、王金堂等人参与过秤、算账、收钱，秩序井然。物以稀为贵，价格高得惊人，别说 1 斤高粱换 1 斤鱼，就是 5 升高粱也换不了 1 斤鱼。冬季天黑的早，下午 5 点多钟，暮色降临，路岩岭一行十多人带着三滑车粮食和一滑车烟叶赶回屈庄。屈申亭叫凌复初、王金堂到肖横卸车，并告诉他们说："卸完烟叶快回来，咱一块儿吃晚饭。"

屈申亭听罢路岩岭详细介绍卖鱼的情况后说："这事儿你负责，春节前要千方百计地将鱼捕光卖净。春天开河鱼多，鱼价必落。年前是鱼市旺季，要抓紧时间，下一趟多弄几辆滑车。"

屈申亭家3间东屋内灯火通明，两张八仙桌上凉菜、热菜摆得满满的。掌灯时分，卸车人都回来了。凌复初又领了两个陌生人。他介绍说："这是上级给咱派来的烟师郑富贵和赵云川。"屈申亭请新来的二位烟师上坐。席间，屈申亭说："万事俱备，春节前要试产，正月十六要正式生产。过年要吸口自己生产的卷烟，不能叫战士们再拾烟把儿吸了。"凌复初当场表态说："你就放心吧，这没啥问题！"屈申亭端起酒杯，十分高兴地说："来，来，来，为咱们卷烟厂试产共同干杯！"

农历正月初八上午，在肖横寨内金树章的家里，王其梅、胡晓初、刘作孚、屈申亭、路岩岭等人一边品尝试制的香烟，一边听厂长凌复初汇报。凌厂长说："根据生产需要，厂内共设有烟叶分检班、烟丝刨制班、烟丝配料班、质检包装班、购销经理部、厂长办公室，共招收工人120名。班长都是咱们的骨干，政治上可靠。工资分配采取计件工资加奖励，多劳多得。有些工种不能计件，取工资的平均数。"王其梅等人对烟厂的工作表示满意。屈申亭对凌复初说："工人的伙食要搞好，只有吃好，才能干好。今儿晌午就吃工人伙，工人吃啥咱吃啥。你们不要怕赔。咱烟叶是鱼换的，1斤鱼换好几斤烟，没人给咱要税，地皮、厂房不出钱，净利。工资平均数不能比漯河、许昌的工人低。只有叫掏劲的人能养家糊口，才能聚住人啊！"凌复初说："烟厂办好了，工人们的收入不会成啥问题。哎，趁恁几个领导都在，给咱的烟取个名吧！"胡晓初说："你是厂长，你是咋想的？"凌复初说："郑、赵两位师傅都是原上海哈德门烟厂的配烟师，咱烟的质量能赶上哈德门香烟，是不是也用'哈德门'这个牌子？"王其梅摇了摇头说："国人都知道哈德门烟厂叫日军炸毁了，一年多都没恢复生产，如今突然冒出哈德门牌子，谁信呢！"屈申亭对烟厂的事早有考虑，一口气说道："日本飞机炸咱的烟厂，不叫在国门口生产，咱在内地生产，叫哈德门'哈'字的'口'字放到'门'里边，叫'合德问'，不重它的牌子。在烟盒上印上'抵制日货，请用国货，团结抗战，决不妥协'字样；烟厂就用肖横西边那条小河的名字，叫'拐子河卷烟厂'。老百姓吸旱烟多，再买几部刨烟机，烟丝也用'合德问'牌简易包装。过年不停产，轮流放假3天，假期给工人加几个钱。

试制产品立即上市，价钱要公道，先打开市场。”大家一致同意这个意见。胡晓初提议说：“厂名、香烟牌子和‘合德问’商标，请咱西华著名书法家、不提鞋的梦寒先生写。”屈申亭说：“好！我明天就到北凌请凌梦寒先生！写好后，赶快送到许昌制版印刷。”

正月十六，肖横拐子河卷烟厂内经营卷烟、烟丝的商贩人头攒动。经过20多天的试销，因物美价廉，得到市场好评，今天来交款订货的，除回头客外，还有大量新客户。不到一上午，所有产品销售一空，还有几十人等待提货。屈申亭、路岩岭和凌复初商议，改一班生产为两班生产，包装工人不够用，就再招一部分。香烟、烟丝畅销扶沟、商水、周口、沈丘、界首、漯河、许昌、汝南、上蔡、淮阳、太康等地。

据现存资料记载，拐子河卷烟厂前8个月就获纯利润400多万元。为根据地的巩固、部队的建设提供了经费支持，同时也缓解了部分灾民的生活困境。77年后，91岁高龄的后石羊村民张田老人回忆说：“当时我才14岁，在肖横烟厂包烟。白面卷子随便吃，秋罢打下稻子吃大米饭。一月发3块钢洋，三五天改善一回伙食，干的多（超产）了有奖励！比上外边逃荒要饭，强哪儿去了！”

正当卷烟厂的生产经营红红火火地进行时，没想到种稻子的事却遇到了很大的阻力。

二月二，龙抬头，正是大地回暖、春耕备播的时节。王其梅、刘作孚、屈申亭、路岩岭等人来地里察看。他们用竹竿插地里几尺深还不到底。王其梅说：“这黄河冲来的淤泥肥得很，适合种稻子。”路岩岭说：“在西北军时，我随吉鸿昌到过宁夏。那里比咱这儿冷得多，雨水少，靠黄河水种稻子。咱这儿种稻子，也中，说不定还会大丰收哩。”几个人一商量，说干就干。路岩岭道：“扶沟稻区农谚说，稀麦稠稻害死人。稻子发大墩，不能稠了，我看一亩地撒一两斤种子就差不多了。”

几天后，屈申亭派人从正阳县购回了3万多斤稻种，准备借给群众种植。屈申亭、郑平、刘学敬他们开了几次保长会，宣传发动村民种稻子。群众反映说没种过，心里没底儿，都不愿意种。屈申亭家几个兄弟说将稻种领回去先试试，结果一棵也没出。后来一问才知道，他的几个弟媳将稻种舂成大米给熬吃了，气得屈申亭直跺脚骂人。一些群众还编成歌谣发泄不满：

司令净出歪点子，
稀泥窝里撒种子。
淤泥地里能收粮，
除非日头出在西。

清明已过，谷雨将至。经过反复动员，屈庄、龙池头、肖横、后石羊、三岗、西湖等几个村的一些党员、群众骨干种了近千亩，试试看。屈申亭对他们说："只管种，收了还种子，要是不收，秋罢种子俺也不要了。"

临近谷雨，还有两万多斤稻种躺在仓库里睡大觉。王其梅、胡晓初、郑平、路岩岭等人也十分着急。屈申亭给他们几个说："农时可不等人啊！不然的话，秋罢咱这些人吃啥哩？"胡晓初说："叫队伍去撒种。"屈申亭说："这是个好办法，咱就动用部队！"之后，他回到屈庄开会发狠话说："谁不愿种都中，反正地归公。谁种谁收，共产党的书上说了，'不劳动者不得食'。庄稼人不下地干活，就别想吃饭，成只有等着喝西北风了！"几个兄弟见老二发了火，就给老少爷儿们说："只要走得动的男女老少，明天都下地，只管把种子撒上，不管谁家的地。种在人，收在天嘛！"第二天，胡晓初、王其梅领着 500 多人，自带干粮赶到地里。胡晓初对部队官兵说："不论谁的地，不分边界，管撒就撒。县政府前不久曾发布告说，泛区土地无人耕种，免收租税，谁种谁收。"

当时，几百人到地里撒稻种进度很慢，地里淤泥太深，人没法站立，再加上背着稻种，进到地里腿根本就拔不出来。屈申亭就叫战士到村里挨家挨户借门板，放在田里，又找来许多陶盆，将种子放在盆里，用绳子一头绑住陶盆，一头系在腰上，人伏在门板上拉着撒。这样干了几天，剩下的两万七八千斤稻种全都撒在了淤泥窝里。

谷雨过后气温回升，土地温度高，湿度大，撒种后三天，下了一场中雨。望着破土而出的秧苗，屈申亭兴奋地对郑平说："见苗三分收，今年粮食有指望了。"郑平望着田里发芽的稻种说："现在坑塘河汊到处是水，可让群众多买些鸭苗，将来收了稻子，稻田也可以放养。在我们家乡，每年都有专门在稻田放鸭的。"屈申亭安排刘学敬说："这事儿群众能接受，给附近的几个保长布置一下，要求每家每户养鸭 50 只以上。买鸭苗有钱给钱，无钱赊账，秋罢还钱。告诉卖鸭苗的人，到时要是欠账不还，咱卷烟厂担保。"此后不久，大批幼鸭、幼鹅陆续流入屈庄一带的村庄。

小满时节，屈庄、龙池头、肖横、前后石羊、东西湖、三岗、北凌等村边的坑塘里、河汊里，上百万只幼鸭、幼鹅在游荡戏水。芒种过了六七天，上边来的洪水从洪子里溢出来，将一二尺高的稻子淹得只剩一个个头。水来得快，下去的也快，一天一夜后，稻苗全部露出了脸，等于给稻田既灌了水又施了一次肥。日照长、水温高，稻子一天一个样。同时，田间的水草也随着疯长。

一天，屈申亭请郑平等人到田间看稻子的生长情况。吃午饭的时候，他皱着眉头说："稻子长得是不赖，但地里水草也疯长起来了。前两天来水，也没把草淹死，咋办哩？"郑平说："你别愁，给你借来几十万精兵帮忙，保证兵到草除。"屈申亭放下筷子，望着他问："净瞎喷，罗锅老弟，你从哪儿借来恁些精兵？"郑平故意卖关子，说："吃过饭再说。"屈申亭一本正经地说："你要不说，今儿中午饭我都吃不下去。嗐，这两天，我都快愁死了。"郑平放下筷子，说："将群众养的鸭子赶到稻田里放养。鸭子在田里连吃带踏，稻老草嫩，过不几天，草就被消灭了。草再生，鸭再吃，鸭子越长越大，吃草越多。再说了，稻田里到处蛙声阵阵，蝌蚪、小鱼、小虾等水生动物有的是，鹅鸭不用喂，比喂长得还快。我们家乡种稻子在稻田放鸭，长得快，下蛋早。放鸭人到田里放鸭，田主人还得管饭摆酒哩！"屈申亭满脸堆笑，说："这办法好！稻田放鸭下蛋早，又省饲料，又灭草，真是一箭多雕啊！"他当即安排警卫员段文丑说："去找几个人，先叫咱几家喂的几百只鸭子都给我轰西地去。"段文丑问："赶稻田里丢了咋办？"屈申亭不耐烦地说："丢了不要！长稻子的都是咱的地，丢到哪儿去啊？只要在稻田里吃草就中。"这时，屈申亭的妻子王居香将一筐热腾腾的蒸馍端了进来，屈申亭拦住她说："蒸馍先放旁边冷着，甭慌，今儿个高兴，俺弟兄几个再喝两杯。"刘学敬满脸带笑，提起酒壶说："好啊，再喝几杯！但先说好，咱就这壶酒了，喝完为止！"几个人连说带笑，很快就将酒壶喝了个底朝天，方才吃饭。

吃过饭，他们到了稻田旁，看到几百只鸭子在田间戏水，逍遥自在地吃草。郑平对屈申亭说："要在高处搭些鸭棚，让放鸭人挡风避雨，晚上住。鸭子不要每天赶来赶去的，一直放养到收了稻，还能再放上两三个月。"屈申亭高兴地说："周围村上有100多万只鸭，在地里养恁些天，光饲料能省多少吧！在家里喂，哪只鸭一天不得一二两料，光料管省上千万斤，这不是白拾的嘛！"他对刘学敬说："家家都有棍有草，鸭棚好搭，几家合伙找个人看管。附近各庄的鸭子都轰到稻田去，看鸭人每天发给他两斤小米，足够吃了，将来稻田里鸭蛋给他分成。明天就将鸭子往稻田里轰，庄内不能有鸭鹅，先从俺屈庄开始。"

从第二天开始，方圆一万多亩的稻田里，到处都能听见鸭子的欢叫声。随着鸭子的叫声，田间的杂草、蝌蚪、小鱼、小虾，通过鸭子的肠道变成粪便，均匀地撒在了稻田的各个角落。鸭子在田里不停地游来蹚去，稻秧根部受到刺激，迅速生长。鸭子在无边无际的空间里，饲料足、水草美，像被空气吹着生长的，一天一个样，一个个毛光油亮。村民们都乐呵呵地说："稻田里放鸭是灭草、施肥、养鸭，一举多得。这样种地，地越种越壮，咋会种不好哩！"

农谚说："立了秋，秋风凉。"处暑过后，艳阳高照，秋高气爽，阵阵秋风将万亩稻田吹得一片金黄，原来长得一人高的稻子被沉甸甸的稻穗压弯了腰。望着一片丰收的景象，群众中又传出了新的歌谣：

个高胆大屈司令，
铺门拉盆撒稻种。
春天动员无人种，
土地集中归了公。
百万鸭子下稻田，
灭草上粪一遍清。
稻子长得漫住人，
打的粮食无处盛。
百姓吃，队伍用，
家家户户都高兴，
都高兴！

望着成熟的稻子和已经开始下蛋的肥鸭嫩鹅，老百姓笑得合不拢嘴。屈申亭叫来老四叔说："听说后石羊王金蓝和西湖刘建功家，种的稻子一亩地打六七百斤，俺咋不信哩！你找俺大哥、老三、老五、老六、老七他们，先将靠场边的那十来亩割了打打，看产量咋样。稻子不像麦，无糠无芒，好打好扬。"

第二天下午，稻子扬净灌装过秤，这一下人们可惊呆了。老六屈守志找到屈申亭说："二哥，不得了，你猜猜那地打了多少？"屈申亭问："3000 斤？"屈守志伸着手说："再往上加！"屈申亭又问："4000 斤？"屈守志说："还得加！"屈申亭边走边说："别加了，我去看看吧！再好的麦一亩地也就打四五斗，咋会打恁些稻子啊！"

打谷场里站满了男人，妇女们站在场外指指点点，又说又笑。屈申亭对站在场边的屈申业妻子说："大嫂，现在妇女脚放了，翻身了，男女平等，老规矩不兴了，都进场，进场，今年收割还全得指望你们哩！"话音刚落，妇女们"轰"

的一声都冲进了场内。“二哥,你看几家的口袋都拿出来了,也装不完。”几兄弟纷纷向屈申亭诉说。屈申亭想了想说:“各回各家拿口袋,按人口,大人 50 斤,小孩 30 斤,分回家先吃着,记上账,收完稻子再统一分。”小孩子们拉着大人的手喊着:“要吃大米饭了!要吃大米饭了!”高高兴兴地回家拿口袋去了。

分完稻谷,屈申亭和十几个人坐在稻草上一合计,10 亩稻子共收了 7610 斤。老大屈守业高兴地说:“老二,过去都说是一麦顶三秋,咱这稻子产量可是一稻顶三麦呀!就是按低的平均 600 斤,一季打的两三年也吃不完啊!”老四叔捋着胡子说:“稻熟一晌,蚕老一时。咱庄就这么多人,别说运了,光割啥时能割完?这年头,外边来的灾民拾庄稼的多,谁看得住?”段文丑拍着腰间的手枪大声说:“四爷你放心,咱有枪,有队伍,看哪个赖种儿敢下手?”老四叔接着说:“要是遇到刮大风,下连阴雨,或者是黄河上边来大水了咋办?我看了一下,稻子长得鸭子都钻不进去,割的慢,咱庄男女老少走得动的都下手,也得割俩月多,别说是运了、打了。”大家一阵沉默。停了一阵子,屈申亭站起来说:“明天,全庄男女老少统统下地割稻子,谁不去不分粮食。另外,我和文丑到黑军寨和周口去搬兵。”并安排段文丑说,“叫凌复初、王金堂到叶埠口上徐订制 800 把镰刀,安好把子送来,交给老四叔他们,磨好备用。”

第二天一早,屈申亭和段文丑骑马飞奔前不久移防周口镇的西华部队司令部,同胡晓初、王学武、侯香山商定:以野外训练的名义,每次 4 个连队 500 人的规模,返回西华根据地收稻子,5 天一轮换。胡晓初说:“一战区拨有粮饷,部队自带炊具粮秣。”屈申亭说:“不需要带粮秣,只带行军锅就中。现在咱家里有鸭、有蛋、有鱼、有米面,不像春天那时候青黄不接,口粮紧张。”侯香山说:“中,快过八月十五啦,省下的伙食费给兄弟们买几个月饼,让他们回家看看,离家好几个月了!”

两天过后,稻田里红旗招展,人头攒动,上千把镰刀在田间挥舞,发出“嚓嚓”的悦耳响声,如同在演奏一曲欢快的田园交响乐。天高云淡,秋风习习,可收割稻子的人们还是满头大汗。妇女们将饭菜担到了田间地头,白发苍苍的老人们在地头给青年人磨镰刀,儿童团的小朋友在田间唱着歌拾稻穗,运送稻子的大车、小车在田间穿梭,放鸭人在收割后的稻田里牧鸭。好一派田园牧歌景象!

一天上午,一位在漯河驻防的西北军旅长,带着 4 名随从回家探亲经过此地,看到军民关系如此融洽,一片丰收、和平景象,非要见见屈司令不行。当天中午,屈申亭在家设宴款待了他。席间,这位少将旅长不禁感叹地说:“上峰成天说西华三岗、屈庄一带是匪区。净瞎说,天底下有这样的匪区吗!”屈申亭笑着说:“听说你们上峰要剿我们。我也在咱西北军干过,上峰真要派贵部剿我们,老兄您可要手下留情呀!”旅长拱手答道:“我亲眼所见,这哪儿是匪区啊,分明是人间小天堂! 哼,谁想剿谁剿,‘煮豆燃豆萁’的傻事,反正我不干,留着力气打老日个龟孙!”

下午,王其梅、刘作孚在屈庄遇到几个正在忙碌的年轻妇女,她们的衣服全都被汗水湿透。王其梅关心地问道:“干什么活啊,累这么很?”屈申亭的六弟媳边擦汗边说:“王先生,这几天吃饭的人多,大家都愿意吃新米,舂米都把我们累坏了。”王其梅告诉她说:“套上牲口,先在石磨上将稻子擂两遍去壳,用簸箕簸稻壳子,再舂细糠,米人吃,壳不要。筛出来的细糠喂鸡鸭,喂牲口,是好东西。”屈守志的妻子连声说:“中,真中! 我这就去牵牲口套磨擂稻壳,这一下可就快多了!”

仅十来天工夫,稻子全部收完垛好。放眼望去,1 万多亩的连片稻田里,只有成群连片的鸭鹅在打扫战场,一些群众在毛毛细雨中收捡鸭蛋。当连阴天到来时,群众望着一个个高过河堤的大垛,得意地说:“老天爷你下吧,再下俺也不怕了。”

这年腊月二十三上午,被党组织转移到许昌的胡雪琴悄悄地潜入屈庄屈申亭家。几位大娘、婶婶问这问那,关怀备至。有个婶婶说:“该过年了,雪琴,咱家有笔墨有红纸,你给写写对子吧! 往年都是你登瀛哥写的,今年他跟着你爹出去了,不在家。你在许昌上过中学,在延安上过抗大,今年该你写了。”裁好纸,研好墨后,胡雪琴问:“写啥?”一个婶子指着满装米面的缸盆说:“写有米有面有柴禾。”胡雪琴又问:“下联呢?”另一个婶子指着挂起来的鱼肉和堆在床边的蒸馍说:“有鱼有肉有蒸馍!”话音落地,引起满院人哄堂大笑。胡雪琴笑着说:“这副对子好,真实、喜庆。我看横额就写‘幸福过年’吧!”“中! 中! 这叫你爹妈的意思都写上了。”说话间,屈申亭来到了桌子前。他说:“今晚是二十三祭灶,连同给俺大侄女接风,多做些好菜,晚上送老灶爷升天。”

当天晚上,在屈申亭家的堂屋内,男女老少围着两大桌酒菜谈笑风生。胡雪琴望着丰盛的菜肴说:“没想到咱黄水窝里今年收成真好,鸡鸭鱼肉家家有,大米白面吃不完。”屈申亭说:“靠山吃山,靠水吃水。只要叫咱当家做主,咋能会没吃没喝哩。”老大屈守业说:“只要把老日这些龟孙们打跑,咱们老百姓就能过太平日子啦!”老六屈守志说:“赶走老日,国民党里那些压迫咱们的赖货,不清除也不中!”几个妇女围住胡雪琴说:“雪琴,你这闺女到过延安,见过大世面,你说说叫小鬼子赶走了,咱中国将是个啥样子?”胡雪琴喝干端在手中的酒说："赶走了日本鬼子，咱农民按人头分地，一人一份。在延安我听毛主席、朱总司令讲课时说，打土豪、分田地，就是彻底实行孙中山三民主义的'平均地权'。"几个婶子说："人人有地种，又不给财主交粮食，打的粮食吃不完，成过好日子了。今年的稻子打得就没地方放。"屈申亭接住话茬说："到时候，小麦、稻子1亩地打它个七八百斤，顿顿吃大米、白面，咱屈庄也修成柏油马路，和他们城里一样。"老三屈炳川问道："二哥，那打的谷子、高粱、黄豆、玉米、绿豆杂粮咋弄哩？"屈申亭说："杂粮就不会喂鸡、喂猪、喂牲口。现在吃米面油，到那时吃肉、吃蛋、喝牛奶。地合在一块办集体农庄。卫营的魏凤楼跟随冯玉祥去过苏联，他给我说过，苏联现在是'耕地不用牛，点灯不用油，犁地是拖拉机，点灯用的是电灯'。""咱这儿啥时候能走到那一步啊？"几个妇女同声发问。屈申亭说："只要咱努力，打败小日本，清除反动派，说不定咱中国不但能赶上苏联，还能超过他们呢！""嘿！咱就盼着那一天早点到来呀！"大嫂拍着大腿说。一顿饭，连吃带说带笑，热热闹闹吃了两个多小时。

饭后，屈申亭安排家里人说："嘴要严谨，雪琴回来的事，谁也不能说出去。"然后告诉雪琴说，"你明天到老家看看你妈，给她捎去点钱。81师一部已进驻逍遥，估计年前不剿咱，过了年也会来剿。后天我叫文丑护送你娘俩儿走。到许昌后，要听从地下交通站的安排，先隐蔽起来。另外，我和你爹、王先生等人说过的事，有些话一辈子只能沤烂肚里，不能对外人说。"说罢，叫家人拿过来30块钢洋，硬塞给了胡雪琴。

# 二十

## 顽固派改编自卫军
## 子弟兵奔向豫皖苏

1938年10月，面对八路军、新四军在敌后战场迅速发展的现状，国民党顽固派积极实行限公、反共的方针。在此形势下，国民党军政当局清楚地看到，由共产党领导的西华人民抗日自卫军，是豫东革命力量的中心支柱，只有首先扼杀这一武装力量，才能达到牢固控制这一地区的目的。于是，他们首先于1938年12月撤换了与豫东特委有统战关系、同情并支持西华自卫军的第一战区第七行政公署专员刘莪青，改由思想反动的刘庄甫接任。然后下令撤销了楚博的西华县县长职务，以到洛阳"述职"为名，将其扣押，后转至西安，经多次刑讯毒打后，竟然将这位年仅30岁的抗日县长秘密杀害。与此同时，国民党西华县党部书记谢廷献，暗中煽动何庄、张明、南流等村的反动地主拒交抗日粮款，公开以武力和县、区政府对抗。他还纵容七里仓劣绅何相臣和后邵村反动保长李绍堂，残忍杀害共产党派往七里仓的联保主任宋伯祥等11位抗日干部和1名无辜的群众。紧接着，又传来了国民政府第一战区要改编西华部队的消息。

得到第一战区要"改编"西华部队这一惊人的消息后，王其梅在西华部队司令部连夜主持召开豫东特委会议，通报情况，研究对策。组织部长周季方首先发言，他分析道："目前就全国的形势来说，国民党顽固派消极抗日，积极反共，大环境对我们很不利。国民党军政当局十分害怕西华抗日自卫军，千方百计限制我们，找借口要对其进行改编。他们这样做的目的，是'司马昭之心，路人皆知'，那就是排斥异己，要进一步打压西华部队。"

宣传部长郑平性格直爽，一语破的："哼！他们这是黄鼠狼给鸡拜年——没安好心。如果我们无条件接受改编的话，西华部队不久将被他们吃掉。"

胡晓初一脸沉重，语调低沉："嗐，要真是那样的话，我们这么多年的心血和汗水,算是白费了、白流了!"

刘作孚年轻气盛,一跺脚骂道:"他妈的,那些混蛋说人话,干鬼事。哼!这是破坏抗日民族统一战线!他们不得民心,不得好死,将受到历史的审判!"

屈申亭更是怒不可遏,一拍桌子喊道:"决不能让这帮王八蛋的阴谋得逞,咱得想办法对付他们!"

王其梅为将讨论引向深入,强压怒火提示道:"同志们,我们大家的心情和看法基本上都是一致的,现在的问题是,如何阻止他们改编西华部队?"

因"改编"一事来得太突然了,大家都没有思想准备,一时皆低头不语,苦想对策。当时仍是国共"抗日民族统一战线",所以也有个别与会人员对国民党军政当局抱有幻想,对"改编"一事朝好的方面想得过多,对下一步如何走,犹豫不决,举棋不定。

最后,王其梅说:"我提议将这件事迅速上报省委,请求指示。同时,我们也要做好谈判的准备,积极争取条件,尽量拖延时间。"对这个提议,大家一致通过。

其实,中共中央长江局和河南省委早就预料到会有此事发生,并已经得到了"改编"西华部队的确凿消息。鉴于中共中央公布的《国共合作宣言》所作的"在国民党统治区取消一切推翻国民党政权活动"的承诺,从抗日统一战线的大局考虑,指示豫东特委暂时接受一战区改编,伺机率西华部队奔向豫皖苏,加入彭雪枫带领的新四军游击支队。

面对急剧逆转的形势,以王其梅为首的豫东特委经过深思认为,长江局和省委的指示是十分正确的。在国共合作一致抗日期间,我们一定要坚定不移地维护抗日民族统一战线。尽管国民党军政当局改编西华部队的目的是先拉过去,再进行分化,最后吃掉这支部队,但是主动权在我们方面,可以坚持在统一战线内部独立自主的原则下,接受国民党军的改编。这样,一方面可以解决部队的给养,减少当地老百姓的负担;另一方面可以掩护地方工作的开展;同时还可以通过加强内部团结方面的教育,始终保持党对这支队伍的领导权,继续坚持豫东敌后的抗日斗争。上述意见向中共河南省委和彭雪枫司令汇报后,经批准,西华人民抗日自卫军接受了国民政府"第一战区抗日自卫军第七路"的番号。

此前,西华部队的代表与国民政府第一战区长官部官员,进行了反复艰辛的谈判。

经王其梅等豫东特委领导研究同意,西华部队的代表向第一战区谈判官员提出了接受改编的三个条件:一是听管不听遣。其理由是,这支部队是本地人民在日寇逼境时,按照蒋委员长“地无分南北,人无分老幼,皆有守土抗战之责任”的号召和省政府的有关要求,自发组织起来的抗日武装,它以抗日保境安民为宗旨,决不能调离老家豫东地区;二是第一战区应足额提供武器、弹药、被服、粮秣和经费;三是部队所有军官都要保留,不得调换,更不得压制和迫害。经过多次艰难的谈判,国民党军政当局最终接受了这三个条件。

1939年初春,国民政府第一战区司令部下令将“西华人民抗日自卫军”改编为“国民政府第一战区抗日自卫军第七路”,并派蒋介石的嫡系军官庞国均任这支武装的司令。同时,还委派了参谋长、政治部主任、军法处长等要害部门负责人和一批工作人员。

庞国均很快便来到西华县逍遥镇自卫军司令部走马上任。

庞国均,字蘅裳,号鹤缘,江苏吴江县人。清末举人,民国知名书法家、诗人,抗日爱国将领,少将军衔。其实,他根本不乐意担任这个“第七路”军司令,走马上任是不得已而为之。来到西华后,他通过了解和观察,很快便发现西华部队接受改编后士气低落,有的甚至是牢骚满腹,与当地民众斗志昂扬的抗日情绪形成巨大的反差。这就更进一步坚定了他当初的看法:国民党军政当局改编西华部队的动机不纯,是逆势而动,违背民心,将来不会有好结果。于是他毅然辞职,悄悄地离开了西华。

不久,“第七路”军司令由第七区专员刘庄甫兼任。胡晓初任副司令兼第一支队队长,侯香山任副司令兼第二支队队长。

国民党当局为削弱共产党对西华部队的领导,改编之初,首先提出取消部队中的政治工作,为保存力量,豫东特委接受了这一要求。但特委的几位主要领导仍然隐蔽在“第七路”中,始终掌握着这支队伍。在部队改编的过程中,他们非常重视政工干部在部队的存在和政治工作在部队的开展。首先,在部队的编制表上,将政工干部填为副连长、副排长、副班长以及文书、参谋等,张冠李戴,以假乱真。要求政工干部的活动必须先党内后党外,严禁泄密,不准暴露身份。谁若泄密或暴露身份,则要受到严厉处分。一天,豫东特委委员王学武发现有一个叫何肇东的副排长被国民党军统特务重金收买,泄露共产党组织及“第七路”机密,还秘密策划,准备带领一个班逃跑,他当机立断,连夜派人把何肇东拉出去枪毙了。

1939年5月初,国民党以周口地段河防吃紧为借口,下令调“第七路”军到周口驻防,阴谋调虎离山,釜底抽薪,使部队离开西华,另一方面是让部队驻周口以便控制。王其梅等豫东特委领导考虑到,部队进驻周口,可以扩大抗日救亡的范围，而且可以通过与刘庄甫针锋相对的斗争，结成广泛的抗日民族统一战线。经上报中共河南省委批准后，西华部队移防周口镇，司令部驻西寨，一支队驻沙河北，二支队驻沙河南。

之后，一场控制与反控制的斗争开始了。

刘庄甫是河南光山人，日本陆军士官学校毕业，军阀混战时曾做到镇守使。他原是老同盟会会员，并非蒋介石的嫡系，对蒋也有看法，但他积极反共，又十分圆滑，口头上常说自己是坚决抗日的。兼任“第七路”军司令后，他对这支部队很不放心，整天提心吊胆的。为牢牢掌握部队，他除派大量的心腹在部队任职外，还经常以“司令”身份亲自出马刺探军情。王其梅、胡晓初、侯香山他们根据当时的情况，除加强对部队坚持抗日、团结人民的教育外，还领导部队与刘庄甫展开了针锋相对的斗争。有一次，刘庄甫带着警卫员突然闯到二支队三营八连连部。他一看部队不在，就气势汹汹地质问连长：“营房空无一人，部队都到哪儿去了？”连长按照事先想好的对策说：“副连长带着打野味去了。”一句话搪塞了过去。其实，为团结和发动群众，树立部队形象，豫东特委号召部队支持工农业生产，这天八连到附近的村庄帮助老百姓收麦子去了。

刘庄甫经常在星期一召开排以上的军官会议，星期六召开全体人员会议，一讲半天，大放厥词，接连不断地放毒。王其梅他们把“消毒”工作作为部队的政治工作来抓，凡刘庄甫讲一次话，他们就针锋相对地加以反驳消毒。

为了更好地对付刘庄甫他们，消毒及政治教育工作往往是采用办识字班学文化的方式进行掩护。他们事先在黑板上写几个汉字，刘庄甫他们查探时，就报告说“部队在学文化”。有时让一名军事干部坐在最前面的一个角上，门口放上岗哨，若有不三不四的人来，马上由军事干部讲《步兵操典》。就这样，一次次挫败了刘庄甫分化、瓦解部队的阴谋，使部队在刘庄甫的眼皮底下，照常进行政治教育和抗日救亡宣传活动。

然而阴险狡诈的刘庄甫经过一段观察后，发现部队里有些外地人，怀疑他们是共产党员，便设法驱除和迫害。一天，他指着部队花名册上一个参谋的名字对胡晓初说：“听口音这个王其梅是南方人，年轻，有学问，在部队又有威信，要是派他到洛阳培训培训，将来一定会大有前途。”胡晓初知道他们怀疑王其梅，要对其进行迫害，就说：“这个人说是一支队参谋，其实干的是文化教员的活。按说你也是好意，派他去洛阳受训是好事，对他以后的前途有利，不过眼下部队正在学文化，士兵们可喜欢他这个文化教员了。过几天，找到合适的文化教员后再说吧。”胡晓初说得有理有据，刘庄甫干翻白眼没有话说。

几天之后，中共河南省委批复了王其梅的要求：离职返回西华组建武装，将西华部队暂时交给豫东特委委员王学武领导。

1939 年 7 月，中共河南省委派副书记、组织部长向明兼任豫东特委书记，以加强对西华部队和豫东地区的领导。向明到达周口后，带领豫东特委坚决贯彻执行党中央“坚持抗战，反对投降；坚持进步，反对倒退；坚持团结，反对分裂；团结一切抗日力量，争取抗战胜利”的基本方针，针对国民党顽军的一系列反共摩擦，领导“第七路”军做了大量的工作。

不久，中共河南省委通过统战关系得知：国民党当局为达到吃掉西华抗日部队的目的，正在秘密设置调“第七路”军去舞阳“整训”的陷阱，形势日益恶化。

豫东特委一面观察动静，一面作突围东进的准备。

10 月下旬的一天，刘庄甫接到了第一战区司令部的电令：“速带第七路军去舞阳整训。”他心里有鬼，怕带不动这支队伍，便耍起了鬼花招。一天晚上，他突然找胡晓初和侯香山诈称道：“洛阳司令长官部认为我们第七路抗日有功，要提升为正规军，到舞阳整训后，改编为孙连仲部的一个师。”并且说，“你们任正副师长，我老了，不再兼任了。”

胡晓初和侯香山觉得这事来的太突然了，心里没底，只得一笑了之，敷衍了过去。随后向向明和王学武作了汇报。他们研究决定：立即派人到舞阳探听情况，同时做好东进豫皖苏的准备。

恰在此时，“竹沟惨案”发生，国民党顽固派公开屠杀新四军竹沟留守处将士和爱国人士。周口镇邮电局局长、地下中共周口镇委书记白翌（原名白树屏）从竹沟党训班星夜返回，向豫东特委报告了“竹沟惨案”的噩耗。

11 月 12 日傍晚，豫东特委在周口南郊的一处地下交通站召开会议。这次特委会议是决定西华部队生死存亡的一次关键性会议。参加会议的有向明、王学武、胡晓初、屈申亭、刘道安、郑平，特委秘书范行克和河南省第七行政专署秘书、共产党地下工作者林亮列席了会议。会上，向明传达了省委关于“竹沟惨案”的情况通报和关于“第七路”军下一步行动的指示，然后分析了当前形势。他明确指出：“国民党第一战区长官部调‘第七路’军去舞阳整训是假，武力消灭是真。如果不去舞阳，就会被周口驻地周围的国民党军吃掉。我们只有到豫皖苏根据地找彭雪枫，别无他途。”共产党员林亮与刘庄甫是亲戚，前不久，党组织派他打进第七区专署，当上了刘庄甫的秘书。他根据在专署内掌握的秘密情况，谈了国民党要整编部队的事实迹象。胡晓初汇报了派人到舞阳探听的情况：舞阳那里根本没有整编的准备，到处都是国民党正规军的宿营地。会议一致拥护省委的指示,即刻到豫皖苏根据地找彭雪枫。其具体分工是:向明、胡晓初、侯香山、王学武等率部队东进;刘道安、郑平负责安排地方党的工作,屈申亭负责西华部队留守武装。同时,研究出了关于赴舞阳“整训”的对策:假意听从调动,设法拖延应付。

会后,向明、胡晓初、屈申亭、侯香山、王学武连夜召开了连以上干部会议,传达部署东进工作。会上要求,部队东进一事要严格保密,暂不向战士们透露。

第二天上午,刘庄甫来到司令部,试探着问胡晓初:“胡司令,你看部队啥时候动身去舞阳啊?”

胡晓初一脸认真地答道:“刘专员,天冷了,部队需要过冬的军服。另外,武器、弹药等装备也需要补充。咱过去时不能就这样寒酸,像要饭花子似的,让人家笑话,看不起。去舞阳整训的事,我看等补充了以后再说吧。”

刘庄甫大包大揽地说:“过冬军服不成问题,我抓紧时间解决就是了。”然后接着说,“至于说武器、弹药嘛,你就放心吧,到舞阳有的是,这事长官们会考虑的,咱不用发愁。”

胡晓初为稳住刘庄甫,点了点头说:“那中啊,刘专员,等你解决了过冬军服问题后,咱就立即行动。”

11 月中旬,在短短的一周时间内,第一战区司令部给“第七路”军连续下了三道督促去舞阳“整训”的命令。部队经过短时间的准备,于 11 月下旬的一天,由刘庄甫带领从周口镇出发了。

士兵们看往西走,情绪都很低落,行军速度很慢,一天只走了 30 多里地。刘庄甫抱怨走得慢,胡晓初说:“部队长期不行动,头两天得适应适应,慢慢来。”第二天上午,又走了 20 多里后,在西华县第四区一个名叫冷饭店的地方停了下来。胡晓初、侯香山他们决定在这里和刘庄甫摊牌。

刘庄甫看部队停下来不走了,似乎觉得情况不妙,心里忐忑不安。晚饭后,他带着两条“红双喜”香烟,悄悄地找到胡晓初和侯香山说:“这烟是给长官们带的,你们先尝尝。”然后询问道,“部队咋不走了?”

胡晓初白了他一眼:“我们有情报,上边要整编这支部队。”

刘庄甫头摇得像拨浪鼓似的:“没有这事儿,绝对没有这事儿。嗨,你们不相信别人,应该相信我呀!如果真有事儿,我愿与咱部队共患难!”

“就怕到时候专员也担当不了。”胡晓初冷笑道,“专员不信我们的话,那只好请路参议进来了。”

路参议叫路耀林,共产党员。他走进屋里说:“胡副司令和侯副司令叫我去舞阳打前站。我到了舞阳，上边没有准备，又说整训地点在鲁山。我又跑到鲁山，那里也没有准备，只见驻有很多军队。我接洽不上，就只好回来了。”

路耀林说罢，刘庄甫的秘书、地下共产党员林亮走进来说：“刘专员一向是主张抗日的，现在日本人在东边，我们为什么要往西去呢？”

刘庄甫狠狠地瞪了林亮一眼，恼羞成怒地嚷道：“哼，你知道啥？整训也是为了抗日！”

“不是整训，是要整编吧？”林亮争辩道，“七路军现在抗日情绪很高，东进一是顺军心合民意，二是符合专员抗日的一贯主张。俗话说，识时务者为俊杰。还请专员三思！”

刘庄甫一跺脚，指着林亮吼道：“你，你给我滚出去！”

胡晓初看天色已晚，不愿再磨蹭下去，于是就斩钉截铁地说：“我们要抗日，请专员带我们东去抗日！”

侯香山也高声喊道：“坚决拥护刘专员带我们去抗日，谁不跟专员东去，俺就叫他吃枪子儿！”说罢掏出手枪，“啪”的一声放在了刘庄甫面前的桌子上。

一听说“吃枪子儿”，又看侯香山怒气冲冲地掏出手枪向他示威，刘庄甫的脸色“刷”地变了。不一会儿，老谋深算的他带着哭腔说：“你们一定要东去，我也拦不住。我老了，也带不动你们了。我只向你们提一个要求，你们东去时，发一个通电，大骂我一顿，骂得越狠、越难听越好！”

胡晓初说：“你好好当你的专员，我们要东去抗日。咱为了不失和气，希望你在3天之内，不要向国民党军政当局报告我们的行踪。我们走后，你要保证部队家属的安全。如果你同意，我们也保证你的安全。发通电的事，3天以后，我们保证办理。”

刘庄甫点头如捣蒜一般，迫不及待地说：“中中中！一切都按你们说的办。”

“刘专员，对不起了，只好先委屈你两天。”胡晓初说罢，命人把刘庄甫暂时看管起来。

子夜时分，万籁俱寂。西华部队排以上干部紧急集合，开会动员。胡晓初用浑厚的嗓音讲道：“同志们，我们西华部队自从成立的那一天起，就是人民的武装，抗日的队伍。现在日本鬼子在东边，不在西边，刘专员欺骗我们去舞阳整训，实际上是整编。有人要吃掉我们，大家说，我们能答应吗？”

众人齐声回答：“坚决不答应！”

“我们甘愿当亡国奴吗？”

“我们不当亡国奴！我们要东去抗日！”

“好！我们西华部队现在就东去抗日，投奔彭雪枫司令！”胡晓初果断地下达了命令。

甩掉刘庄甫后，胡晓初命令部队甩下辎重，轻装挥师，半夜从冷饭店出发，向南沿汝南大道疾行，天亮后到距汝南县城二三十里的庙湾一带宿营，晚上折向东进。部队夜行晓宿，巧妙地绕过了周口国民党军驻地，第三天便来到豫、皖交界处一个叫白庙的村庄，准备渡过新黄河，继续前进。

这天半夜时分，侦察员回来报告说：“国民党马彪部的一个骑兵营追来了，在距我们30里外的一个村庄宿营。”胡晓初、向明、侯香山、王学武等人当机立断：提前两个小时行动，一定要抢在马彪部骑兵赶到之前渡河，避免背水作战的危险。那边是沦陷区，过了河，国民党骑兵就不好施展了。

黄河决口，夺沙颍河道入淮河，当时人们称此时的沙颍河为“新黄河”。新黄河这段西浅东深，东岸有一道1米多高的堤坝。时值枯水季节，但河床淤泥很深，铺上草人和马才能勉强过去。

部队半夜造饭，4点出发，早晨6点多钟，部队安全渡过新黄河。之后，侯香山带领二支队三大队断后，负责掩护大部队前进。

初冬的早晨，寒风顺河道一阵阵袭来。指战员们忍受着寒冷，趴在新黄河东岸的堤坝上，静待马彪部骑兵的到来。警卫班长刘尚文年轻耐不住性子，悄悄地爬到堤坝上向对面瞭望。不多时，他高声嚷道：“快看，快看，敌人的骑兵冲过来了！”侯香山向他招了招手说：“快下来隐蔽，等他们陷进了淤泥里再打。”果然不出所料，马彪部骑兵杀气腾腾地冲到河床中间时，打头阵的一群人马深深地陷进了淤泥里。侯香山抓住战机，高喊一声“打”，全大队轻重武器一齐开火。那些骑兵进又进不了，退又退不下，只得当活靶子挨揍。他们哪里甘愿被动挨打，纷纷跳下马，端着马步枪徒步冲锋，但连续三次进攻都未能奏效，死伤惨重，最后只得唉声叹气地撤兵后退。这一仗共消灭马彪部骑兵120余名，缴获马步枪100多支，战马35匹。

初战告捷，士气大振，部队的行军速度更快了。这天中午，先头部队在一个叫张集的村庄作短暂停息。不多时，他们发现被手持长矛大刀的村民们远远地包围了起来。

胡晓初派人一打听才知道，原来是当地的“红枪会”组织。

红枪会是清末民初军阀暴政的产物。义和团运动失败后，义和拳教民多数从京津一带回归乡里，一面务农，一面习教兼习武。民国肇始，土匪猖獗，百姓苦不堪言，于是义和拳教摇身一变，以红枪会等名目在山东、安徽、河南、河北一带再度兴起。尤其是这一带沦陷后，当地群众为了自卫，防备日伪军和土匪流寇掠夺骚扰，“红枪会”之类的组织进一步得到了加强。该会大多以村、镇为单位，一村或一镇设一会堂，由会首或大师兄统领。红枪会之间，只有横的联系，没有纵的关系，彼此不相统属。平时较少联络，遇有重大战事，各个不同的会派可互相联合，一致对敌。因其人多势众，力量不可低估。

情况明了，事情就好办了。负责在前面开路的豫东特委委员、一支队政委王学武，派曾经参加过红枪会、懂得一些会道门常识的一支队三大队队长刘少庸与他们交涉。刘少庸立即派人买了黄裱纸和香烛，带着两个警卫员前去接洽。

刘少庸一行来到村中红枪会会堂。按照红枪会的规矩，刘少庸先在香案前恭恭敬敬地点燃了香纸，叩了三个头，说了几句行话。然后两手一拱，对会首说：“我们是抗日部队，人民子弟兵，要到新四军那里去，和他们一起打日本鬼子。今天是借道，对不起，打扰你们了！请相信，我们绝不会伤害父老乡亲们。”

听罢此言，会首那张老脸转眼间多云变晴天。他冲刘少庸友好地点了点头说：“我看你们部队纪律严明，服装整齐，个个面善，人人和气，像抗日的新四军。”然后两拳一抱说，“朋友，对不起，误会了！误会了！”随后对一名手下说，“快去解散会众，让子弟兵们好好休息休息。他们走时，你负责带路，把他们介绍给下一村红枪会。同时，给他们的会首说明情况，让各家红枪会一站一站地往下护送，免得再给咱的抗日部队找麻烦。”

几天后，部队刚刚在亳县南部的一个村庄驻下，便来了几名自称是31军军部参谋的人，说请胡晓初司令去谈判，并送来了一大堆慰问品。派人一打听才知道，这里确实驻有国民党桂系李品仙部的31军军部。向明、王学武等人很快便意识到，他们谈判的目的无非是想改编吃掉西华部队。胡晓初作为这支部队的最高军事指挥官，前去谈判万一被扣，部队的情绪一定会受影响。于是决定派其他干部前往谈判，以拖延时间，部队伺机走脱。

当天下午，第一支队第三大队队长路耀林带领一名参谋来到31军军部。该军的副军长、参谋长都出面接见，问寒问暖，以宾客相待。他们客气一番后，亮出了底牌：“准备把你们改编为一个正规旅，由胡晓初当旅长。”路耀林说：“谢谢你们的一番好意。但我们不是土匪，是抗日的队伍，我们准备去前线抗日。”对方说：“我们也是抗日的，两支抗日队伍合编在一起，这不是更好吗？”路耀林一心想着拖延时间，就说：“对不起，我们不是流寇，是有建制的，叫抗日自卫军第七路，归第一战区管辖。合编这事太重大了，不得到战区长官部的批准,我们确实不敢自作主张,得向上峰请示报告。”双方一直谈判到傍晚,毫无结果。第二天,31 军军部的人就不那么热情了,路耀林就和他们东拉西扯地软磨,为部队突围争取时间。第三天上午,听说部队在黎明时分已经成功突围,路耀林他们在 31 军军部中共地下党的帮助下,也逃离该军部,追上了大部队。

就这样,西华人民抗日自卫军经过 11 天急行军,行程 700 多里,沿途粉碎了反动武装的多次尾追堵截,没有一个逃亡和损失,于 12 月 8 日,在安徽省涡阳县的马村桥、梅庙子一带,受到了率队前来接应的新四军第六游击支队(其前身为新四军游击支队)副司令员吴芝圃的热烈欢迎。

与新四军胜利会师后的第三天上午,彭雪枫、吴芝圃、张震、萧望东等支队首长,到西华部队驻地马村桥慰问广大指战员,宣布拥有近 3000 人的西华人民抗日自卫军,编为新四军第六游击支队第二总队,胡晓初任总队长,屈申亭(因负伤暂未到任)、侯香山任副总队长,向明任政委,方中铎任政治部主任,王学武任政治部副主任,路岩岭任秘书长兼后勤部长。二总队下辖 4、5 两个团,胡晓初兼任 4 团团长,侯香山兼任 5 团团长。当天下午,第六游击支队拂晓剧团在马村桥为原西华部队进行了慰问演出。

从此,西华这支英勇善战的人民子弟兵,正式成为中国共产党领导的新四军第六游击支队的一部分,他们在彭雪枫司令员的指挥下,开始了新的战斗生活。

# 二十一

## 王其梅黑军寨练兵
## 西华军睢杞太显威

王其梅，字时英，号魁伯，1913 年 12 月生于湖南省桃源县三阳乡王家坪一个地主家庭。1931 年初中毕业后进入北平私立弘达学院读书，后考入国立北平大学附属高中，先后加入了反帝大同盟、共产主义青年团。1934 年秋，他在中国大学学习，因进行革命活动被校方发现，转入民国学院，任团支部书记兼西城区特别党支部书记。在 1935 年“一二·九”运动中，他曾两次组织民国学院师生举行游行示威活动，并被选为学院抗日救国会交际股长。1936 年春，由于叛徒出卖，他被捕入狱。在狱中受尽了酷刑拷打，始终坚贞不屈，表现了一个共产党人的高尚品质和气节，后经党组织营救，同彭真、薄一波等 64 人一起出狱。1936 年 12 月来到西华县，以普理学校教员身份作掩护，担任豫东特委委员兼交通站站长。该站是党的秘密组织，负责上级派往豫东和华中的干部及豫东和华中去延安人员的接待与中转工作。“七七”事变后，接任中共西华县委书记、普理学校校长职务，全面主持西华县党内的工作。1939 年任豫东特委代理书记，随西华人民抗日自卫军一起行动。

西华部队于 1939 年 6 月被迫进驻周口后，国民党顽固派以种种借口，排斥部队中共产党的领导人，其中操外地口音者成为重点怀疑和打击的对象。他们提出，要派王其梅等人去洛阳培训，欲对其进行迫害。王其梅经党组织批准，被迫带领刘荫光等 20 多名操外地口音的共产党干部撤离部队。

王其梅他们秘密返回西华后，第一站就来到了屈庄屈申亭的家里。那天晚上，王其梅向屈申亭说罢从周口离开西华部队的原因后，谈了自己下一步的打算：“屈司令，根据特委的意见，我准备在西华三岗、红花集一带拉起一支抗日队伍，然后去水东找彭（雪枫）司令。”

屈申亭欣然点头说：“王先生，你在西华好几年了，不要说在我们党内，就是在社会上也有不小的影响。你出面拉抗日队伍，有很大的优势，起码兵源不用发愁。要是还没有选好合适地点的话，我建议你把大本营扎在俺屈庄。”

王其梅沉思片刻，说：“大本营扎在这里，给你添麻烦不说，问题是两支队伍共住在一个村子里，人太多，目标过大。屈司令，现在的西华不比以前了，大环境已不允许我们这样做。”

“那你打算在哪儿发展？”屈申亭关切地问道。

“准备去黑军寨。我以前在那里办过两期抗日干训班，很多人都认识，群众基础比较好。现任保长寇来是我办干训班时亲自发展的党员。这人朴实本分，相当可靠。另外，那里比较偏僻，寨高海子深，相对来说也比较安全些。”

屈申亭接着问道：“你拉队伍，打啥旗号呀？”

王其梅说：“还以办抗日干训班的名义。到时候少上理论课，多上军事课，加强新兵训练，重点是游击战术。招个一二百名学员，练得差不多了就抬腿走人。”

“这个办法很好！人招齐了，你先走。前不久，应彭雪枫司令的要求，咱派周季方和李耀带两个大队过河，听说他们与新四军主力部队会合后发展得很好。我想好了，早晚也得去那边（指新黄河东）。”屈申亭停了停又说，“一二百人，口粮你就放心吧，包在我身上啦。武器呢，你是咋考虑的？”

王其梅答道：“我从周口带回来二三十条枪，是胡晓初帮的忙。侯香山答应将他家里存的八九十条枪都交给我，并帮我解决一部分给养，说过两天就派人送过来。”

屈申亭想了想说：“我送给你30条枪，不够了到时候再说。咱离的不远，如果需要的话，我再去你那儿上几节军事课。”

王其梅激动地站了起来，说：“屈司令，我的好老兄，真是路遥知马力，患难之中见真情啊！有你这个‘坐地虎’当后盾，我拉队伍的决心就更大了，信心更足了。”

黑军寨是紧邻红花集西北部的一个村庄，有200多户人家。因寨主长期由有名望的寇姓人士担任，所以该村又叫寇寨。与附近其他村庄相比，该村的寨墙厚实而且高大，周围还有寨海子，海子里常年积水，丰水期深达八九尺。如今周围的黄水与海子相连，寇寨成了一个孤岛。寨子有南、东、北三座门，平时由该村寨公局把守，易守难攻。正因如此，多年来，附近村民形成了一个习惯，凡听说有土匪流寇打劫，便躲进黑军寨避难。

那天傍晚，王其梅一行悄悄地进驻了黑军寨。保长寇来在热烈欢迎的同时，深感自己担负的责任重大。他命令寨公局日夜加强巡防，以确保王其梅等人的安全。

回到西华后,王其梅一心想的是尽快组建一支抗日武装,根本就没有想到麻烦会来得这么快。他来到黑军寨的第二天下午,便遭到了河南省第七行政区专员刘庄甫的通缉。

原来,得知王其梅带领20余名外地人不辞而别后,刘庄甫断定自己对王其梅等外地人的怀疑是完全正确的,认定他们是共产党员。于是,他立即下达了对王其梅等人的通缉令。

情况突然发生了变化,随西华部队驻在周口的豫东特委负责人王学武,当天晚上便派侯香山回西华与王其梅、屈申亭、郑平、刘学敬等人商量对策。

会议在屈申亭家的堂屋里召开。在侯香山说明了开会的原因和意图后,郑平首先发言。他说:"目前,国民党还不敢把'国共合作抗日'的面纱彻底撕破,刘庄甫也没有抓到其梅他们的把柄,我看啊,通缉成叫他通缉啦,别管他。他这只不过是虚晃一枪,做做样子给人看罢了。"

屈申亭将烟把儿使劲朝地上一扔,说:"哼,有我们这几百名留守武装在,料他刘庄甫也不敢跑来抓人!"

侯香山点了点头说:"关于通缉的事,你们分析得很对,我们可以不理睬他。但王学武等同志认为,由其梅出面用办抗日干训班的名义招人,眼下已很不现实。他的意见是,人该招还招,但得找个合适的名义,能摆到台面上来。"

王其梅接道:"他的意见很好,我们是得找个合适的名义。这个问题,请大家议一议,帮我想想办法。"

大家讨论来讨论去,烟吸了好几包,茶喝了几大壶,直到深夜,也没有找到比较合适的名义。最后,侯香山说:"我想了个办法。黑军寨的保长寇来自幼喜欢武术,他和他兄弟寇亮都是我爹的得意门生。对外就以我爹与寇来弟兄合办武术培训班的名义招收学员,大家看看咋样?"

王其梅听后眼睛一亮,说:"侯司令,你爹他老人家是西华县的老武术馆长、名震豫东的武术大师,保长寇来喜欢武术,又是你爹的高徒,以他师徒俩的名义,在黑军寨办武术培训班,顺理成章,合情合理。我看就这样定了吧,对外就用"侯家武术培训班"的名义。军训课该上上,理论课说成是文化课。过一阵子,等县党部谢廷献他们发现并产生怀疑后,我们人早就招齐了,队伍也训练得差不多了,咱就立即收摊子走人。"

王其梅做事历来是雷厉风行。"屈庄会议"后的第三天,即1939年10月2日,在王其梅的暗中组织和指导下,由豫东武术大师侯自成亲自坐镇挂帅的"侯家武术培训班",在黑军寨挂牌招生了。招生告示上清楚地写着"练武强身,抗日卫国;不收学费,志愿参加"。

此前,留守西华的豫东特委负责人郑平,已通过党内关系网,向豫东各县秘密通报了黑军寨"侯家武术培训班"的内幕,并要求各基层党组织积极推荐进步青年参加该培训班。社会上一些爱好武术的年轻人,仰慕豫东武林高手侯自成的大名,也纷纷前来报名学习武艺。不到半月时间,培训班就招收了160多人,加上从周口跟随王其梅回来的刘荫光等20多名共产党干部,总人数达到了180多名。

王其梅将学员编成两个大教学班(实际上是中队),指派刘荫光为"教学总监",其他20多名党员干部任班干部和小组长。王其梅、郑平、刘荫光上文化课(政治理论课),侯自成、寇来、寇亮上武术课,屈申亭、刘学敬(共产党员、西华县三区区长)、屈登瀛(共产党员、西华部队第一支队第二大队长)上军体课(军事课)。寇来同时负责后勤保障和安全保卫工作。

培训班时间安排得很紧,早晨跑半个小时的操,白天上武术课和军体课,晚上上文化课,风雨无阻,雷打不动。课程内容与豫东特委以往举办的抗日干训班大同小异,只是在后期强化了实弹射击和单兵作战的训练。

经过三四个月的紧张培训,学员们大致掌握了革命理论、共产党的基本知识和军事常识。他们抗日救国的热情异常高涨,大部分学员都要求上前线抗日打仗。为掩人耳目,王其梅宣布将"侯家武术培训班"更名为"一战区自卫军第七路教导大队",王其梅任大队长,刘荫光任教导员。下辖两个中队,第一中队队长盛玉坤,副队长罗明榜,指导员谢灵汉,副指导员顾挺献,全队110人,有重机枪一挺,轻机枪两挺,步枪近百支;第二中队(又叫学生队)队长范迪泼,指导员闻宇,教官林戈,全队共有70余人,60余条枪。这支部队共有党员60余人,设两个党支部,直属中共豫东特委领导。

11月上旬,国民党军政当局加紧逼迫"第七路",命令去舞阳"整训",形势日益恶化。豫东特委一面拖延时间,一面作突围东进的准备。与此同时,国民党西华县党部通过秘密调查,也大致掌握了黑军寨"侯家武术培训班"的真相,但由于共产党领导的西华部队还驻扎在只有五六十里地远的周口,谢廷献他们也不敢轻举妄动,只得一边向刘庄甫报告,一边派人秘密监视,伺机组织兵力对其进行"围剿"。在这种情况下,豫东特委命令王其梅尽快率队东渡新黄河,开赴抗日前线。

王其梅接到命令后,遂通过侯香山买通河防部队国民党22师一位姓孙的旅长,率领他所组建和领导的"教导大队"(时称"王其梅大队"),以"一战区自卫军第七路教导大队"的名义,连夜渡过新黄河,与薛朴若领导的淮阳抗日游击大队会合。三天后继续前行，开往敌后睢杞太地区。

睢杞太地区（指新黄河以东，以睢县、杞县、太康三县交界处为中心的一块地区，因在新黄河以东，故又有水东之称）是原中共河南省委组织部长、豫东特委书记吴芝圃领导创建的一块抗日游击根据地。1938 年 10 月，为开辟豫皖苏边区，吴芝圃率领睢杞太地区的抗日武装与彭雪枫部整编东进后，仅留一小部分武装坚持在睢杞太地区活动。王其梅率领西华部队挺进水东后，与当地抗日武装密切配合，采取声东击西、避强打弱的游击战术，在睢（县）、太（康）、通（许）边境，对日、顽、匪多次进行打击，有力地支援了水东抗日游击根据地的斗争。西华部队在每次作战中，由于王其梅指挥有方，指战员们英勇顽强，连打胜仗，战绩辉煌。一时间，在睢杞太边境声威大振。在那里，只要一提起王其梅和他带领的“西华军”，群众就会立刻竖起大拇指，称赞不已。

1941 年 1 月，为统一领导睢杞太地区的抗日武装，新四军第六游击支队睢杞太独立团成立，兰侨任团长兼政委（孔石泉于 8 月接任政委）。王其梅领导的西华部队编为该团三营（当地人民群众仍称“西华军”），王其梅任营长兼教导员。

睢杞太独立团成立之后，日伪军先后数次对其进行“围剿”。独立团根据毛泽东的游击战术，打得赢就打，打不赢就走，多次化险为夷。

3 月中旬的一天，盘踞在太康东北重镇马头的伪军杨树森部和杨海颜部，伙同日军共 2000 多人，分别向三营驻地王明杨、一营驻地秦口一带猖狂进犯。

王明杨村是个不大的土寨，只有南北两座寨门，寨墙虽不算太高，但比较厚实，寨墙四周是浅水沟，易守难攻。王其梅事先了解到，此次进犯，日军的数量不多，主要是杨树森部和杨海颜部伪军。“二杨”这两支杂牌军战斗力很差，为保存实力，在战场上他们往往是畏首畏尾，龟缩不前，而且指挥官“二杨”面和心不和，在关键时候相互不予配合。于是，王其梅决定带领“西华军”正面阻击，拖到黄昏时进行反击。他把一连放在南门，二连放在北门，三连机动待命。

那天上午 11 点多钟，伪军杨树森部的 100 多名官兵在前，几个日军挥舞着指挥刀督战，向三营一连阵地发起了首次进攻。伪军们端着枪，猫着腰，也许他们已经知道自己的脑门正在对方的枪口之下，双腿像绑了铅块似的缓慢地朝南寨门移动。在寨门上指挥作战的一连长赵留柱观察了一阵后，对战士们说：“同志们，沉住气，今儿个是练枪法的好时机，日伪军给咱准备了好多活靶子，瞄准了再打。注意，以点射为主，尽量节省子弹。”伪军离老远就朝寨墙上胡乱放枪，一路“砰砰啪啪”的打来，一直打到了寨墙跟前，也不见上面有任何动静。一个打头阵的小头目骂骂咧咧地嚷道：“妈的×，一个屌人也没有，别是给老子玩空城计啊！”他的话音还未落地，寨墙上新四军一连那上百支钢枪就愤怒地发言了，转眼之间，打头阵的那个小头目和他的一群弟兄被撂倒在地。后面的伪军一看突然倒下了那么多弟兄，吓得扭头便跑，丢下 20 多具尸体不管不问，直气得后面那几名日军舞着指挥刀“哇哩哇啦”地乱叫。

不多时，日军紧急调来十几门“六零”火炮，“嗵嗵嗵”，对着南寨门打了几百发炮弹。寨门被炸飞了，树木被打秃了，寨墙被炸了好几个大豁子，但躲在寨墙下“休息”的一连指战员只有 3 人被弹片划伤。待日伪军再次气壮如牛地发起进攻时，他们又精神抖擞地出现在各自的战斗岗位上，并且非常有幸地欣赏到：日伪军的这次进攻，又把第一次进攻的经过和结果十分精彩地重演了一遍。

二连在北门的战斗同样精彩，以 4 伤 2 死的很小代价，打退了日伪军的三次进攻，完好地保住了阵地。

夕阳西下，晚霞升起，黄昏来临了。王其梅站在南寨门，用望远镜看着被拖得疲惫不堪的日伪军，果断地下达了反击的命令。三营指战员一个个像下山的猛虎，高喊着“冲啊！”，向日伪军反扑过去。士气低沉的伪军一看这阵势，像溃堤的河水，头也不回地朝南面奔涌而去。那些日军一看大势不好，也不敢恋战，拔腿后撤。王其梅带领三营指战员奋力追击四五里地，打得日伪军丢盔掉甲，狼狈不堪。这次战斗给伪军杨树森部和杨海颜部以沉重的打击。

两个月后的一天上午，日军在伪军孟邵华和张心贞部配合下，向睢杞太独立团驻地荆楼猖狂进犯。战斗打响后，在团长兰侨的指挥下，王其梅率三营协同二营向日伪军发起猛烈反击。日伪军以汽车作掩体疯狂扫射，企图压制对方火力。王其梅挥枪冲在阵前指挥战斗，“西华军”官兵倍受鼓舞，一个个冲锋陷阵，奋勇杀敌。面对杀红了眼的“西华军”，日伪军不得不由进攻改为防守，后来渐渐地招架不住了，节节败退。经过两个多小时的激战，打得日伪军狼狈地逃回睢县老巢。此次战斗毙伤日军中队长以下 30 多人，伪军 110 人。

第二天，独立团转移到太康县门楼张村宿营。由于消息封锁不严，走漏了风声，日伪军突然出动 1000 多人、数十辆汽车向门楼张猛扑来。团长兰侨带领部队迅速转移，留下王其梅率三营掩护。经过一阵激烈的战斗后，日伪军发疯似的向三营二连防地进击。二连李连长带领指战员们进行了英勇顽强的抵抗，打退了日伪军的两次进攻。在日伪军再此组织进攻的间隙，王其梅带领警卫班赶来了。他命令李连长说：“你们快撤，我带领警卫班作掩护。”李连长流着热泪恳求道:“营长,你撤吧,我来掩护。”王其梅吼道:“快撤,这是命令!命令!”充分表现了一个党的军事干部冲锋在前、退却在后的优秀品质。恰在此时,天突降暴雨,日伪军一个个像乌龟一样缩进汽车里,独立团指战员趁机冲出门楼张村,脱离了危险。

由于王其梅作战勇敢,指挥有方,又能深入细致地做思想工作,所以三营不论是单独作战还是协同作战,都能取得优异的战绩。独立团二营营长孟海若曾对新四军4师的一位首长说:“王其梅堪称文武双才,当团长都够格,我自愧弗如;他带的三营不愧为‘西华军’,是我们学习的榜样。”

之后不久,睢杞太独立团整编为新四军4师33团,王其梅升任33团政委。几个月后,他又改任睢杞太地区党政军委员会书记兼新组建的水东独立团政委。他和团长马玉堂带领以“西华军”为主力的水东独立团,与日、伪、顽进行了无数次的生死较量。在艰苦的斗争中,睢杞太地区的革命力量不断发展壮大,很快组织建立了以王其梅为首的共产党专区一级政权——水东联防办事处。

# 二十二

## 根据地人枪大转移
## 顽固派血洗根据地

西华地处豫东平原、中原腹地，北扼陇海，西靠平汉，东部为“新黄河”，南有沙河为屏障，古往今来，是兵家的必争之地。1938 年，当徐州、开封失守后，豫东、皖北大部分国土沦陷，西华成了阻止日军西进的前哨阵地，成了国民党统治区和日本占领区的结合部，成为延安、竹沟及华中敌后的交通枢纽和“兵站”。它东可以与睢、杞、太以及萧、宿、永、夏抗日根据地相互支援，南可与鄂豫皖边区相呼应，战略地位非常重要。共产党创建这块抗日根据地，具有十分重要的意义。

1939 年，国民党顽固派看到八路军、新四军在敌后迅速发展，害怕将来尾大不掉，置“国共合作协议”于不顾，在全国范围内掀起了第一次反共高潮，大肆推行反共政策。这一年 11 月上旬，顽固派几千人的地方武装围剿了确山县竹沟镇新四军后方留守处。针对“竹沟惨案”，中共中央驻重庆代表团、八路军驻重庆办事处的周恩来、董必武、叶剑英向国民党当局提出严重抗议。八路军、新四军各部军政首长发布通电，呼吁团结抗日，枪口对外，反对投降，反对摩擦。河北、山西等地的八路军各部忍无可忍，在‘人不犯我，我不犯人。人若犯我，我必犯人’的原则下，被迫开始对国民党顽军实施反击。

在蒋介石的防共反共思想指导下，国民党顽固派和地方反动武装，一直把西华抗日根据地视为眼中钉、肉中刺。随着西华抗日根据地的不断发展壮大，特别是成为新四军游击支队的兵员基地和可靠的后方之后，他们更加感到震惊和不安。在第一次反共高潮的大背景下，他们在西华抗日根据地周围派驻了大批军队。西华东南的周口驻有国民党独立骑兵 14 旅和步兵 22 师，西边的漯河驻有 40 军马法五部，西北部的鄢陵驻有 12 军 81 师，北部的扶沟驻有暂编骑兵师，西华境内驻有东北军 105 师。西华部队留守武装孤悬在国统区内,形势相当严峻。

1939 年 11 月下旬,为顾全抗日大局,保存实力,西华部队忍痛撤离根据地,突围东进到豫皖苏边区,投奔彭雪枫领导的新四军游击支队,西华共产党和人民群众失去了支柱和靠山。国民政府第一战区长官部发出通电,诬陷抗日自卫军第七路不服从军令,宣布为"叛军",并对胡晓初、屈申亭、侯香山等人进行通缉。反动当局认为时机已到,特派吕蕴儒为省党部代表,专事拟订部署"围剿"西华抗日根据地的方案。

吕蕴儒是共产党的一个叛徒,以前曾在西华任过教育局长,同不少地方绅士很熟,而且有较深的私人关系。他到西华名为整理党务,实际上是进行团结地方豪绅,沟通各地方派别的意见,形成大联合的豪绅地主集团,统一进剿西华根据地的行动。他来西华后做的主要工作:一是把已经基本瘫痪的国民党西华县党部恢复了起来,任命原籍为西华四区的谢廷献为书记长;二是大量发展国民党员,恢复和建立基层党组织;三是把四区和三区西部的豪绅地主勾结在一起,建立特务网络;四是撤换由共产党员或进步人士担任的一区、三区区长和全县大部分联保主任;五是彻底封闭了在西华创办和出版的共产党报纸《大众报·豫东版》。

与此同时,鄢陵国民党驻军 81 师的一个连,实行远程奔袭,于 1940 年 1 月 27 日,首先占领了西华的逍遥镇和西夏亭集。这两地前者是非黄泛区,后者是黄泛区的边缘地带,分别是三区区公所和区大队的所在地。国民党军选择这里为突破口,其用意有三个:一是突袭区大队,削弱共产党武装抵抗力量;二是切断泛区和非泛区的联络,缩小对重点地区的包围圈;三是近距离观察根据地中心区的动静,进一步探听虚实。

当得知国民党顽军的上述阴谋和行动后,屈申亭怒不可遏。他想:国民党 81 师这是公开破坏抗日民族统一战线,是对西华乃至豫东共产党的公然挑衅,也是对我屈申亭这个留守副司令的极大蔑视!奶奶的,我屈某堂堂的男子汉大丈夫,绝不能咽下这口窝囊气,也得给你们这群孬孙王八蛋一点颜色看看,让你们知道,屈大爷也不是那省油的灯!于是,他便组织带领一支八九十人的武装队伍,"浩浩荡荡"地来到逍遥镇进行示威。他们在逍遥东门外高呼了一阵"打倒日本帝国主义""消除摩擦,团结抗战""坚持国共合作,坚持抗日民族统一战线""西华人民万岁"等口号,并鸣枪示威,告诉国民党顽固派,共产党领导的部队在西华还存在。之后,一路高呼着口号打道回府。

一年前,在国民党顽固派积极反共政策的影响下,西华县南流、张明、何庄等地的大地主拒交抗战粮款,破坏抗日救亡工作。在各种说服教育遭到拒绝的情况下,豫东特委与楚博县长经过研究,派屈申亭率300多官兵攻打南流。在战斗中,屈申亭身先士卒,奋勇冲击,他的右脚不幸中弹。但他仍坚持火线指挥,直至战斗结束。后被送往许昌医治,基本治愈后返回屈庄休养。因为脚伤,行动不便,不久前西华部队东进奔向豫皖苏时,豫东特委指派屈申亭留守根据地,率领留守武装坚持开展抗日救亡活动。

屈申亭这次"逍遥示威",在为根据地军民隐蔽撤退争取了时间的同时,也促使国民党顽固派加快了对西华抗日根据地的"围剿"步伐。吕蕴儒与西华县长萧德乾、县党部书记谢廷献、国民政府第一战区及与西华毗邻县的反动头头们,频繁进行密谋策划。为缩小政治影响,避嫌破坏抗日民族统一战线,他们确定西华周围国民党驻军围而不剿,12军81师第三团开赴西华,武力围攻重点地区,为地方反动武装助威壮胆。具体清剿事宜由西华县国民政府和地方保安团队首领何相臣、张坦然、范来臣等负责,毗邻县的地方武装警戒待命,必要时予以配合。"清剿"的重点是黄泛区的三岗、西湖、屈庄、肖横和红花集一带。

黑云压城城欲摧,山雨欲来风满楼。中共河南省委指示豫东特委及西华县委,立即组织有序转移,疏散党员干部,留守部队分散隐蔽。

当时,西华部队留守武装仅有300多人,而且零星分散在三岗、屈庄和红花集一带,根本没有武装抵抗国民党顽固派"围剿"的能力,只有就地分散隐蔽。另外,有100多名操外地口音的共产党干部,需要紧急转移出去。

面对国民党大军压境的严峻形势,豫东特委委员、组织部长郑平立即召集屈申亭、刘学敬、屈登瀛等人开会,研究应对办法。那天,郑平在传达了省委的指示后说:"销毁秘密文件和缩小各级党组织的任务已经基本完成。目前的当务之急,是安排外地干部转移,本地干部、党员和积极分子也要尽快分散隐蔽起来。"

中共西华县委委员、三区区长刘学敬接道:"本地干部、党员和积极分子分散隐蔽比较好办,但外地干部转移出去就比较困难了。据可靠情报,西华的主要出入路口已经有国民党军严密把守,他们对根据地实行了封锁戒严。在我们的四周,他们布满了密探。咱们这些外地干部只要一张嘴说话,就成了共产党嫌疑犯,很难蒙混过关。"

屈申亭接着说:"这确实是个大问题。直接转移风险太大了,咱可不能拿那些战友的生命来冒险啊!"

这时,郑平的脸上露出了一丝微笑。他说:"这个难题,魏凤楼司令已经帮我们解决了。”

屈登瀛兴奋地跳起来，说：“帮我们解决了？那太好了！他是咋解决的？”

郑平摆摆手，示意屈登瀛坐下，然后回答道：“大家可能还不太清楚，魏凤楼转任鹿邑县长后，在中共豫皖苏边区区委书记张爱萍的协助下，队伍很快发展到5000多人。前不久，国民党当局为控制这支部队，将其改编为国民政府第一战区第一游击纵队，魏凤楼任司令，部队暂时驻守豫东。这支部队前天刚来咱逍遥镇休整。得知我们的危急情况后，昨天夜里，魏司令悄悄地派人送来了120份部队护照。”

刘学敬钦佩地说：“魏凤楼这个老乡想得真周到啊！他利用合法身份，协助咱巧妙地保护了我党100多名干部。不然的话，我们这一大批干部很难逃脱，其后果不堪设想！”

郑平接着说：“还有一个好消息。关于我们这支300多人的留守武装，魏司令替我们想得更周全。他打算将我们全部收编，巧妙地保护起来。”

一听说“收编”，屈申亭想得比较复杂，随即问道：“他准备给咱啥建制啊？”

“准备把我们编成一个营，你当营长。”郑平答道。

“啥？编成一个营？那不太合适吧！我看呀，应该编成一个团。”屈申亭，这个曾经的西华人民抗日自卫军副司令、未到任的新四军第六游击支队第二总队副总队长，觉得到“国军”魏凤楼部当个小小的营长不但感情上不愿意接受，也觉得是大材小用，太委屈了。

郑平稍停片刻后说：“屈申亭同志，我认为，我们目前的主要目的是躲避国民党顽固派的围剿，保存实力，从长计议。留得青山在，还怕无柴烧！”然后对刘学敬说，“刘区长，现在你就连夜去逍遥，找魏司令具体商谈这个事。千万要记住，无论是编成一个团或者一个营，都要当场确定下来，并尽快落实到位，将同志们保护起来要紧。”

第二天中午，来去匆匆、两眼血丝的刘学敬从逍遥带回来一个很不幸的消息：第一战区长官部昨天连续两道紧急电令，调第一游击纵队火速赶赴豫西某地接防，部队明天一早就动身。魏凤楼对“收编”一事表示十分遗憾，说他已经无法顾及西华部队了。

郑平听后，当即召集众人开会。会上，经大家反复讨论，最后郑平果断提出：留守武装分散隐蔽，给资遣散；枪支弹药运往豫皖苏边区新四军彭雪枫处。一向视武器如生命的屈申亭，对留守部队武器的处理已早有打算。他说：“枪弹运往豫皖苏边区彭司令处好是好，但路途遥远，其间还有数不清的日伪武装、土匪流寇,这批武器若长途运送,风险太大,很可能会落入敌人之手。我看呀,倒不如把不能带走的武器收集起来,就地埋藏。”

郑平接道:“敌人围剿,必然大肆抓人放火,重点部位反复搜索,地挖三尺,武器埋藏地下也并不安全,说不定还会因此连累很多人。刚才屈司令分析得不错,武器运往彭雪枫处确实有很大风险,要不就近运到淮阳抗日游击大队薛朴若处如何?”接着又补充说,“新黄河虽说有国民党22师把守,但我们知道那形同虚设,组织一支精干队伍,趁黑夜完全可以偷渡过去。”

刘学敬表态说:“我看运到淮阳薛朴若处是比较合适的。”

屈申亭想了想说:“那也只好这样了,将武器运到薛朴若那里。但要跟他们说清楚,这批武器数量不小,他们要是用不完的话,将来咱再拉队伍时派人来取。”

郑平看了看大家说:“就这样定了,武器运到淮阳暂时存放。明天半夜偷渡新黄河,刘区长、屈大队长,你们负责押运。现在我就派人去通知薛朴若,让他到时候派武装在对岸接应你们。要是没有其他意见的话,现在大家就分头准备吧。”

第二天晚上10点多钟,刘学敬和屈登瀛带领一个排的兵力,押运由厚厚的稻草覆盖的装满枪支弹药的三辆太平车(指四轮木制大车——作者注),悄悄地从屈庄出发了。

时值隆冬,又是深夜,东北风像刀子似的在指战员脸上划来划去,疼痛难忍。刘学敬他们借着闪烁的星光,深一脚浅一脚地向新黄河河心地带摸去。本来是枯水期,那河面早已结成了厚厚的冰块,太平车正好从上面轻松通过。然而就在这时候,傍晚派出的两路侦察人员先后返回,报告说对岸沿线二三十里都有国民党22师严密把守,几乎是五步一哨,十步一岗,灯火接连不断,车马行人无法靠岸,根本过不去。

原来,国民党22师接到了上峰的紧急命令,全力配合81师对西华三岗、屈庄一带的“围剿”,近日加强了对新黄河沿岸的防守,没有黄河管理委员会颁发的通行证,任何武装及军需物资都不能过河。

面对突然变化的新情况,刘学敬和屈登瀛他们束手无策,只得押着三辆太平车原路返回。

就在刘学敬他们连夜返回不久的黎明时分,屈申亭接到了鄢陵国民党驻军81师一团三营营长李西彩送来的可靠情报:2月25日凌晨围剿三岗一带,主力部队是81师第三团。

原来，过去屈申亭与李西彩有过密切的交往。李西彩曾派人在淮阳购买一车盘纸，经西华到许昌贩卖，路过红花集时被屈申亭部没收。屈申亭得知货主是驻鄢陵的国军营长李西彩，为了争取他，就派人送书信一封，将盘纸归还李西彩，并赠送手枪一支，战马一匹。李西彩认为屈申亭讲义气，够朋友，又把盘纸赠送给屈申亭部使用。之后不久李西彩在老家郾城结婚时，屈申亭又亲自到场祝贺，并送贺礼200块钢洋，李西彩很受感动。从此，他们不断往来，屈申亭给他讲述了不少革命道理，鼓励他以民族大义为重，坚持抗日；他也利用职务之便常为屈申亭部提供方便。当李西彩得知近日围剿三岗的消息后，他担忧好朋友屈申亭吃亏、遭难，就派心腹连夜送来了上述情报。

屈申亭在心里一合计，只有短短的3天准备时间了。他连夜将这一重要情报报告郑平，并派人把无法带走的部分武器分别埋藏在屈庄、三岗、肖横等地。然后将4支步枪、4支手枪、1挺轻机枪和一筐子弹交给拐子河卷烟厂会计王金堂，让他连夜带回后石羊老家埋藏起来。

第二天早晨，屈申亭送别化装成渔民的郑平等人东渡新黄河。临告别时，郑平紧紧地握着屈申亭的手说："屈司令，我再说一遍，我们一起撤离吧，你这样太危险！"屈申亭摇了摇头说："我一走，这里就群龙无首了，还有一些事情需要处理，我要坚持到最后。你们放心吧，我土生土长，人熟地熟，安全不成啥问题，到敌人进攻时，再走也来得及。"

送走郑平等人后，屈申亭把王华山、凌复初、段文丑领进自家西屋，指着一堆武器说："还剩这最后一批武器，我想好了，埋在后石羊。后石羊村子大，几千人中绝大多数都是拥护我们的基本群众。今儿个后半夜，你们把这批武器弄到后石羊，擦好油埋起来。"王华山问："埋啥地方？"屈申亭说："到后石羊谁也别找，直奔村西头，那里有座人祖奶奶庙。庙早已垮塌不存在了，但那尊石雕像还在土台子上，你们在石像北边挖个斜洞，将枪弹埋在那尊石奶奶像下。"

半夜时分，天空中飘着鹅毛般的大雪，东北风卷着雪花打在人的脸上、手上，像刀子割的一样生疼。凌复初、王华山、段文丑等人刨开女娲雕像下的泥土，将枪支弹药埋在了雕像下面。这座庙虽遇黄水早已经垮塌，但每逢农历初一、十五，仍有人在石奶奶像前烧香磕头，祈求保佑。凌复初他们望着一年四季顶烈日、冒严寒，高高耸立在土台上的人祖奶奶石像，暗暗祈求她的在天之灵，保佑她子孙的这批枪支弹药安全无恙。

与此同时，屈申亭派人从后石羊村叫来了连襟张珍，对他说："81师马上要来围剿了,我这就要带人撤离。屈让(屈申亭的女儿,大名屈东萍)这闺女年龄小走不动,趁天黑,你把她领到你家先藏几天,等过了这阵风声,再把她送到汝南,去找我表兄宁子怀,他在汝南专署当税务局长。”临别前,屈申亭将自己的一匹白色战马和100多斤大米交给张珍,说:“这匹白马我经常骑,好多人都认识它,敌人来了,估计它也不会有好结局。明天一早就找人到周口把它卖掉,卖的钱作为护送屈让的经费。”

张珍告别屈申亭后,牵着那匹驮着屈让和100多斤大米的白马,趁着夜色直奔后石羊村东北角王金蓝家。见到王金蓝,张珍将情况如实告诉了他,并拜托他到周口去卖马,然后将屈让领回了家。

第二天鸡叫头遍,王金蓝骑上那匹白马,经前石羊、后喜岗、迟营、大王庄,抄小路直奔周家口镇。

清末民初的周家口镇虽不是当地政治文化的中心,却因沙河、颍河、贾鲁河三川交汇,通江达海,航运业发达,地处水路交通要冲,被誉为“小武汉”、“河南名镇”,有相当规模的粮食、茶叶、竹木、山货、棉布、皮毛等专业市场,河南和河北各有一条牲口市街。日军占领太康、淮阳后,河南第七行政公署迁到了周家口。黄河改道后,周家口镇成为抗日前线、河防重镇,人口骤增,各类市场交易空前繁荣。

当一轮红日露出东方地平线时,王金蓝便来到了周家口河北牲口市街。当时,牲畜交易并不公开报价,而是由行务(牲畜经纪人)与交易双方在袖筒内捏码子进行交易。王金蓝告诉行务说:“家里有急事需用钱,就是少卖几个,今儿个也要将这马卖掉。”傍晚时分,王金蓝赶回了后石羊村。在西街张珍家中,他将卖马的200元钱如数交给了张珍,说:“二弟(张珍在家排行老二),国民党就要围剿三岗和屈庄了,卖马这事儿,咱兄弟俩沤烂肚里也不能对外说呀!”张珍说:“你放心吧,金蓝哥,此事只能是天知地知,你知我知,传出去咱兄弟两家的人都别想活了,那些龟孙会饶了咱?”

张珍刚送走王金蓝,王金堂便翻院墙进入他家。他慌慌张张地对张珍说:“二哥,屈司令捎信说,81师马上就围剿三岗、屈庄,叫我赶快到外地躲一躲。俺一走,那批枪弹藏在俺家里很不安全,我放心不下,得赶快再找个地方,找你商量一下,看看藏哪儿合适?”张珍想了一会儿说:“今个儿后半夜,你把枪和子弹送过来吧,我先找个保险的地方藏起来再说。”半夜时分,王金堂悄悄地将屈申亭交给他的那批枪弹送到张珍家,说:“二哥,我领着家人先出去避避风头,叫你大侄儿存义留在家里。他一个孩子家,有啥事你得多照应照应!”

说完,便挥泪消失在茫茫的夜幕之中。

2月23日深夜,屈申亭送走最后一批隐蔽的共产党干部,安排好家属转移后,同屈登瀛、段文丑等人按照与郑平他们的约定,也悄悄地离开了屈庄,后经许昌几经辗转,到了豫皖苏革命根据地。

就在屈申亭等人离开西华的第二天,即1940年2月25日(农历正月十八)凌晨,三岗、屈庄、西湖、红花集一带同时响起了密集的枪声。国民党81师纠集近9000名地方武装,向西华抗日根据地核心区发起了大规模的进攻。进攻根据地重点地区的是81师第三团。这个团共3个营12个连1800多人,指挥官是副团长台敬文(团长张全中因离职学习未归)。其具体布置是:一营围攻由屈申亭创办的拐子河卷烟厂所在地肖横和龙池头村;二营围攻胡晓初、侯香山的家乡三岗和三区区长刘学敬的家乡西湖村;三营围攻屈申亭的家乡屈庄和金楼村。台敬文的命令是:“各营必须在黎明前攻击前进,完成包围任务,天亮时进行搜查清剿。”

国民党81师第三团进村后实行拉网式搜查。他们因抓不到屈申亭、郑平、刘学敬等共产党人,扑了个空,气急败坏,便对群众进行逼迫毒打,凡是可疑人员一律押送西华县政府。

捕杀共产党干部最多的是地方团队和土豪劣绅。在国民党西华县党部书记吕蕴儒和县长萧德乾的统一协调下,四区张坦然的三县联防队百余人,协助国民党顽军围剿胡晓初的家乡都城岗,范来臣的地方团队八九十人协助围剿侯香山的家乡陵头岗,张域如部80余人围攻肖横。三区七里仓联保主任、劣绅何相臣带领一支反动地方武装,气势汹汹地开进屈申亭的家乡屈庄。他们见人就抓,见财物就抢,见年轻妇女就蹂躏,甚至当众侮辱,有十几个被轮奸致死。不分男女老少,统统捆绑带走,集中审问。不愿去和行走不便的,不是就地枪毙,就是活活打死。

屈申亭的三叔屈芍,年近六旬,体弱多病,当时正在家里烧火煮饭。一个兵痞带领几个人冲进他家里,看见他开口就骂:“老东西,快说屈守义(屈申亭曾用名)跑哪儿去了?不说出来,就要你的狗命!”屈芍正拿着一把柴禾往灶膛里塞,连忙回答说:“老总,俺不知道他去哪儿了。”“胡扯,他是你侄儿,你是他叔,恁两家门挨门,他去哪儿你咋会不知道!”来人穷追不舍。

“老总,俺两家分门另住几十年了,各过各的日子,平时没事没非的,谁也不和谁来往。再说了,他一个大活人,跑哪儿去了,你说俺咋会知道哩!”屈芍说罢,刚想站起来进一步解释,那个兵痞上前一步骂道:“妈那×,你还怪会狡辩啦!”边骂边抡起枪托狠狠地朝屈芍的头上砸去。屈芍身子一歪,瘫倒在锅台前,头上鲜血喷涌,“哼哼”了两声,腿弹蹬了几下,便没了动静。那个兵痞朝他身上踢了一脚,看看没有反应,便骂骂咧咧地向另一家走去:“我日他奶奶,死了。哼,这老东西真不顶打!”

屈申亭的本家叔父、邻居屈丁60多岁了,自幼家贫,在土里摸爬滚打一辈子,省吃俭用积攒了一点家业。他视用辛勤和汗水换来的家财如生命,唯恐被别人抢去拿走。“围剿”那天,81师第三团官兵在屈庄实行“净村封门”,要把所有的群众统统带走。屈丁也被士兵从家里搜出,推到院门外,要强行带走。他趁官兵们稍不注意,又溜回家里,反锁上大门。官兵们追来,任凭怎样喊叫,他就是闭门不出。几个士兵破门而入,抓住他架起来就走。他拼死挣扎,死活都不愿意出门。那个领队的小头目恼羞成怒,端起刺刀,一下子把他穿了个透心凉。就这样,倒在血泊中的屈丁老人,从此再也没有站起来。

屈庄几百名无辜的村民,如同一大群牲口似的,被国民党官兵骂骂咧咧地驱赶着向村外走去。一路上,大人哭,小孩叫,像送殡下葬似的。谁走得稍微慢一点,轻者遭拳打脚踢,重者挨枪托刺刀。屈王氏年近70,体弱多病,骨瘦如柴,再加上脚小走路不稳,勉强跟在队伍后头。队伍走到龙池头村东边的贾鲁河边时,她实在走不动了,上气不接下气地坠倒在了地上。一个身高体胖、满脸麻子的兵痞班长指着她骂道:“老东西,起来! 起来! 赶快走! 要不,老子就把你扔进河里喂老鳖。”屈王氏望着他哀求道:“俺求求你啦,他大哥! 俺不是不愿跟你走,实在是走不动了。”“走不动,哼,走不动我就成全你个老不死的,送你到天堂里享清福去。”那个班长说罢,一把抓起屈王氏,“扑通”一声,扔进了冰层覆盖的贾鲁河里。屈王氏在冰窟窿里拼命挣扎,连声呼喊“救命啊! 救命!”乡亲们哭喊着要冲下河里救人。那个班长骂道:“妈那×,谁敢离队,我就开枪崩了他。”说罢,朝天上连开了几枪进行示威。结果,众人眼睁睁地望着屈王氏老人被冰冷刺骨的河水活活淹死。

胡晓初在10多岁时,父母就先后病故,是大哥胡悦士把他带大成人。所以,他平常视长兄为父,唯恐照顾不周。国民党顽军及地方反动武装张坦然部知道他们兄弟情深谊远,抓不到胡晓初,就拿他大哥胡悦士开刀。那天,他们把胡悦士吊在村中路边的大槐树上,挥舞皮鞭拼命抽打,硬逼其交出胡晓初。胡悦士被打昏迷后,他们就用凉水将其浇醒,然后继续抽打。如此反复,直至将胡悦士活活打死。

一天,何相臣率领一群流氓打手,突然闯到后石羊村王金堂家,抓住其长子王存义,硬逼其交代枪支埋在什么地方。不满15岁的王存义说:“俺一个小孩家,这么大的事俺咋会知道哩?”何相臣指使喽啰们将他绑在院里的一棵大槐树上,挥起皮鞭痛打不止。同时,将其屋内屋外掘地三尺,但仍然一无所获。王存义的衣服全被打烂,浑身血淋淋的,昏死了过去。这时,在国民党西华县党部任秘书的后石羊村人王献智对何相臣说:“何大队长,这人你不能再打了,万一打死了,王金堂就再也不会回来了。只有抓住王金堂,才能找到那批枪支的下落。”在王献智的再三规劝下,何相臣才命手下人住手。他们临走时恶狠狠地撂下一句话:“等着瞧吧,这事决不能算结局。”王存义苏醒过来后,在张珍等乡亲们的帮助下,趁黑夜逃离了后石羊村(后来,王存义同志参加抗美援朝,光荣地牺牲在朝鲜战场上,成为了一名革命烈士)。

81 师第三团进驻西华根据地核心区后,团部设在肖横村。凡是抓到的重点嫌疑人,都押解到团部拷打审问。一时间,肖横成了“临时法庭”,有一些人是竖着进来,横着出去。他们不是被毒打毙命,就是被活活折磨而死。

与此同时,国民党西华县党部和西华县政府,还组织了特区工作队,协助保、甲长们清查户口。通过清查户口和反动分子检举告密,1000 多名共产党基层干部和抗日积极分子被抓捕。一时间,县政府监狱人满为患,一些学校、寺庙和教堂,也都被当作临时监狱。在这期间,100 多名共产党员和抗日积极分子惨遭杀害,无数群众被殴打致伤致残。

81 师第三团在这里驻守一个多月,重新建立了西华的区乡政权,由国民党顽固分子担任各区区长,大部分联保主任也由劣绅、土豪地头蛇担任。此外,他们还把三岗、屈庄、肖横、后石羊、龙池头等十几个村庄划为“特区”,委任大劣绅张域如为特区委员长,武静斋、何相臣为特区委员。同时,更换了三岗、肖横、红花、枣口、后石羊等联保主任。“特区”委员、三岗联保主任何相臣带领一支 200 多人的地方反动武装,专门在这一带对胡晓初、屈申亭、侯香山及其部属进行抄抓、敲诈和抢劫,屈申亭他们埋藏的 300 多件枪支一部分被掘出,许多人为此受到牵连。一时间,昔日欣欣向荣的抗日根据地中心区,变成了群魔乱舞的人间地狱。

在一个多月的“围剿”中,81 师第三团的军官和地方武装的头头们借机大发横财。他们所到之处,肆意抢劫敲诈。胡晓初、屈申亭、侯香山和刘学敬等人的家被挖地三尺,土地家产被全部没收。上述 4 人所在的村庄,不分贫富,财物全被洗劫一空。谢廷献、何相臣等人将抄出的财物,挑最好的派人一批批往自己家里送。台敬文在西华抢了一大车拐子河卷烟厂生产的“合德间”牌香烟和两大车土布,转手卖了 3000 多块银元。

西华抗日根据地被国民党顽军和地方反动团队“围剿”后,共产党人的活动被迫转入地下。一时间，西华县境内群魔乱舞，一片白色恐怖。面对国民党顽固派的屠刀，西华共产党人并没有被吓倒，广大人民群众也没有被征服，他们擦干了眼泪，揩净了身上的血迹，掩埋了战友们的尸体，又继续投入了战斗。

共产党员、前邵村人邵同尧是个兽医，他设法以自己的职业掩护中共豫东特委机关。他通过亲戚关系，在与西华相邻的郾城县黑龙潭镇租赁几间民房开办了一家兽医站，豫东特委书记刘道安和特委委员胡锡光等人都住在他的兽医站里。刘道安、胡锡光扮为店员，继续秘密开展革命活动。

李梅芬是西华人民抗日自卫军二支队副队长张雨亭的爱人。她家住在西华县城北门，曾是共产党的地下联络站，她是联络员。西华根据地被"围剿"后，反动当局到处捉拿张雨亭。他们夫妇只好躲在商水县李集村李梅芬的娘家，国民党当局得知后，立即派兵前去捉拿。恰巧那天张雨亭不在，李梅芬被抓走。在严刑拷打和威逼下，她守口如瓶，始终没有暴露张雨亭的下落。被放出来后，她无怨无悔，反而鼓励丈夫说："你好好干，不要管我。你们打老日是无罪的，你去东边找屈（申亭）司令、彭（雪枫）司令，一定得和这些坏蛋干到底！"

后石羊村许多村民冒着生命危险，为革命武装保管枪支弹药。后石羊村被划为"特区"后，形势越来越紧张，张珍感到为连襟屈申亭保管的那批枪弹藏在自家的院中很不安全，便和四弟张东领以及村民王金蓝、金自贞商量，计划将武器秘密转移出去。在一个风高月黑的夜晚，王金蓝和金自贞将后石羊联保处的几个保丁请去喝酒，很快便将他们灌得烂醉如泥，不醒人事。张珍、张东领乘机将那批枪弹转移到联保公所门外的一个废弃的红薯窖内。尽管国民党地方团队在后石羊村反复搜索枪支，但他们做梦也没有想到，有一批革命武装的枪弹就埋在他们的眼皮子底下。

西华部队原手枪中队长、共产党员王华山，时任逍遥联保处主任，突围后，被党组织派往许昌、鄢陵一带继续从事抗日救亡活动。他与红花小马庄大土豪、西华县国民政府常备大队长马乐园是庄邻，又有亲戚关系，由于政治信仰各异，观点不同，双方关系很紧张，一直处于对立状态。三岗、屈庄一带被"围剿"后，马乐园认为西华大局已定，几次派人去鄢陵找王华山，劝其脱离共产党，回西华向国民党当局自首，性命安全由他"担保"，并保证将其安排到县常备大队任职。王华山对来人说："请你转告马乐园，我王华山加入了中国共产党，永远都不会变心，别让他再枉费心机了！"

何庭燎是西华县奉母镇窑庄村人，曾是肖横抗日干训班学员、抗日积极分子，时任中共奉母镇党支部书记。他虽然双目失明，但仍肩负党组织的重托，以算卦作掩护,历尽千辛万苦,不远千里到大别山区找到原中共西华县委书记、时任中共豫南地委驻豫皖边特派员李彬(此时李仍负责西华工作)汇报请示工作,并受到了新四军豫鄂挺进纵队李先念司令员和陈少敏政委的亲切接见。几个月后,他将上级党组织的指示装进走路用的竹竿内,安全地带回了西华。

# 二十三

## 胡晓初永城扫顽匪
## 滕海清板桥战日军

西华部队东进豫皖苏后,国民政府第一战区长官部通电自卫军第七路为“叛军”,并电告彭雪枫缉拿叛军首领胡晓初、屈申亭、侯香山等人归案。彭雪枫回电推脱说未见“第七路”军踪影,并推诿说他们可能进入了萧县以东的沦陷区。此后,国民政府第一战区对这事也就不了了之。

西华部队在被整编为新四军第六游击支队第二总队之后的一段时间里,主要任务是消灭伪顽匪,开辟敌后根据地,协助地方共产党组织建立和巩固抗日民主政权。

当时,第二总队4团驻在永城县第三区桐沟集村。这里离日军占领的永城县城不到30里路程,离伪军的一个据点只有10多里路。那里除日、伪军经常出来扫荡外,地方上还有好几股土匪“杂八队”,他们横行乡里,烧杀抢夺,无恶不作,老百姓常遭祸殃。这里的群众只要一提起他们,就恨得咬牙切齿,大骂其祖宗八辈。其中有两股闹得最凶,他们不仅残害百姓,还同日、伪军暗中勾结,经常骚扰新四军等抗日武装,危害极大。一股是汉奸大队王福来部,有300多人枪;一股是土顽匪高秃子部,有200余人枪。胡晓初他们研究决定,先铲除这两股伪顽势力,杀杀伪军和顽匪的嚣张气焰。

1940年春节那天上午,侦察人员匆匆送回情报,说顽匪高秃子率领全部人马,驻扎在大约30里远的聂奶奶庙村。他们正在大摆筵席,欢度节日,官兵们人人都灌了一肚子老烧酒,有不少已醉得东倒西歪,不醒人事。胡晓初当机立断:借此机会,干掉这帮顽匪。他立即派通讯员把二营营长张漫萍叫过来,如此这般地交代了一番。

当天晚饭后,张漫萍带领全营指战员,冒着寒风,踏着月色,悄悄地赶往聂奶奶庙村。

聂奶奶庙村分为前聂、后聂。顽匪有一半驻在前聂,一半驻在后聂。部队在子夜时分赶到目的地后,张漫萍营长随即展开部署:一连打前聂,三连打后聂,二连和营直属队为预备队,担任警戒。为了稳操胜券,张营长按照胡晓初首长的事先部署,命令各连先悄悄地把顽匪包围起来,然后统一行动,突然袭击,打他们一个措手不及。

一连来到前聂后,连长薛毓芳先派出4名精干战士,他们神不知鬼不觉地摸到了顽匪设在村南头的一间岗哨前。这时,就听到哨兵甲对哨兵乙说:"哎,王五,我打会儿盹,你盯紧点。高大队长(高秃子自称游击大队长)说啦,越是逢年过节,越要小心,要加倍提防新四军游击队偷袭。"哨兵乙嘟囔道:"酒你先喝,觉你先睡,这好事咋都是你张三的。唉,睡就睡吧,灌恁些猫尿,眼都睁不开了,还站啥岗哩!不过咱得先说好,明天你得买盒香烟,犒劳犒劳我。"王五的话音刚刚落地,张三便用一连串响亮的呼噜声作答。王五一看张三靠墙睡着了,又嘟囔道:"嗨,这大过年的,谁还会没事儿找事,出来打仗寻死卖命呀?既然不打仗,那还站屌的岗啊!哼,你张三睡,我王五也睡。"不一会儿,王五也背靠墙壁眯起了双眼。于是,4名新四军战士轻而易举便俘获了两名"舌头"。

他们很快便从"舌头"那里得知:驻在前聂的顽匪分别睡在两个院子里。一中队50余名顽匪住在一家地主的3间北屋里,正好高秃子今天夜里也睡在这里;二中队50余名顽匪住在另一家富户的西屋里。之后,由一名"舌头"带路,实地指认了顽匪住的那两处院子。

弄清敌情后,薛毓芳连长决定,他本人带领一排负责解决一中队,副连长刘大友带领二排负责消灭二中队。各排迅速行动,先把将要攻击的院子悄悄地包围起来,然后看信号弹统一行动。三排负责警戒和机动。

顽匪一中队住的是一家独院,3间北屋,2间西屋。当时"舌头"十分肯定地说:"西屋没有住人,高大队长和一中队都挤在北屋里。"那天后半夜,在酒精作用下的顽匪们在屋里做着美梦时,却不知道新四军在外面已经给他们布下了天罗地网。这时隐蔽的薛毓芳连长和一排的战士们,都在仰望天空,焦急地等待着营部发出的进攻信号。

拂晓前夕,3颗红色信号弹终于划破了静谧的夜空,张漫萍营长指挥进攻前聂、后聂的战斗开始了。

薛连长一挥手,身边的几名战士快速奔到北屋的东西两扇窗户下,将一束束手榴弹塞进了屋内。顿时,北屋里面爆炸声、嚎叫声响成一片。有的顽匪还没有醒过来就命归西天,有的哭爹喊娘,没来得及穿衣服就光着腚往外跑。在短短的几分钟内，那些举枪投降的顽匪都保住了命，负隅顽抗的都见了阎王。

就在这时，突然从西屋里射出一排密集的子弹。正在院子门口指挥作战的一排长赵光明不幸头部中弹，光荣牺牲，二班长胡胜和三名刚投降的顽匪身负重伤。

原来，狡黠无比的高秃子疑心重重，因心里有鬼，整日怕人算计，每天夜里居无定所，变换频繁。春节这天晚饭后，他带着警卫班悄悄地挤进了一中队宿舍，还美其名曰“与弟兄们一起过个年，好好拉拉家常”。在半夜时分，他又带着警卫班不声不响地移居西屋。刚入睡不久，便被院子里的爆炸声、嚎叫声惊醒，他立即意识到遭人偷袭，很可能是被新四军包围了。他冷静地观察了一阵子后，发现赵光明站在院子门口边打枪边指挥作战，便带领9名警卫一起向赵光明开枪，妄图杀死指挥官，趁混乱之际突围逃命。对高秃子半夜里突然移居西屋的情况，“舌头”当然不知道，所以他们说“西屋没有人”，从而导致了薛毓芳他们的判断有所失误。

腹背受敌，乃兵家大忌。薛连长立即命令轻机枪手，对准西屋门窗拼命反击，一群战士也朝西屋扔出几颗复仇的手榴弹。一阵鬼哭狼嚎之后，从西屋射出的枪弹慢慢地稀落了下来，很快，所有的枪支都哑巴了，一时间，静得出奇。有个战士悄悄地接近西屋一看，里面躺得横七竖八，包括高秃子在内，10名顽匪死的死，伤的伤。

与此同时，在前聂、后聂，新四军4团二营其他各连排，在营长张漫萍的指挥下，都打得得心应手，利落漂亮。

这一仗消灭顽匪高秃子全部人马200多人，缴获了一大批枪支弹药和战利品。二营以很小的损失换来了较大的胜利，大灭了日、伪、顽的威风，大长了新四军和当地人民群众的志气。

周围的老百姓听说新四军消灭了顽匪高秃子，无不拍手称快，奔走相告。当时，尽管老百姓的生活相当困难，但他们还是推着猪肉、白面和粉条等食品来慰问新四军部队。

然而，消灭王福来的汉奸大队，却费了一番周折。

年近50的王福来曾在奉军当过连长，是个老兵痞。这人极其狡诈，不易上钩，凭借“地利”，率部与新四军周旋，二总队曾两次围剿他的汉奸大队，都没有成功，让他白白溜掉了。前不久，他将部队化整为零，以班、组为单位四处活动，以便于逃脱新四军的打击。

以变应变。汉奸大队小股活动，二总队也改变战术，以班、排为单位，与之较量游击战术。

1940年3月底的一天，天刚蒙蒙亮，二总队的一个班侦察路过一个村头的小庙前，突然听到庙里有低沉的吵闹声。班长带领两名战士悄悄地靠到小庙窗前一看，果然有10多个汉奸队员在里面围在一起掷色子赌钱，枪都放在各自身边的地下。班长一使眼色，一名膀大腰圆的战士一脚踹开庙门，大喝一声："不准动，你们被包围了！"汉奸队员们突然看到一群新四军战士荷枪出现在面前，吓得惊慌失措，有几人当即瘫软在地；另有几人看对方人数不多，欲取枪反抗。新四军战士一齐开火，大部分汉奸队员应声倒下，小命归天。这场战斗仅用几分钟时间，缴获了汉奸队10支步枪，数百发子弹。

经过将近一个月的反复较量，王福来的汉奸大队主力被新四军第六游击支队二总队打垮了。剩余的小股人马吓得龟缩在永城县城内，再也不敢轻举妄动了。其他小股土匪武装，在二总队的打击下，一触即溃。在不到半年的时间内，永城县城外围的伪军据点和地方上的匪徒流寇，基本上被肃清了。

之后不久，新四军第六游击支队副司令吴芝圃在《拂晓报》上发表诗作，赞扬二总队的官兵在永城、夏邑一带英勇歼敌：

强虏中原问国鼎，
西华虎贲敌后行。
横扫日伪如卷席，
驰骋芒砀❶唱大风❷。

这年的6月1日和11月中旬，二总队协同兄弟团队与日伪军打了两场硬仗，从而名声大振。

6月1日那天，新四军第六游击支队在驻地新兴集召开纪念"五卅"运动大会。上午9点钟，就在彭雪枫、张震、萧望东等支队领导走上主席台，即将宣布会议开始时，只听"轰"的一声巨响，一发炮弹落在了会场边沿，紧接着又有几颗炮弹在会场边爆炸。看来日军获悉了新四军部队开会的情报。彭雪枫司令沉着冷静，果断地指挥几支队伍向着不同方向迅速撤离会场，然后占据有利地势，阻止日军稍后将要对新兴集的进攻。几分钟后，当日军的炮弹准确地打

---

❶ 芒砀：芒砀山，在河南永城县境内。公元前209年，刘邦在此举兵反秦，斩蛇起义。

❷ 大风：即《大风歌》。汉高祖刘邦率军击败最后一个叛乱者淮南王英布，回归途中，经过家乡沛县，他邀集故乡父老子弟宴饮，酒酣作《大风歌》：大风起兮云飞扬，威加海内兮归故乡，安得猛士兮守四方！

到会场上时，新四军上万名指战员已全部撤离会场，无一人伤亡。

当时，按照支队司令部的命令，二总队向东南方向攻击前进。其中4团被安排在5里外一个叫鸭子流的村庄。这里既是新四军部队机关驻地，也是通往新兴集的交通要道，日军进攻新兴集必然以此为突破口。

团部命令，一营为第一梯队，二营为第二梯队迎击日军的进攻。孙涛营长带领一营刚跑步前进一里多路，占领了一个村庄时，正好与日军的先头部队遭遇。只见日军黄压压一大片，打着数面膏药旗。仇人相见，分外眼红。几乎是在同一时间，双方开火射击。激烈的战斗从上午9点多钟一直打到下午2点。日军的几次进攻都惨遭失败，他们恼羞成怒，又增援来三汽车兵力。一营也伤亡很大，弹药几乎用尽。于是，团部命令二营上去支援一营。又经过一个多小时的激战，4团再次打退了日军的猛烈进攻。下午5点多钟，日军看天色将晚，再继续作战对他们更加不利，便将阵亡官兵焚尸祭拜后，狼狈撤离。

在这场战斗中，二总队4团减员较大，之后被整编为5旅警卫营，下辖3个连。由杨德隆任营长，刘瑞方任教导员。

整编后的警卫营，几乎全部是西华人。当时的任务是保护旅司令部机关，跟随旅司令部行动。

旅部驻扎在安徽省蒙城县板桥集。这个集子有500多户人家，集子周围有较高的围墙，围墙外边有一条很深的水沟。驻在这里易于防守。

七八月份，按照旅长滕海清的要求，杨德隆和刘瑞方带领警卫营在板桥集进行了一次十分严格的整训，指战员们的思想觉悟和军事素质都有明显的提升。

一天，滕海清旅长对杨德隆和刘瑞方说："最近蚌埠、徐州的敌人调动频繁，有向我大规模扫荡的迹象，你们把板桥周围的地形好好看看，研究一下。"指战员们一听滕旅长这话，知道又有仗可打了，情绪特别高涨，个个摩拳擦掌。

11月16日这天，部队刚开始吃早饭，突然听到从板桥东北方向传来了一阵枪声。杨德隆和刘瑞方立即各拿了两块高粱面饼子，跑步向旅长请示。滕海清仍像往常那样镇定自若，他一边吃饭，一边慢条斯理地说："侦察员报告，这次鬼子伪军来的不少。你们派一个连，出东门向东北跑步到公路渡口堵住敌人，待情况侦察清楚后再部署。"

杨德隆和刘瑞方很快商定：由刘瑞方带领一连前去迎敌，杨德隆带领二连、三连警卫旅部。

一连接受任务后立即集合，刘瑞方简单作了动员，即以战斗队形跑步出东门，循北淝河南堤前进。指导员王绍渊带领一排走在队伍的最前面。

只用了短短的10多分钟时间，一连就到达了宿（宿县）蒙（蒙城）公路上的板桥淝河渡口。刘瑞方观察后发现，日伪军进攻的道路就是由河床到河堤，平坦而无障碍物，在此地居高临下，对防御极为有利。于是他命令王绍渊带领一排，到河堤右前方小树林里隐蔽起来，修筑简易工事，准备在日伪军发起正面进攻时，进行侧面阻击，扰乱敌人。他本人带领二排、三排，依托河堤作掩护，布置好交叉火力。

刚刚部署完毕，刘瑞方就从望远镜里看到，日伪军大队人马已经在朝板桥方向运动，伪军在前，日军在后。他们有6门大炮，全部由骡马牵引。

不久，日军的大炮打响了。射击的目标有两个，一是一连阵地，一是板桥集旅部。上午9点多钟，日军在炮击5分钟后，向一连阵地发起了进攻。打头阵的几百名皇协军勾着腰，东张西望，向前摸索着移动。刘瑞方见状，对一连长王振帮说："这是日军指挥官在用皇协军的命探路，想消耗我军子弹，减少鬼子的伤亡。我们要近距离点射，告诉大家注意节省子弹。"

皇协军距一连阵地只有不到百米的时候，刘瑞方才下令瞄准射击。指战员们打了两三个齐射，两侧机枪三四个点射，皇协军就乱了套，纷纷后退，公路上死伤一大片。日军在后面舞着指挥刀驱赶皇协军，乱踢打吼叫，但也无济于事。

随后，日军调整战术，先火力覆盖新四军阵地。炮火越打越紧，轻重机枪像连珠般打到河堤上，烟雾、尘埃弥漫。一连的指战员们知道，一场恶战就要开始了，一个个摩拳擦掌，隐蔽在掩体内，等待战机。

日军看前面阵地没有动静，以为新四军人少，火力不强，于是便改变原来单兵分散跃进的战术，采取密集端枪前进，实行集团冲锋。这次日军在前，伪军在后。这一下子可把一连的战士们高兴坏了，心里说，小鬼子，你们就等着挨揍吧！当几百名猬集的日军在正面距一连阵地只有七八十米远时，刘瑞方高喊一声"开火"！二排、三排一阵步枪齐射和机枪横扫，一排也从侧面射出了仇恨的子弹，日军瞬间倒下了一大片。狡猾的日军指挥官看这样硬攻伤亡太大，立即中止了进攻。

大约中午12点钟，日军又攻上来了，而且还有飞机在上空盘旋，坦克开路。日伪军凭借人多势众，在坦克后面展开了一道百米宽幅的进攻队形。为争取时间，他们不惜一切代价要拿下一连阵地，前面的倒下了，后面的继续前进。

正当一连指战员浴血奋战，准备与阵地共存亡时，旅部的命令到了："旅部准备转移，一连伺机南撤。待敌人进驻板桥后，继续与之保持接触。"一连在一阵猛烈射击之后，迅速退出阵地，向南面撤离。

下午2点多钟，日军逼近了板桥集。在向南寨门打了上百发炮弹后，一名军官挥舞着战刀，指挥上百名士兵发起了冲锋。日军刚冲到寨子边，便被新四军留守三连的手榴弹炸得血肉横飞，很快便狼狈地退了下去。第二次进攻失败后，日军恼羞成怒，摆出了武士道精神，扒下了外衣，脱下了笨重的皮鞋，穿着白衬衫，“呜呜啦啦”着又冲了上来。三连集中所有火力，再次把日军打退。趁日军调整战术的间隙，三连按照原定计划，悄悄地退出了板桥。下午4点多钟，日军终于以高昂的代价，占领了空无一人的板桥集。

天刚黑时，新四军在板桥南的大赵集召开了作战会议。旅长滕海清、副旅长张太生、游击支队作战科长白浪、游击支队特务团团长程致远、副团长罗杰及杨德隆、刘瑞方等参加了会议。会上，白浪传达了支队首长的作战指示，表扬了警卫营白天阻击战打得漂亮，给敌人以大量杀伤，挫伤了敌人的锐气。并说：“板桥虽然被敌人占领了，但我们要趁其还未站稳脚跟，把它夺回来。”会议决定：立即集中兵力，夜袭板桥集。

这次战斗由滕海清旅长亲自指挥。参加战斗的除警卫营外，还有5旅31团和师特务团。

前半夜的战斗异常激烈，中日双方伤亡惨重。由于缺乏攻城的重武器，加之日军拼命抵抗，新四军几次强攻都未能拿下板桥集。半夜12点时，滕海清旅长命令部队停止进攻，就地休整，构筑工事，等待命令。

天刚亮时，日军的几架飞机在板桥上空约500米的高度盘旋，接连不断地用机枪扫射新四军阵地。警卫营二连一排排长李卓明是特等机枪射手，他仔细观察了一阵后，提议说可以用机枪打飞机。杨德隆营长采纳了他的建议，立即指挥几名机枪手把3架机枪安置在呈三角形的三点上，并计算好了提前量，等待敌机进入火力网，交叉射击。

日军准备向蒙城快速推进，采用了速战速决的战术，所有炮火、飞机一个劲儿地向新四军阵地扑来，企图扫清障碍，打通一条前进的道路。突然，一架轰炸机从东北方向呼啸着飞来，正好进入警卫营的火力网。杨德隆营长一声令下：“打！”3架机枪只打了三个点射，就见那架轰炸机一摇晃，冒着黑烟向西南方向栽了下去。阵地上，新四军指战员一片欢呼雀跃，士气更加高涨了。这架被击落的日本飞机为98式385号轻型轰炸机，机组3名人员当场毙命。

战至上午10点多钟，日军从板桥集南下逃窜了。

板桥之战，新四军以伤亡500余人的较小代价，取得了毙伤日伪军2000余名，击落飞机1架，缴获击毁汽车、坦克19辆以及大批军用物资的重大胜利。

战后，彭雪枫、张震在日机残骸边摄像留念。该新闻图片在《新华日报》《解放日报》《拂晓报》等报刊上发表后，极大地鼓舞了全国抗日军民的斗志。

# 二十四

## 胡晓初沈丘城就义
## 侯香山半城镇蒙冤

6月1日战斗结束不久，新四军第六支队二总队进行整编，将4团、5团合编为三个营。整编后虽仍称第二总队，但实际不足一个团的兵力。整编后的二总队由屈申亭任总队长，谭友林任政委，杨德隆任参谋长，王学武任政治部主任。胡晓初被调任豫皖苏边区保安司令部行政处副处长，侯香山被调任抗大四分校训练部副部长，向明被任命为中共豫皖苏边区党委民运部部长，路岩岭被任命为淮北行政公署秘书。

对于这次部队整编，二总队的不少指战员感到不理解，纷纷表示难以接受。那天，由官兵们推荐出的几名代表，气呼呼地找到胡晓初、侯香山说："我们（原西华部队）历尽千辛万苦投奔过来，每次战斗都冲锋在前，勇猛杀敌，多次打败敌人，立下了数不清的战功。半年多来，二总队连续作战，伤亡很大，却没有得到及时补充，团变成了营，编制缩小不说，又将你们几位军政主官全部调离，还都被安排到非战斗岗位。这不但是对你们几位主官的不公，也是对西华部队、对二总队的极大不公。我们对这非常不理解，感到很苦闷，难以接受，准备向游击支队党委提出抗议。要是实在不行的话，我们就去延安，直接向党中央、毛主席反映情况。"

胡晓初眼一瞪吼道："瞎胡闹！去延安告御状，你们还想登梯子上天哩！"停了停，又耐心地解释说，"咱们是中国共产党领导下的人民军队，冲锋在前，勇猛杀敌，屡立战功都是应该的，这不值得有任何骄傲。我党的组织原则就是个人服从组织，下级服从上级，全党服从中央。回去请转告大家，在整编这件事上，千万不能感情用事，更不能拉山头、闹不团结。再说啦，革命工作没有高低贵贱之分，俺几个新的工作岗位也很重要。今后，我们将在不同的岗位、从不同的角度来进行抗日救国活动。"侯香山也严厉地批评他们说："现在是战争年代,中国大地上处处都是抗日杀敌的战场,人人都可以成为抗日民族英雄、革命战士,哪里来的‘非战斗岗位’呀！对于这个问题,你们作为所谓的‘官兵代表’首先要想明白,搞清楚。回去后,要认真做好大家的思想工作,彻底消除误会,统一思想,把劲儿都用在打日本鬼子和汉奸顽匪上。”

胡晓初、侯香山他们很快便投入到了新的战斗岗位。

不久,面对老家西华的恶劣形势,胡晓初主动向党组织提出重返家乡组建部队,开展反顽斗争的要求。中共豫皖苏边区党委经过研究,同意了他的要求。

离队返乡的那天早晨,彭雪枫司令、吴芝圃副司令、张震参谋长等支队首长亲自前来为他送行。彭司令对他说:“西华虽然遭到了国民党顽军的‘围剿’,损失很大,但那里毕竟是我党多年来建立的根据地,党和群众的基础都比较好。你回去后,一定要依靠当地党组织,充分发动群众、依靠群众,重新建立一支抗日武装,保护我们的这块抗日根据地和后方基地。”

胡晓初说:“请司令员放心吧,我回去后,就按你说的办,尽快拉起一支队伍,保护西华抗日根据地。等时机成熟了,还把人马拉过来,跟着你打鬼子。”

胡晓初等20余人向彭雪枫司令及其他送行的战友挥手告别后,一路向西直奔老家河南西华县。第二天傍晚时分,他们来到位于安徽涡阳北部的更黄寺。在得到主人“可以借宿一晚”的许诺后,他们住进了这座规模不算太大的寺院。

哪曾想到,这天后半夜,国民党顽军汤恩伯部的一个骑兵大队突然将更黄寺包围。黎明时分,顽军悄悄杀害胡晓初部的哨兵后,发起了猛烈的袭击。胡晓初一边带领众人奋力反抗,一边组织突围,但顽军人多势众,包围紧密,死活都冲不出去。他们的子弹打完了,就上刺刀与顽军肉博,先后毙伤顽军数十名。但终因双方力量悬殊太大,新四军战士死伤惨重,战到天大亮后,完全失去了抵抗能力,胡晓初和6名负伤的战士不幸被俘。

胡晓初他们被带到涡阳县城顽军驻地,顽军骑兵大队长当即“开庭”审讯。他恶声恶气地质问胡晓初:“你是什么人？带这么多兵干什么去的?”

胡晓初厉声呵斥对方:“你们明知故问！我叫胡晓初,是新四军第六支队二总队队长,共产党员。我们是抗日的队伍,当然是去干抗日救国的正经事。你们明目张胆地破坏抗日民族统一战线,放着近在身边的日本鬼子不打,偏要打抗日的新四军和共产党,杀害自己的骨肉同胞。你们伤天害理,猪狗不如！呸,快滚开,你们这样的人不配给我说话！”顽军骑兵大队长被骂得狗血喷头,恼羞成怒,但没有上峰的命令,他也不敢擅自对新四军胡总队长怎么样。最后,只有把胡晓初押往国民党第五集团军司令部所在地——河南省沈丘县城。

来到沈丘县城后,胡晓初被安排进优待室里,由国民党第五集团军特别党部的一名副书记长出面,好饭好菜地细心款待。那名副书记长甜言蜜语地劝说道:“胡总队长,只要悔过自新,我保证你升官发财,今后会有更加光明的前途。”

胡晓初当即予以驳斥道:“共产党人光明磊落,抗日救国有啥错?无错又怎么悔过?”

那名副书记长看胡晓初态度强硬,就降格要求道:“其实啊,我们也不想难为你,只要谈谈你所在部队的具体情况,比如说编制、驻地、领导人什么的,也算立了一功。说出后,我保你留去自由,平安无事。”

胡晓初冷笑一声,断然拒绝道:“哼!你们知道我是军人,军人以服从命令为天职。我没有得到上级要我向你们谈部队情况的命令,怎么会谈呢?我劝你们就死了这份心吧,别再大白天做夜梦了!”

国民党顽军看利诱不成,就来硬的。一天晚上,他们把胡晓初押到审讯室,指着杠子、粗绳、皮鞭、夹棍、烙铁等刑具威胁道:“胡晓初,都看到了吧,你要是敬酒不吃吃罚酒的话,现在就叫你尝尝这些家伙的厉害!”

胡晓初昂首笑道:“你们还有比死更厉害的刑具吗?如果没有,这些东西对我来说,是不起任何作用的。”

几个审讯者面面相觑。他们随即唤来一群打手,将胡晓初一阵毒打后,戴上脚镣手铐,连夜解往沈丘县政府监狱。

第五集团军特别党部的反动头子贼心不死,又派人到监狱向胡晓初进行所谓的最后一次开导和警告:“胡晓初,现在回头还不算晚,你要是再执迷不悟,绝没有好下场!”

胡晓初斩钉截铁地回答:“告诉你们,自从来到这里,我胡某人根本就没有考虑过如何活下去的问题。反正你们最后也就这么一招,那就赶快使出来吧,别瞎咋呼了!”

当时,中共地下沈丘县委部分干部(县委机关早已奉命转移到安徽界首)未及时得到胡晓初被捕的消息。两个月后,当获悉胡晓初被关押在沈丘县监狱时,他们感到非常震惊,立即开会研究对策。但他们苦于手里没有掌握什么武器,不可能采取武力营救胡晓初的措施。如果贸然行动,不仅无济于事,反而会暴露地下党组织,并给胡晓初增添所谓新的“罪行”。他们只有一边向上级党组织报告情况,一边不间断地探听狱中的消息。1941 年 5 月的一天,他们得知国民党顽固派要杀害胡晓初，便秘密组织沈丘师范的部分师生和社会上的一些进步青年，一大早就来到沈丘监狱所在的县城那条大街上，为胡晓初这位共产主义战士、抗日民族英雄送行。

上午10点多钟，只见20余名武装军警前面开路，百余名士兵端着上了刺刀的长枪左右监护，尾部几十名持枪者作后卫，胡晓初被押在中间。他被五花大绑，带着脚镣，走路十分不便，但他精神坦然自若，面部毫无惧色。当行进到西城门时，胡晓初笑着对身边的刽子手说："伙计，活做漂亮点，别在众人面前丢手段！"刽子手说："朋友，放心吧，没错。"中共地下沈丘县委的几名同志和沈丘师范的师生们听后，心都碎了，但他们也无能为力，只有暗暗地落泪和诅咒。走到西关外十字路口时，所有跟随的群众被军警拦住了去路。不久，就听到胡晓初高呼"中国共产党万岁""打倒国民党顽固派""抗战到底"等口号，紧接着便传来了沉闷的枪声。

年仅34岁的胡晓初，一名忠诚的无产阶级革命战士，优秀共产党员，为了中国人民的解放事业，在国民党顽固派的刑场上慷慨就义！

惊闻胡晓初在沈丘慷慨就义的噩耗后，他的一位战友眼含热泪，当即撰写了如下充满无产阶级感情的诗句：

豫东多豪杰，
茎直艳且娇。
前有吉鸿昌，
后有胡普照。

（1963年11月16日，中共西华县委、西华县人民委员会为纪念在抗日战争中牺牲的革命烈士，将胡晓初烈士的遗骨从沈丘县城迁入西华县陵头岗普理学校院内。国家农林部老革命干部魏凤楼，时任国营黄泛区农场党委书记兼场长路岩岭，河南省民政厅党组书记、厅长施德生，中央军委总后勤部大校师长朱霖及当地党政军领导和数千名群众含泪出席了胡晓初烈士的迁葬大会。中共西华县委、西华县人民委员会立碑铭刻：胡晓初同志……嶙峋傲骨，赤胆忠心，临危不惧，死有光荣。二敌被歼，九泉瞑目，漪欤壮哉，流芳千古。）

胡晓初同志牺牲在国民党顽固派的刑场上，英勇就义，令后世敬仰；然而他的同乡好友侯香山却倒在了新四军4师自己人的枪口下，属于误杀，让后人痛惜不已，欲哭无泪！

1940年7月，侯香山由二总队副总队长兼5团团长，调任抗大四分校训练部副部长。在新的工作岗位和困难面前，他努力学习，刻苦钻研，常常搬着小凳子，坐在学员中间，和学员们一起听课、讨论；不断听取学员和教官的意见，及时改进训练和教学方法，努力提高训练和教学效果。每天他总是早早就起床洗漱，然后来到操场上与学员们一起操练；学员们谁有困难，他总是设法帮助解决，深受大家爱戴。

1941年1月"皖南事变"后，国民党顽固派加紧反共活动，豫皖苏边区的形势骤然紧张起来。抗大四分校的训练任务也只能在同日、伪、顽斗争的艰苦复杂的环境中进行，有时学习，有时参加战斗，不断打击敌人。

5月3日早晨，抗大四分校在蒙城东北郭围子村突然被国民党马彪部8师包围。校领导刘清明、李干辉命令侯香山指挥男生队反击，掩护校部机关和女生队转移。侯香山临危不惧，镇定自若，指挥学校一队、五队分别占据村南门两侧的有利地形，择机突围，掩护师生转移。

马彪部约有两个营的兵力，分散在郭围子村周围，其中大约有一个连的兵力，率先从村南部发起进攻。他们跃马扬威，直奔到村前。勒马驻足观察一阵后，见毫无动静，以为学生兵无反抗能力，便放松了警惕，肆无忌惮地闯进了村子。他们万万没有想到，刚一进村，便受到了两面猛烈的夹击。学生一队在东，五队在西，马彪部骑兵处在两队的射击夹角，纷纷中弹落马，瞬间死伤一大片。剩下的一小股骑兵不敢恋战，狼狈地败退下去。侯香山指挥学生一队、五队勇猛地追歼敌人，同时带领校部机关和女生队迅速突围出去。出村三四里路，他们便遇到了新四军的接应部队，转危为安。由于侯香山指挥果断、正确，致使国民党马彪部这次围攻抗大四分校的行动宣告失败。

然而，对侯香山来说，战斗胜利的喜悦突然间被悲痛欲绝所替代：他接到了从老家传来的噩耗，母亲和小女儿被国民党顽固派残忍杀害了。那天夜晚，他独自一人走出营房，眼含热泪，面对西边家乡方向磕了三个响头，喃喃道："娘啊，小娟（侯香山小女儿名），你们死得冤、死得屈啊，我一定要为你们报仇雪恨！今后将努力训练学员，多杀鬼子和汉奸！"

正当侯香山一边带领学员刻苦训练，一边与敌人英勇作战时，他却遭遇了一场比天还大的灭顶之灾。

一天上午，新四军4师（此时新四军第六游击支队已更名为新四军4师）保卫部的几名官兵突然来到抗大四分校，二话不说，便把正在与学员们一起听课的侯香山绳捆索绑，押赴师部。第三天晚上，乌云遮月，狂风怒吼，侯香山在江苏省洪泽县半城镇的一处河滩上被执行枪决，他的年龄永远定格在34

岁上。

临刑前,执行人员问侯香山还有什么话要说。他满眼噙泪,万分悲痛地说:“请转告师首长,我侯香山对共产党忠心耿耿,卖掉家产拉抗日武装,提着脑袋,率部不远千里投奔新四军,是为了抗击日寇,解放全中国。可万万没有想到啊,今天我竟然倒在自己人的枪口下,成了个屈死鬼!但愿这样的悲剧,以后在我党我军千万不要重演!”

他的3名警卫员段彦宾、侯存章、陈其太也同时被枪杀。

原来,侯香山立场坚定,对共产党忠心耿耿,在多次战斗中都是冲锋在前,果敢指挥,英勇拼搏,重创敌人,致使敌顽闻风丧胆,对他恨之入骨,千方百计寻机报复。他们用武力征服不了侯香山,就施反间计对其进行暗算。1941年9月,国民党顽固派勾结叛徒袁晓轩(原八路军驻洛阳办事处主任),秘密策划,陷害侯香山。袁晓轩以八路军驻洛阳办事处的名义,发电报给新四军4师:“汤恩伯已令侯香山暗杀彭雪枫。”当时战事紧急,4师领导人未作深入调查,轻率地相信了这一反间电报。再加上当时查阅侯香山的档案材料后得知,1935年,侯香山在担任西华县国民政府侦缉中队长时,曾在庐山参加了为期半年的国民党特务训练班(实为受中共豫东特委指派,为更好地打入国民党内部),这又使他多了一份“国民党特务”的嫌疑,成了“暗杀彭雪枫”的有力佐证。于是,由4师党委与中共豫皖苏边区党委共同研究决定:“立即将其(侯香山)枪毙。”

事后不久,中共中央给新四军4师发来电报:“袁晓轩已叛变,为敌逆用,4师停止电台通洛。”至此,新四军4师党委才知道中了敌人的反间计,误杀了侯香山等同志,制造了一起大冤案。4师领导人及同志们为此痛心疾首,欲哭无泪。但由于当时情况复杂,战斗紧张,未能即时给侯香山等同志平反昭雪。

(全国解放后,王其梅、路岩岭等人多次向党中央反映此事。1963年,经党组织调查核实,侯香山同志被错杀一案初步得到纠正;1979年,在王学武、路岩岭、萧望东、张震等人的奔走呼吁下,组织上彻底予以平反昭雪,追认侯香山、段彦宾、侯存章、陈其太为革命烈士;1980年,中共河南省委组织部、河南省民政厅主持把侯香山的遗骨,从江苏省半城镇迁葬到西华县烈士陵园,并按地(师)级干部规格,隆重召开追悼大会,沉痛悼念含冤而死的侯香山烈士。悼词中说:“侯香山同志参加革命工作后,一直积极贯彻毛主席的革命路线,同敌人进行了最坚决的斗争,是中国共产党的优秀党员,是我党的好干部……”)

沈东平、胡晓初、屈申亭、侯香山四烈士女儿参加侯香山追悼会后合影

# 二十五

## 返家乡申亭招旧部 临泉城父子双就义

国民党陆军81师和地方反动团队"围剿"西华两个月后,即1940年3月,根据中共豫东特委的指示,屈申亭、屈登瀛父子率领部分留守战士离开家乡,前往豫皖苏边区抗日根据地,几经周折,找到了新四军大部队。此时,新四军第六游击支队二总队在永城一带打击日伪军,巩固抗日根据地,经过大小十几次战斗,减员相当严重。6月1日战斗结束后,二总队进行整编,组织上安排屈申亭接任二总队队长职务。他和政委谭友林,带领整编后的二总队一、二、三营,勇猛地打击日伪军。经过板桥、新兴集等多次作战,这三个营都有不同程度的伤亡,最终合编为两个营:一个为第六游击支队5旅警卫营,营长杨德隆,这个营随旅部及旅长滕海清行动;一个为二营,营长屈登瀛,该营和总队部在一起。

1941年3月,屈申亭的脚伤复发,行走非常困难,中共豫皖苏边区党委根据他的身体情况作出决定:屈申亭、屈登瀛、王华山、段文丑等人重返西华,恢复和发展抗日根据地。

屈申亭他们装扮成商人,突破封锁线,途经亳州、鹿邑、淮阳、扶沟等地,首先来到许昌,找到了许昌县保安大队长宁子湘(河南扶沟人,爱国进步人士,沈东平、屈申亭等人的挚友),说明了返回家乡的意图。宁子湘表示全力支持他们,并很快帮助屈申亭在许昌东大街租了3间门面房,供其开绸布店之用。

于是,屈申亭借开绸布店之名,以许昌为据点,带领众人在西华、鄢陵、扶沟、商水、郾城等地秘密开展抗日救亡活动。他们秘密联系中共地下党组织和隐蔽的同志,先后在上述5个县设立了联络站,分别由屈登瀛、王华山、王文海(共产党员,原西华部队副中队长)、金玉坤(共产党员,原红花集联保主任)、张雨亭(共产党员,原西华部队第二支队副队长)、李学孟(失散红军,原西华部队副中队长)担任站长。各位站长以经商、教书等名义,秘密开展工作。

王华山家住西华县红花集水坑王村,系普理学校第二期抗日干训班学员,原西华部队手枪中队队长,这次随屈申亭从豫皖苏边区返回家乡,具体负责西华联络站的工作。当时,他最为熟悉的三岗、屈庄、红花集一带抗日根据地核心区,已被国民党当局划为"特区",由"特区"委员、三岗联保主任何相臣带领的200多名顽匪所把持。此地暂时无法立足,王华山只好找到西华共产党人的老朋友胡民英,寻求帮助。

胡家是地主兼资本家,系西华县城的富户。掌门人胡民英幼时聪颖好学,早年留学日本,是西华著名的无党派爱国人士、开明绅士,曾在山东任过盐务官,在上层相当有影响。他积极拥护共产党提出的"抗日民族统一战线"政治主张,大力支持抗日救国活动。西华人民抗日自卫团成立时,他曾带头出资相助,并积极动员士绅富户捐钱捐物;彭雪枫他们"杜岗会师"时,他组织开明绅士、财主、富商劳军祝贺;国民党81师和地方反动团队"围剿"西华抗日根据地时,他积极营救被捕的共产党嫌疑犯和进步人士。一天,他听中共地下党人说,屈申亭的警卫员段文丑因处理公务未能及时走脱,困在县城的基督教堂里已经3天了,便立即派人到教堂找到主教做工作,将段文丑秘密接到家中避难,后安全送出县城。那天,他看了王华山带来的屈申亭写给他的亲笔信后,知道了屈申亭和王华山他们的意图,当场点头同意,并表示将资助他们部分经费购买武器。很快,西华联络站设在了胡民英家位于县城南街的杂货店里。王华山将他的堂弟王朋安排在杂货店,以学徒身份为掩护当联络员。

当时由于西华政治环境恶化,中共豫东特委已经终止了活动,西华县委也只有书记李彬和秘书赵华夫妇二人。他们先后转移到郾城县的王岗寺、项城县南顿集、水牛刘和商水城关等地,以教书、经商为名隐蔽起来,不定期地秘密来西华指导工作。王华山一时找不到党组织,只得悄悄联系地下共产党员和社会进步人士,并通过亲戚、朋友以及战友家属等关系,在半年多的时间里,秘密在西华县城、逍遥、西夏、枣口、红花集、后石羊、肖横等地发展了五六十人,编成一个中队,并将他们以小分队的形式隐藏在上述各地,通常是夜聚明散。与此同时,由屈申亭亲自出面,通过做西华县商会会长高子仁的工作,从他那里得到了一笔数目可观的资金,再加上胡民英的捐款,为中队购买了18条步枪、3支手枪和1000多发子弹。一天深夜,王华山带领堂弟王朋,将国民党81师"围剿"西华之前,他秘密埋藏在王朋家的逍遥联保处(王华山时任逍遥联保处主任)的16支步枪也取了出来。另外,有9名队员是地主土豪的雇佣家丁,武装行动时可自带枪支。就这样,西华中队的武器问题基本上解决了。

屈登瀛、王文海、金玉坤、张雨亭等站长也用类似的方式，在各自区域内积极联络人员，有组织二三十人的，也有组织四五十人的，但大部分联络站只有少量枪支。

一天，王文海在向屈申亭汇报工作时，偶尔提到鄢陵县望田镇镇长曹陆军消极抗日，积极反共，无恶不作，在当地民愤极大。因他掌握有部分枪支，老百姓都敢怒而不敢言。屈申亭当机立断，决定偷袭望田镇公所，消灭镇中队，铲除恶霸镇长曹陆军。这样一是可以平民愤，振军心；二是可以得到一部分武器弹药，装备队伍。他对王文海说："回去后，你要设法摸清望田镇中队的人员、武器装备、地形地物等情况，最好是物色个可靠的内线。要是实在不行的话，就不惜花大价钱买通一个。"稍停后又叮嘱道，"内线的事，一定要稳当着来，千万大意不得！"

第三天傍晚，王文海冒着漫天飞舞的大雪返回许昌，向屈申亭报告说："望田镇公所设在镇子的东部，门前就是东西大街。他们中队有 50 名武装人员，编为三个小队，共有长短枪 48 支。三个小队都住在镇公所前院的平房内，每个小队住两间房。曹陆军和他的小老婆住在后院的 3 间堂屋里。那里平时防守不严，每夜只有两名士兵在门卫室值班。另外，有俩人睡在曹陆军住室旁边的 1 间厢房里，给曹陆军当护卫。"

"内线情况如何？"屈申亭很关心这个事，迫不及待地问道。

王文海答道："正好我有个表兄叫张四孩，家庭贫寒，人又老实本分，三十好几了还光棍一条，前不久到望田中队扛枪混饭吃。那天我悄悄地把他约了出来，说明来意后，他有些害怕，不敢干。我给他讲了一大通道理，分析了我们这次袭击镇中队准能取胜的原因后，他总算点头同意了。但他提出了个要求，事后跟着咱去找新四军大部队。我答应了他，并给了他 100 块大洋作经费。临别时，他还告诉我说，后天晚上轮着他值班。"

屈申亭想了一会儿说："这是个大好机会，千万不能错过。明天我就通知各联络站，组织人员悄悄向望田集结。你给张四孩约好联络信号，咱后天半夜里行动。"

1941 年 12 月 26 日傍晚，雪后的"一九"，天气贼冷贼冷的，河沟坑塘都上了实冻，屋檐下挂着长长的流冰。人们早早便上床熄灯，用棉被和睡眠来抵挡寒冷，打发漫漫长夜。

半夜时分，就听从望田镇公所大门口传出"咕咕咕"一阵猫头鹰叫声，王文海知道这是张四孩发出的联络信号，立即回了一声同样的声音。紧接着，镇公所的大门慢慢地裂开了一条缝隙，张四孩挤出了大门。他对快步迎上来的王文海说:“我已把和我一块儿值班的那个家伙用绳子勒死了,里面的情况都很正常。”王文海转身跑向隐蔽在不远处的屈申亭耳语了几句,屈申亭对身边的几位站长说:“按事先的部署,大家分头行动!”

屈登瀛带领十几名战士溜进后院,悄悄地包围了那两名睡得像死猪一般的卫士和镇长曹陆军的住室。几乎是在同时,王华山、王文海、张雨亭各自带领20多名战士,分别包围了前院第一、二、三小队的宿舍。金玉坤带领部分人员在外围负责警戒。

张雨亭一脚踩开了第一小队的宿舍门,高声喊道:“不准动,你们被俘了!”睡梦中的官兵全被惊醒,一个个吓得蒙头盖脑,直打哆嗦。这时,就听“嗖”的一声,一颗手枪子弹从屋子的西北角飞来,把张雨亭的帽子打飞在门外。几名战士眼明手快,对着屋子的西北角同时射击,只听那里“哼哼”了两声,再没了动静。其余人员见状,纷纷举手求饶:“大爷,别开枪! 别开枪! 俺投降! 俺投降!”

与此同时,第二小队、第三小队也被顺利拿下了。

在后院,屈登瀛他们轻易而举地解决了那两名酣睡的卫士后,破门进入了镇长曹陆军的卧室。只见他的小老婆独自一人瘫软在一张顶幔式大床上,就是不见曹陆军本人,找了半天也没有找到。屈登瀛把黑洞洞的枪口对着那女人的头部说:“快说,曹陆军藏哪儿了! 不说,老子就一枪崩了你!”那女人哆哆嗦嗦地伸出手,指了指靠墙的衣柜下面。两名战士上前推开衣柜,下面露出一个仅能容得下一人的地洞口,里面漆黑一片,鸦雀无声。有个年轻战士伸头朝洞口一望,被“啪”的一枪打穿了左耳朵,顿时鲜血直流。屈登瀛一摆手,战士们都退到了门外。他从腰里顺手拽出一颗手榴弹,拉开弦扔进了那个地洞里,紧接着就听“轰隆”一声巨响,负隅顽抗的恶霸镇长曹陆军一命呜呼。

这一仗打得干净利落,前后只用了个把小时,全歼望田镇中队50人,铲除了罪大恶极的镇长曹陆军,缴获长枪42支,短枪6支,还有部分军需物资。另外,还接收了20多名执意要加入抗日队伍的俘虏。

1942年1月20日晚饭后,后石羊村油匠杨纯仁来到张珍家,告诉张珍说:“二哥,咱的队伍从水东打回来了!”“你咋知道啊?”张珍问。杨纯仁说:“今儿个南关我侄儿办喜事,俺老家追岗来人说,前几天夜里,老屈(根据地群众称屈申亭为“老屈”)领着队伍把鄢陵县望田镇政府给端了,打死了恶霸镇长,夺取长短枪四五十条。大祸害被铲除了,大伙儿都喜欢得不能行。”张珍说:“前些日子我也听说,屈申亭父子又杀回来了。听报上讲,老日炸了美国的军舰，美国、英国的军队都向老日开战了。叫俺看啊，日本鬼子是秋后的蚂蚱，蹦跶不了几天啦！他们离滚回老家的日子不远了。”

两天后的傍晚时分，原西华部队分队长吴明德，突然出现在后石羊村西街张珍的家里。他悄悄地对张珍说：“张兄，你的连襟屈申亭司令带人回来了，正秘密召集旧部，重拉队伍。”张珍虽然认识邻村裴庄人吴明德，也知道他的身份，但不知他的真实来意，便敷衍道：“哦，你要不说，俺还真不知道哩。”吴明德又说：“屈司令派我来找王金堂，询问那批枪弹的事。我到他家一看，闭门落锁，院子里荒草芜杂。你知道他的下落吗？”张珍一听心里明白了，便将实情相告。在得知那批枪弹安然无恙后，吴明德兴奋不已，充满感激地对张珍说：“张兄，你们为这批武器费心劳神、担惊受累了，我代表屈司令谢谢你们！另外，你村西头石祖奶奶像下，有我们埋藏的一批枪弹。明天半夜，你找几个可靠的人把它和你保护的那批武器，一同送到护当城村东南地裴家坟的苇坑边，我们在那儿等你。”然后说了具体接头暗号。张珍慎重地点了点头说：“中啊！”

第二天上午，张珍以走亲戚为名，先到护当城察看了路线。吃过晚饭，张珍召集三弟张连、堂弟张景、侄子张田以及王金蓝、金自贞等人，将埋藏在石祖奶奶神像下和联保公所门口红薯窖里的12支步枪、2挺机枪、4支手枪和一挑子弹药，顶着寒风，踏着冰霜，准时运到了预定地点。随着金自贞三声“喝喝喝呼”黄鹭鸟叫，对面芦苇丛中也传出同样的三声鸟叫声。张珍随即划了三根火柴，芦苇丛中的手电灯三明三灭。暗号对上后，张珍一行6人快步走向芦苇丛，屈登瀛、王华山、吴明德等人从芦苇丛里走了出来。都是熟人，两年未见，有说不完的话，道不完的情。王华山望着枪支、子弹都在，说：“二叔，这两年让你们为藏枪弹担心害怕，受苦受累了。”张珍说：“一家人不说两家话，你们在水东跟着彭司令打老日，枪里来刀里去才真是受苦受累哩！”屈登瀛说：“姨夫、田哥、几位老叔，这里不是说话的地方，你们赶快回去吧，别让那些赖种发现了。”张珍说：“中啊，枪弹交给了咱队伍上的人，这下俺心算是搁肚子里了。”

尽管国民党顽固派千方百计地挖掘枪支，西华共产党人坚壁清野，埋藏的武器还是有100多支枪和部分弹药被根据地人民用鲜血和生命保存了下来，并安全地送到了许昌屈申亭处。另外，因失去联系，一些埋藏的枪支当时没有取出来。解放后20世纪50年代初，仅在陵头岗寨上就挖出两大缸、40多条长短枪。这些武器因在油中浸泡，完好无损。

经过努力，到1942年初春，屈申亭、屈登瀛父子又秘密组建了一支近300

人枪的抗日武装。

一天晚上，在许昌东门里王广西（王合聚之子，爱国进步人士）的家里，屈申亭主持召开了联络站武装负责人会议。他讲了当前全国的抗日形势后，谈了重建武装、东征抗日的设想："同志们，现在我们所处的环境相当恶劣，拉队伍不比从前，大家几乎是白手起家，能走到今天，确实不容易！因此，我们要特别珍惜这些人员和武器，要充分发挥他们的作用。我们眼下的问题主要是人员过于分散，形不成有力的拳头，很难开展比较大的活动。咱要想成就大事，就必须组成一个坚强的武装团队，待时机成熟时，到豫皖苏边区找彭雪枫司令，加入新四军。下面，请大家议一议这事儿，各自谈谈想法，出出主意。"

王华山首先表态说："屈司令，这里都是您的部下，咱自家人，有啥想法和命令，您成直说啦，您指到哪里，俺保证冲到哪里！西华那边没有一点儿问题，随叫随到。"

张雨亭说："屈司令，我们本来就是党的人，党的需要，就是我们的志愿。再说啦，上前线打日本鬼子是正儿八经的事，人心所向，大势所趋，我那边也没有问题，可随时走。"

王文海、金玉坤、李学孟、屈登瀛等人也纷纷表示听候命令，随时准备跟随屈司令东进抗日。

屈申亭说："同志们，我们的行动已经引起了国民党反动当局的注意，此地不可久留，要抓紧做好东进抗日的准备。我们当前的任务十分繁重：一是要继续发动群众，择优招收新兵，充实队伍；二是分散练兵，重点是枪法、单兵作战和游击战术；三是继续为新四军筹集物资和经费；四是进一步加强政治思想教育工作，要让战士们真正懂得抗日救国的道理和意义，要树立革命抱负，特别是四海为家的无产阶级观念，一定要努力克服家乡观念、家庭观念、个人观念。同时，还要给我们的战士们讲清楚，老日偷袭美国珍珠港，美、英等国都向日本宣战了。国际反法西斯联盟已经形成，打败小日本已经为期不远了。"

屈登瀛插话说："前些时，我们西华部队加入新四军后什么都好，就是有个别人家乡观念太强，太恋家了，严重影响部队的作风和战斗情绪。特别是那些开小差的，没少给咱西华部队抹黑丢脸。这个教训，我们一定要汲取。"

最后，屈申亭说："根据眼下的实际情况，我们这支队伍应该建立组织机构，给大家明确职务和具体分工。下面我宣布人事任命：张雨亭任参谋处主任，王文海任供应处主任，王华山任警卫队队长，李学孟任便衣手枪队队长，屈登瀛担任第一中队队长，金玉坤担任第二中队队长。大家要分工合作，团结协助，共同抗击日伪。好，现在分头准备，近日东进敌后。”

3月中旬的一天早晨，春风习习，旭日东升，万道霞光铺洒在春意盎然的大地上。屈申亭和李学孟、段文丑化装后坐上王合聚赠送的马拉轿车，出许昌东门，一路快速前行。在临颍县三家店，张雨亭带领一个小分队，迎接到了屈申亭一行。然后，他们从西华南流渡口过沙河，经过冷饭店、谭庄，直奔商水县李埠口集。

屈登瀛、王华山、金玉坤、吴明德等带领武装人员分别从鄢陵、西华、扶沟等地出发，已先期到达李埠口。几路人马会师后，有近300人枪，还有给新四军筹集的一大批物资和6000块钢洋。

那天，在商水县李埠口集的一处打麦场上，屈申亭主持召开了东征誓师大会。他在列举了日军在中国犯下的种种罪行之后说：“日本侵略者气焰嚣张，妄想占我河山，亡我民族。国家兴亡，匹夫有责。我们都是堂堂的男子汉大丈夫，绝不能贪生怕死当亡国奴！我们要拿起枪上前线，痛击日寇，把日本鬼子赶回老家去，解放全中国！现在日本又炸美国珍珠港，又对英国开战，中、美、英、苏等国组成了世界反法西斯联盟，小日本彻底完蛋已为期不远了。”屈申亭讲罢，台下官兵群情激昂，响起一片震天动地的口号声：“打倒日本帝国主义！”“团结起来，抗战到底！”“把日本鬼子赶回老家去！”

就这样，屈申亭又公开举起了抗日救国的大旗。这支队伍在屈申亭父子的率领下，押运为新四军筹集的物资，直奔沈丘、界首，向豫皖苏边区抗日根据地挺进。

正当屈申亭率部向豫皖苏边区抗日根据地挺进时，却遭到了国民党顽军汤恩伯部的阻击。面对强敌，他们无法渡过新黄河天堑，只有在沈丘、界首、临泉一带迂回奔波，择机过河。

一天晚上，屈申亭在临泉西部的一座破庙里，召集有关人员商讨渡河事宜。有人提议趁黑夜强行渡河，过去一个是一个，就是遭受些损失，也比这被动迂回、处处挨打强得多；王华山提议通过关系搞一批渡河证件，巧妙渡黄河，减少伤亡和损失。屈申亭经过一阵沉思后，采纳了王华山的建议。

当时，国民党当局为阻止武装部队东渡新黄河，规定渡河必须持有国民党黄河管理委员会颁发的渡河证件。恰巧屈申亭手下有个名叫王彪的副中队长，和黄委会的秘书孙西超是姑舅表兄弟。屈申亭通过王彪了解到，孙西超是淮阳县城关人，河南大学水利系毕业，在黄委会已服务了多年。他业务能力很强，工作认真负责，深受上峰器重，为人也比较老实本分。屈申亭认为此人可以利用，便派王彪携带重金厚礼，连夜赶往黄委会沈丘办事处，找到了孙西超。孙西超笑纳重礼后，满口表示支持王彪他们东进抗日，答应尽快搞到一批渡河证件。

4月10日上午，就在屈申亭他们这支抗日部队焦急地等待渡河证件时，却遭到了国民党汤恩伯部的重兵包围。

原来，孙西超这个面善心恶、见利忘义的卑鄙小人，暗地里向汤恩伯部告了密。

王华山首先发现了敌情，迅速带领二三十名战士冒险突出了重围，但大多数战士处在国民党顽军的枪林弹雨之下。屈申亭听听枪声，仔细观察后，估计顽军足足有一个加强团的兵力，如果组织突围，与顽军硬拼，自己的部队只有死路一条。为了保护大批同志的生命，保存革命实力，他毫不犹豫，挺身而出，对顽军高声喊道："不要开枪，你们的任务不就是捉屈申亭吗！我就是你们要找的屈申亭！我是领头的，有啥问题冲我来，与他们大家无关。"说罢，大义凛然，昂首阔步地走向顽军，并不断回首与即将脱险的战士们告别，说："大家一定要记住，我们是共产党领导的抗日武装部队，要永远跟着党走，为中国人民的解放事业奋斗到底！"屈登瀛也毫不犹豫地走出队伍，义无反顾地紧跟在其父身后，频频挥手与同志们告别。大家都被屈家父子舍生忘死的伟大举动惊呆了，许多战士不禁失声痛哭，就连国民党顽军的一些士兵也低头抹泪，哽咽不止。

屈申亭父子当即被押解到安徽省临泉县城顽军司令部。他们为灭屈家父子的威风，首先来了个下马威，不由分说，对他们父子严刑拷打了一顿，然后分别进行审讯。一个顽军头目气势汹汹地质问屈申亭："你带这么多人枪和军用物资要过河，不知道不准私自过河吗？"

屈申亭怒斥道："日本鬼子在河那边抢占我们的国土，杀害我们的同胞，你们挂着堂堂国军的金字招牌，吃着人民的，喝着人民的，不去前线抗战杀敌，还不让别人过去打日本鬼子，你们就是一群混蛋！纯粹是伤天害理，祸国殃民！呸，我都为你们感到害臊！感到脸红！"

顽军头目恬不知耻，厚着脸皮道："说的怪好听，谁知道你带这么多人枪过河到底是要去干什么？我们只知道你是共产党，是新四军彭雪枫部的总队长。屈申亭，这些都是过去的事儿，咱就不说了。现在只要你登报声明脱离共产党，我不但能保你一条性命，如果还想带兵发财的话，还可以考虑送给你一官半职，后半生过美滋滋的生活。"

屈申亭横眉冷对，破口大骂道："我们共产党人是有信仰的，不像你们这些赖皮狗，给块骨头就摇头摆尾，得点好处就变换主子。抗日我是铁心了，共产主义我是信定了。哼！你们别再枉费心机了，要杀要剐，随你们的便！”

顽军头目看屈申亭软硬不吃，便命手下给他戴上脚镣手铐，押下去听候发落。然后把屈登瀛带过来接着审讯。

那个顽军头目开口就说：“屈登瀛，你爹屈申亭真是聪明、识时务，已经坦白自首，问题都交代清楚了。他刚下去，正在写脱离共产党的声明，估计这两天就能上报纸。小伙子，想死想活，就在今天。事不大，你自己看着办吧！”

这么多年来，屈登瀛对父亲是再了解不过了：为人忠厚善良，对党忠心耿耿，一心抗日救国，在敌人面前铮铮铁骨，宁折不弯。这次他敢于主动地站出来保护部下，就绝不会叛变自首！他想，敌人这是在耍花招，哄骗我。于是说道：“俺爹他是领头的，既然他都交代清楚了，你们还问我有啥用？”

顽军头目一下子被噎住了，眨巴眨巴小眼睛，吭哧了大半天才接道：“他说是他的，你说是你的。这是看你们父子二人各自的态度和认识问题，并不矛盾！”

屈登瀛狠狠地瞪了那人一眼，说：“哼，俺爹根本就不是那种见风使舵、没骨气的人，他绝不会叛变投敌！你们就别耍鬼花招了，有话就说，有屁快放。”

顽军头目冷笑了一声，说：“嘿嘿嘿，年轻人，不要误会，不要误会嘛！我们完全是为你着想的。听说你当过西华抗日自卫军的大队长和新四军的营长。你有才华，前途无量，我劝你不要再执迷不悟了。带着你的部下过来，官还是你的官，兵还是你的兵，包管你以后升官发财，荣华富贵。”

屈登瀛义正词严地说：“共产党是为人民大众谋利益的，我们的目的是砸烂旧世界，建设新社会，让普天下的人民都有饭吃、有衣穿，过上好日子，从来就没有想过自己升官发财，荣华富贵。哼，你们想错了！”

那个顽军头目气急败坏，摇着头嘟囔道：“唉，这些共产党人都顽固不化，不可救药！简直是不可救药！”

当天下午，屈家父子被秘密押赴临泉县城西关刑场。就义前，他们怒斥国民党顽固派，不断高呼口号：“打倒日本帝国主义！”“打倒国民党顽固派！”“中国共产党万岁！”

为了抗日救国，为了中国人民的解放事业，屈家父子献出了宝贵的生命。

这一年，屈申亭 44 岁，屈登瀛刚刚满 22 周岁。

# 二十六

## 王定烈西渡征日伪<br>逍遥镇重组县政权

1945 年元旦节刚过，冀鲁豫军区司令员杨勇、政委宋任穷，将 28 团团长王定烈、政委李世才召到司令部交代新的战斗任务：率部西渡新黄河，挺进豫中，插入敌后，以西华三区（逍遥、西夏一带）、四区（砖桥、万金一带）为中心，恢复、开辟新的抗日根据地。

当时，豫中地区日、伪、顽错综复杂，成犬齿交错之势。1944 年 4 月，日军发动豫湘桂战役，国民政府第一战区御敌无策，汤恩伯部一触即溃，37 天丢失了洛阳、郑州、许昌、漯河等 38 座城市。日军控制平汉、陇海铁路和商（丘）漯（河）公路交通干线上的柘城、淮阳、西华、逍遥等主要城镇，伪 32 军盘踞新黄河西岸西华、扶沟、尉氏一线的河防，第五战区何柱国领所属 12 军霍守义部猬集商水以南地区。这时，华北八路军、华中新四军已开始局部反攻。延安总部派皮（定均）、徐（子荣）支队，张才千支队，王树声、戴季英支队先后挺进豫西，李先念所属新四军 5 师已派出先遣团队渡过淮河北上，挺进中原。根据党中央指示，杨勇、宋任穷要求王定烈部执行先遣任务，西渡新黄河，以西华为中心建立根据地，准备迎接主力西渡。宋任穷政委交代说："你们执行先遣任务，远离后方，将会遇到很多困难。半年前，我们根据党中央关于'向河南敌后进军，开展河南工作，扩大陇海路以南地区水东根据地，向南迅速发展，加强水东武装力量'的指示，组织南下大队挺进水东，建立了水东军分区和水东地委。你们越过陇海路，先到睢杞太根据地水东军分区司令员余克勤、政委袁振处，再到淮太西根据地西华县东夏亭镇，控制新黄河东岸，寻机渡河西进。"并告诉他们说，"西华早就有党组织活动，是咱新四军 4 师的发祥地，革命老区，群众基础好，现在仍有地下党组织存在。创建根据地，要紧紧依靠地下党组织和广大人民群众。到时候，王其梅、施德生他们会派人同你们联系，具体联系办法你们去找王幼平主任。”

王定烈率领128团(简称28团)经过十几天长途行军,于1945年1月27日夜,越过敌伪陇海铁路“封锁线”,安全抵达水东根据地。为出其不意给日伪军以沉重打击,在水东军分区部队配合下,29日夜晚,28团攻克了睢县河堤岭据点,全歼伪军孟照华大队300余人,旗开得胜。

战后,部队转入休整,做渡河的准备工作。王定烈、李世才他们分析:为控制河东沿岸,必须铲除盘踞在太康县西北彭庙、叶寨一带泛东挺进军所属第五纵队2000多人。他们同日伪暗中勾结,搞什么“曲线救国”,向水东地区大举蚕食,捕杀抗日干部和人民群众,如不歼灭他们,渡河西进则比较困难。

农历大年三十晚上,天寒地冻,北风凛冽。部队官兵吃完饺子,在水东军分区部队的带领下,奔袭彭庙、叶寨。大年初一黄昏,部队隐蔽接近敌人。半夜时分,将喝得醉醺醺的伪军突然包围。伪军凭借长期经营的工事进行顽抗。经过两天三夜激战,将伪军全部消灭,活捉挺进军中将司令张公达和第五纵队少将司令耿明轩以下千余人,各类枪支1800多支,弹药无数。只此一仗,就使扶沟、陈留、通许一带的伪游杂部队闻风丧胆,连夜逃往新黄河西岸,从尉氏到西华一段新黄河东岸为共产党军队所控制。

在消灭新黄河东岸伪顽军的同时,王定烈、李世才将西华教育界知名爱国人士刘芳亭,请到淮太西抗日民主政府所在地东夏亭镇了解敌情。刘芳亭说:“对贵党沈东平、王其梅,我县屈、胡、侯三位司令我都很熟悉。这次为协助贵军渡河恢复失地,敝人愿效犬马之劳,赴汤蹈火,在所不辞,明天早晨我就出发。”半个月后,他便将周口、西华、扶沟、尉氏、鄢陵一线日、伪、顽的布防情况绘成草案,亲自送到团部。

为进一步摸清核实情况,参谋长常志义率侦察人员,化装跟随刘芳亭再次进行了实地核查,核清了日、伪、顽兵力部署、番号、指挥系统、工事、地形、活动规律和当地民情、水情等情况。根据敌情,王定烈他们决定:渡河后,在西华、上蔡、商水三县接壤地区建立根据地。

此地日、伪、顽交错,敌人统治力量比较薄弱。西华曾是革命根据地,豫东特委所在地,群众基础好,有地下党组织存在,背靠新黄河,军事上回旋余地大。人民备受水、旱、蝗、汤(国民党汤恩伯的军队)之苦,生灵涂炭,民不聊生,处于水深火热中,革命老区人民盼望共产党、八路军早日打回来。

自从1938年6月国民党军队炸开黄河花园口后,几年来黄水横流,泛滥成灾,数百万人民流离失所,成为饥寒交迫的灾民。大片良田、村庄、城镇惨遭洪水吞噬,形成一个广阔数百里的黄泛区,许多地段要通过几十里的淤泥地带,才能靠近河岸。正如陈毅在《五过黄泛区》一诗中所描述的"一过黄泛区,走沧浪,淤泥过膝,人马欲渡川无梁"。为了慎重选择渡河地点,王定烈与侦察参谋沿河又作了进一步侦察,最后选定扶沟县白潭西北作为渡河地点。这里河面有八九华里,对岸只有两个汉奸中队。由于河面比较开阔,守备松懈。

扶沟县吕潭镇是抗日民族英雄吉鸿昌和"卢沟桥事变"率军打响全民族抗战第一枪的吉星文的故乡。吉鸿昌在故乡人民群众中具有很高的威望。28团在吕潭镇召开了由上万群众参加的大会,沉痛悼念抗日民族英雄、著名共产党人吉鸿昌,慰问烈士家属,并拨出一部分粮食、物资救济贫苦群众,群众很快就被发动和组织了起来。侦察排在地下党人的带领下,沿涡河故道上下100多里找到5条船。船民听说请他们帮助过河打鬼子,都异口同声地说:"只要打老日,干啥都中,要船给船,要人给人。"他们协助侦察排拖的拖、抬的抬,几天工夫便将5只船集中到了渡河地点附近的芦苇荡里隐蔽起来。5只船要在较短的时间内把部队全部运过新黄河,是不可设想的。如果敌人援兵赶到,半渡而击,或白天日军飞机轰炸扫射,都会遭受严重伤亡,十分不利。于是28团决定夜间偷渡,把日伪军控制的200多条船夺过来,完成抢渡任务。

5月14日下午,王定烈等团首长和连队指挥员到达渡河地点,现场观察地形、水势,同向导一道研究风向、流速和登陆地点。他们决定严格保持方位,利用夜幕作掩护,将船驶过去,占领离敌人据点较远的一片小土岗,然后沿岸北上,绕到日伪阵地后面,进行偷袭。

一切准备就绪。黄昏时分,在落日余晖的照耀下,5连连长冀述礼和6连连长张水泉率队登船,直取对岸。一个多小时后,在预定的登陆地点,他们通过望远镜,看到隐隐约约闪烁了几点红色的灯光。这是登陆成功的信号,也是鼓舞人心的信号。6连登陆后,以一个排的兵力奔向日伪军船后,主力则直捣伪军南曹据点。夜里10点钟,5连一排的战士悄悄摸上敌船,连一个哨兵也没碰上,他们已经"呼噜噜"地进入了梦乡。当战士们用刺刀挑开被窝时,他们还以为是自家人,迷迷糊糊地喊"别开玩笑,别开玩笑"。"快起来,缴枪不杀!"伪军们被喊声惊醒,一个个吓得目瞪口呆,哆哆嗦嗦地举手就擒。

船民们看见八路军过了河,人人喜出望外,纷纷控诉道:"二鬼子(伪军)扣了俺几个月,不让出船打鱼,有家不能回,害得俺没吃没喝的。你们可救了俺的命了。"听说大部队还等着过河打日伪军,二话不说,便扬帆东渡,迎接等待渡河的部队去了。5连、6连一路向南曹据点进攻,酣睡的伪军遭到突如其来的打击,犹如惊弓之鸟,纷纷四散逃命。有几十个跑得慢的伪军,都乖乖当了俘虏。

翌晨，当日军从许昌派出飞机给扶沟曹里的伪军吊丧、轰炸渡口时，28团正以急行军的速度向西华第四区砖桥进发了，载部队渡河的船只也驶进了下游的芦苇荡中隐蔽了起来，部队神速渡过新黄河天堑。扶沟、西华的老百姓都流传着“八路军天兵天将，一个夜晚几千人飞过了新黄河”的佳话。

部队全部渡河后，王定烈立即向杨勇、宋任穷发报：“我部已抵达黄河西岸，正向预定地区疾进！”

28团离开黄河渡口后，挥师南下，一路急行军进入西华、扶沟、鄢陵交界处的苏桥、侯桥村宿营。部队进村后，立即封锁消息，人员准进不准出。

刚刚安顿停当，警卫排长杨彪便带着两位衣衫褴褛的讨饭人来到团部向王定烈报告：“这两个讨饭人，给了饭吃后还赖着不走，在团部周围转悠来转悠去，向战士们打听这打听那，怀疑他们是敌伪的侦探。”经询问，原来二人是西华地下共产党组织派出来的向导，化装成泛区难民前来接应28团。王定烈随即向二人了解颍河、沙河的情况。他们介绍说：“颍河上有好几处桥可通过，沙河在西夏亭至逍遥中间有几个渡口，船只不少，也比较好筹集。”王定烈安排侦察连化装成便衣，在地下党人的带领下，到新桥一带侦察。

半夜时分，全团在月光下急行军，顺利通过了颍河。拂晓时，到达西华沙河边的前仓门村，随即派人控制了沙河渡口，部队隐蔽在村内休息。全村群众听说八路军要过河，烧水的烧水，做饭的做饭，亲切慰问子弟兵。他们拉着战士们的手说：“听说你们是从水东打回来的抗日部队，要好好治治那些害人的二鬼子和土匪。”战士们纷纷表示，一定要多杀日伪军和土匪流寇，为老百姓报仇雪恨。傍晚，部队从前仓门村安全渡过了沙河，一夜急行军进入了西华县第四区。

这里是日、伪、顽三种势力的大杂烩。28团的到来，就像一把锋利的钢刀插进了他们的心脏，迫使他们悄悄地向各方龟缩。部队在青年村做了一次轻装，然后开始踏入上蔡地界，主力向东活动，准备熟悉一下地形。而盘踞在五沟营的伪军暂编第8师一部，当晚就到28团后面捡洋捞儿。但他们洋财未发成，反而被共产党干部轮训队和一个司号排击退。为解除后顾之忧，次日黄昏，28团集中主力杀了一个“回马枪”，一举占领伪军暂编第8师师部所在地贾楼村。

第二天早晨，部队再次挥师东向。在准备吃午饭时，有一位算卦瞎子吵吵嚷嚷，说要给部队长官算命，警卫战士说我们八路军不迷信，不让进团部，他闹着非进不行。

李世才安排警卫员让他进来。二人一问一答：

“何人闯军营?”

“庭占卜前程。”

“瞭望非常人?”

“到后言真情。”

那盲人答罢，从卦带中摸出半块竹制麻将牌“八万”递了上去，李世才将另外半块“八万”对到一块后又交给了盲人。那盲人自我介绍说：“我是西华县委派来给部队送情报的联络员。”李世才望着来人惊奇地说：“联络员竟是位盲人！你叫什么名字?”来人说：”刚才不是说过了吗?”李世才说：“没有啊。”“你把刚才的接头暗语再说一遍。”来人提示道。李世才默默复述了一遍刚才的对话后恍然大悟，这是一首藏头诗，“何庭燎(瞭)到”。他立即上前一步，紧紧握住来人的手热情地说：“你就是拄着一根竹竿，到大别山向党组织汇报工作的何庭燎同志啊！”何庭燎摇了摇头说：“小事一桩，那不值得一提。”然后拧开他走路用的竹竿，取出绘制好的砖桥镇西华自卫团张坦然部和五沟营伪军的兵力布防图。并详细介绍了西华、商水、郾城、上蔡、汝南各县的敌情、民情，还介绍了占据上蔡、汝南的何柱国国民党军队情况。最后说道：“我们建议部队向西、向东发展，建立根据地，对上蔡的何柱国所辖霍守义部采取‘人不犯我，我不犯人，人若犯我，我必犯人’的自卫原则。德、意等国法西斯遭到毁灭性打击后，日伪军士气低落，当前正是打击日伪据点的好时候。张坦然自卫团里有我们的同志，进攻砖桥时，只要打出胡、屈、侯部队从水东打回来的牌子，他们就会在内部接应。张坦然这个家伙是我们的冤家对头，那年他领着81师剿三岗，没少杀咱们的人，决不能轻饶了他个孬孙！”

正要吃饭时，侦察员赵二虎捉住一个鬼鬼祟祟的家伙。那家伙进门点头哈腰地说：“长官，鄙人是西华自卫团张坦然团长的听差，被贵军截住，实属误会！误会！”王团长接过侦察员从他身上搜出的文件，其中有拍给何柱国的电报：

> 何司令长官钧座：
>
> 前日南来土匪，约1500人众，机枪数十，步枪千余，携带大车、土车数十辆，满载军用物资，似图窜犯华陂集。望趁其立足未稳，与聚而歼之，以除腹患，总座英断。
>
> 张坦然叩首

王定烈看完未露声色，告诉胡参谋说："好好招待'客人'，不要惊吓了他。"

张坦然这个自封的"西华县自卫团团长"，率领一群乌合之众长期盘踞在西华县第四区区部所在地砖桥镇，占踞西华县西南方圆数十里地盘，是个无恶不作的地头蛇。1941 年，国民党 81 师进剿三岗抗日根据地时他打头阵，是屠杀共产党和进步爱国人士的刽子手。这家伙为人极其狡诈，善于看风使舵。他平时备有两种旗子，日本人来了挂"膏药"旗，中国军队来了就挂"青天白日"旗。两天前，28 团从砖桥"借道而过"，为争取他抗日，还派人送信给他，晓以民族大义，要求他只要倒戈抗日，则既往不咎，并警告他不得乱动，否则将遭到毁灭性打击。当时他虽戒备森严，却未敢动手，还从寨内送出几百斤粮食和一包食盐敷衍 28 团。可事后他却使出"借刀杀人"的卑鄙手段，妄图置 28 团于死地。是可忍孰不可忍！张坦然做梦也没想到，他这个恶毒的计划恰巧落在了冤家对头之手。

既然"货"已上门，又有地下党组织提供的详细情报，王定烈等人一商量，决定顺手牵羊，拿下张坦然部。于是，一面下令做攻城的战前准备，一面给这位"客人"酒食款待。王定烈团长令他回去"致意"张团长："我八路军乃抗日军队，仁义之师，凡是中国人都应该支持。他阴谋消灭我们是错误的，希望他悬崖勒马，回心转意，做一个真正的中国人……""客人"不时地抓耳挠腮，说："小人遵命，贵军真是仁义之师，小人尽力而为。"然后便兴冲冲地复命去了。等他刚刚进入砖桥，寨门已被 28 团封锁。张坦然没想到八路军会这么快来收拾他，率部仓促应战，企图固守待援。在西华地下党组织的策应下，只经过半个多小时的战斗，就攻破了围寨，生擒了张坦然。

之后，在地下党组织的引导下，部队分头奔袭，一天一夜横扫了周围 18 座土围子，缴获各种枪支 600 余支，还有大批弹药及其他军用物资。附近的地头蛇和匪帮被铲除，人民群众无不拍手称快。

第三天，西华县第四区抗日民主政府在砖桥挂牌成立。区政府在中共地下西华县委领导下，宣传共产党的政策，深入发动群众，开展减租减息活动，并迅速建立了乡村政权。

根据地的建立，引起了国民党军队的惊慌，何柱国急忙调集霍守义部 111 师、112 师共 5 个正规团，还纠集商水、上蔡等 5 个县的保安大队约 14000 余人，杀气腾腾地逼向根据地，企图趁 28 团立足未稳，一口吞掉。面对强敌，他们采用"集中优势兵力，各个歼灭敌人"的战略，出奇制胜的战术，集中全团兵力歼灭敌人一个先头连。几天后，又采用掏心战术，利用夜色作掩护，远途奔袭商水县保安大队的老巢贾寨，歼敌500多人。这样一来，打乱了敌人的部署，迫使霍守义5个团龟缩回原驻防地，与根据地军民对峙。霍守义部一面从正面挑衅，一面勾结盘踞在五沟营的伪军暂编第八师，策划从后侧对根据地进行骚扰，使根据地腹背受敌。伪军自然也想趁火打劫，从根据地捞点外快。此时，攻取五沟营是势在必行。

五沟营是个大集镇，有七八百户人家，是漯（河）上（蔡）公路和洪河水路运输的交通要道，占领该镇不仅可以扩大根据地，解决民主政权初建时筹粮、筹款的困难，把日伪军挤回平汉线上，更重要的是，可以打通和李先念领导的新四军5师的联系。王定烈率部利用国民党霍守义部不敢贸然发动进攻的间隙，声东击西，挥戈西向，在一个伸手不见五指的夜晚，将五沟营团团包围。发动攻击后不到一顿饭的工夫，全歼守军伪军暂编第八师800多人，缴获多种枪支700多条、大批军用物资和弹药。这场战斗，使28团声威大震。

28团连续战斗，先后占领逍遥、老窝、张明、邓城、谭庄、十里园、望田、古城等集镇。之后，建立了中共郾上西县委和郾上西抗日民主政府，县政府设在万金，下辖5个区。赵舒天任县委书记，冯明高任副书记兼组织部长，侯杰任民主政府县长兼县大队长，郝海林任副大队长，杜学章任公安局长。

随着逍遥、西夏、奉母、老窝为八路军占领，根据冀鲁豫水东地委的指示，施德生在逍遥宣布成立中共西华县委和抗日民主政府，西华县逍遥镇沙沟村人冯明高任县委书记兼县大队政委，甘文枝任县长兼县大队长，李海涵任民政科长，赵明初任财政科长。县政府下辖4个区，逍遥区长牛明章，西夏区长李学文，老窝区长吕昆吾，奉母区长王负吾。

为适应根据地发展的需要，7月中旬，中共西华县委在逍遥镇举办了军政干部学校，由李世才任校长，刘少楼任教育长，招收青年男女100多人。学校以《新民主主义论》《论联合政府》《中国革命和中国共产党》等为基本教材，学员毕业后全部参加了革命，成为区、乡政权的骨干。

其间，28团在淮太西县东夏亭区队、五里口区队的配合下，攻下了西华县城，建立了城关区（属淮太西县），张仁甫任区长兼区委书记。6月下旬，经冀鲁豫区党委批准，在西华逍遥镇建立了中共冀鲁豫区第十三地委和十三军分区（亦称水西地委和水西军分区），统一指挥京汉线以东、陇海路以南、新黄河以西的党政军民工作。王其梅又重新回到西华，担任地委书记兼军分区政委，李世才任军分区司令员，施德生任组织部长，孙一鹏任民运部长，沈斌任地委委员兼行署秘书长。从此，水西地区的革命形势逐步走向高潮。

革命政权建立后，在根据地大力开展减租减息运动，努力减轻人民负担。自从1938年6月黄河花园口决堤后，西华、扶沟、尉氏等县黄水腹心地带的人民饱受水、旱、蝗、汤之苦，全家、全村淹没者有之，卖儿卖女者有之，再加上民国三十一年（1942年）百年不遇的大旱之灾，流离失所、举家外出逃荒要饭者更是不计其数。而豪门权贵则乘机巧取豪夺，霸占或以极低的价格"收买"土地（甚至每亩地只给三两块钱）。当抗日民主政府提出"赎回土地"口号时，立即得到广大农民群众的热烈拥护和积极响应，干部每到一处，总被诉说案情的人们围得水泄不通。一些开明士绅在共产党政策的感召下，主动向农民退地，一些土豪劣绅迫于形势的压力，也不得不让农民按原价赎回自己的土地。

为了保卫胜利果实，在共产党组织的引导下，广大劳动人民积极地成立"抗日自卫队""妇女救国会""老人会""儿童团"等组织，站岗放哨，检查行人，协助当地政府维持社会秩序，为部队提供军鞋，保护公共财产。为支援部队作战，第一个秋季，西华根据地人民就缴纳300多万斤爱国公粮。在各级党组织、民主政权的动员组织下，青年农民踊跃报名参军，原在根据地隐蔽的胡晓初、屈申亭的旧部也都纷纷返回部队，投入到与日伪战斗的行列。西华这块抗战初期共产党建立的根据地，又恢复了勃勃生机和活力。

28团到水西半年的时间，尽管历经频繁作战，但部队人枪扩大了近两倍。解放区各县、区都建立了地方武装，共计有1900多人枪，仅西华县大队就辖三个武装加强连，600多人枪，建立了以西华逍遥、砖桥为中心的抗日游击根据地。

中共豫东特委在西华三岗点燃的抗日烽火在水西已成燎原之势，拥有近百万人口和4500平方公里的根据地，为八路军、新四军主力进军中原建立了桥头阵地。随着扶沟县城的解放，水西、水东根据地已经连成一片，和皖西、豫南、伏牛山、嵖岈山等抗日根据地遥相呼应。漯河、许昌、驻马店的日伪军只能龟缩在平汉铁路的各个据点里，惶惶不可终日。昔日"不可一世的大日本皇军"，正处在中国军民的包围之中，已感到自己末日的来临；维持会的汉奸走狗们在据点内外发出阵阵哀鸣，害怕日军战败后人民对其进行正义的审判。

# 二十七

## 魏凤楼柳林举义旗
## 东夏亭军民庆胜利

中共“特别党员”、抗日民族英雄、原鹿邑县国民政府县长魏凤楼曾经走了一段抗日救国的弯路。

1939年秋天，魏凤楼抱着可得到武器装备等军需，能更好地抗击日伪军的美好愿望，接受了国民政府第一战区对“鹿邑县抗日农民自卫团”的改编，成为“国民政府第一战区第一游击纵队司令”。之后，他率部在豫东连续端掉好几个日伪军据点后，奉命率部驻守豫西重镇临汝。可在此后的几年里，国民政府及第一战区从未向第一游击纵队发放过武器弹药等装备，每月只给这支5000余人的部队拨付3万元纸钞。随着国统区通货膨胀，物价像拉不住的风筝一样疯涨，这笔经费连基本的生活都不能保障。在1941年的“中条山战役”中，第一战区却将第一游击纵队按一个正规师使用，临时给个“新10师”的假番号，摆放在一个非常危险的位置上，致使该部最终被日军团团包围，全军覆没，仅有500多名官兵拼死突围出来。意志坚强的魏凤楼毫不气馁，收容残部，返回临汝重整旗鼓。不久，他又组织了4000多人，自造枪支弹药装备部队，开荒种地，自己动手解决给养等问题，恢复了“第一战区第一游击纵队”建制。1944年春天，第一游击纵队奉命开往陕县张茅镇守卫黄河，隔河与日军对峙。不久，日军打响了“豫、湘、桂战役”。国民党部队闻风丧胆，一触即溃，日军很快便渡过黄河攻占洛阳，横扫包括陕县在内的豫陕一带。第一游击纵队因负责掩护国军其他部队撤退，不幸再次被日军包围，魏凤楼被捕。面对日军司令官的威逼利诱，魏凤楼宁死不屈，机智应对，一再表示坚决不为日军效力。日军劝降无效，看他年迈体残（在豫东率部端日伪军据点时左腿被打伤致残，有“瘸腿将军”之称），以后不会再有什么大的作为，便假借驻守开封的汪伪“和平救国军”第二方面军总司令孙良诚（魏凤楼在西北军时的同僚）之手,将其“解甲为民”。

在得知魏凤楼“解甲归田”的消息后,中共冀鲁豫边区党委及时派城工部副部长兼开封市委书记李苏坡,到西华找到魏凤楼,代表组织欢迎他回到共产党这边来。魏凤楼听后,十分痛苦地摇了摇头说:“闺女回娘家还要抱只鸡,没有鸡也拿几个鸡蛋。我掂着10个红萝卜(空着手),咋有脸回去哩。昨天,我已接受了张岚峰(汪伪“和平救国军”第四方面军总司令,魏凤楼在西北军时的部下)对我‘淮(阳)太(康)西(华)绥靖司令’的任命,准备在淮阳柳林集‘名正言顺’地招兵买马,重拉队伍。新部队组成后,我就拉回去(起义)。”最后请求说,“李参谋(魏部驻守豫西时,李苏坡受共产党组织派遣,曾任该部参谋),希望党组织派一批干部来指导工作。”李苏坡当即表态说:“魏凤楼同志,你重拉队伍的想法很好!回去后,我立即给领导汇报,请组织上派人来协助你开展工作。”

1945年2月初,魏凤楼在淮阳西华接合部柳林集招兵大旗一树,报名者络绎不绝,10天之内便择优招收了300多人。之后,他带领几十名技术人员和能工巧匠,自造枪支弹药,再加上收集民间枪支,队伍很快就突破了1000人枪。

部队组建不久,中共冀鲁豫区委十二地委派杨春芙(河南开封人,西华早期共产党员李子纯烈士之妻,曾任魏部被服厂厂长、中共地下党总支负责人)、杨木林、戴德等人来到柳林,秘密会见魏凤楼。那天晚上大约11点钟,在柳林集寨内一片空旷地的井台边,杨春芙首先向魏凤楼传达了党组织对他的关心和问候。在将党组织希望他早日起义的意图说了之后,魏凤楼坚定地表示:“杨大姐,成放心啦,我率部起义是早晚的事,只是目前人数太少。看现在的情况,在短期内会增加很多人。请等一段时间,人多了俺再拉回去。”然后又说,“我要带更多的人枪回到解放区。否则,内心是很不安的。”杨春芙说:“老魏,只要你回来,带不带队伍都中,组织上欢迎你早日回来!”临别时,杨春芙还给魏凤楼留下了毛泽东的《论联合政府》、《新民主主义论》等书籍和文件,以从理论上提高他的认识,促使其认清形势,下定决心早日率部起义。

就在杨春芙他们走后的第二天,魏凤楼悄悄地派其弟魏凤禧带领两名随员,来到冀鲁豫军区十二军分区进行实地察看。

对魏凤禧的到来,中共冀鲁豫区委、军区领导非常重视,派敌工部副部长魏克仁接见了他。魏凤禧在魏克仁的陪同下,亲眼看到了解放区欣欣向荣的局面,又受到了军区领导的热情款待,甚是感动。他当即表示:“我哥虽是老粗,但粗中有细。这次我亲眼看到的情况,当如实转告,并劝他早日归来。”

魏凤楼是一位具有卓越的组织才能和很大影响力的人物，真可谓是振臂一呼，应者云集。西华、淮阳、鹿邑、扶沟一带的老百姓听说魏凤楼招兵买马，那真是有人出人，有枪出枪，有钱出钱。因为上述地区的很多人都认为，跟着魏凤楼是干正经事儿，全家人脸上都光彩，就连亲戚朋友都能挺起腰杆儿走路。因此，在树起招兵旗短短的几个月后，即1945年初夏，魏凤楼部队就拥有3个团，1个独立营，计3800多人。

5月下旬的一天上午，汪伪"和平救国军"第四方面军总司令张岚峰部驻柳林集北部的一个营，突然和新四军的一支部队打了起来。此前，那个营曾派人来魏凤楼部传达过张岚峰的命令，要他们这两支队伍相互配合，协同作战，并通报说近日很可能有战事，作好协战准备。那天，魏凤楼听到枪声后，立即带领一个营迎了上去，在路上正巧碰到退却的新四军部队。一名部下问"打不打"，魏凤楼瞪了那人一眼说："打谁呀？你没看这是新四军吗！放行！"

张岚峰接到魏凤楼放走新四军的报告后大吃一惊，他对亲信张冠五说："五弟，魏凤楼当初给我说组织一支队伍维持社会治安，没想到他在短短的几个月内便发展三四千人。这人本来就和共产党走得很近，前天又故意放走一批新四军，我看他更靠不住了。派你去他那里任军法处长，死死盯住魏凤楼，一有情况立即报告！另外，我准备再派一个加强营驻守柳林集附近，密切监视魏部。如遇特殊情况，你可以直接与他们联系。"张冠五说："中啊，我去魏部！总司令，我看实在不行的话，就趁机把魏瘸子干掉算了！"张岚峰说："现在还不是时候。你先去报到，需要动手时，我再通知你。"

农历六月初的一天上午，张冠五向张岚峰秘密报告："魏凤楼私通共产党和八路军，种种迹象表明，他近期可能有重大行动。"张岚峰沉思片刻，伏案写了一道手谕，随即派手下蔡洁臣带到柳林。其内容是：

> 淮太西绥靖司令魏凤楼治军有方，部队发展迅速，可祝可贺。其部现已名不副实，即日起将该部更名为"豫东游击纵队"，魏凤楼任司令，蔡洁臣任副司令。特拨给该部六零式火炮6门，轻重机枪30挺，步枪300支，命魏凤楼司令亲自前往商丘领取。
>
> 和平救国军第四方面军总司令张岚峰
>
> 中华民国三十四年七月十日

魏凤楼看罢手谕，心想：张岚峰既给人又送武器，他从来就没有这么大方过。让我亲自去商丘领武器弹药,看来是黄鼠狼给鸡拜年——没安好心!哼,别说发给俺枪炮,就是把张岚峰你的总司令给我,俺老魏也不去!蔡洁臣这人可以留下当副司令,但“豫东游击纵队”的番号坚决不能接受!

等了几天,张岚峰看魏凤楼没有行动,觉得大事不好,立即又派一个加强营驻守在柳林附近的齐老家村,就近监视魏凤楼部队。一旦有风吹草动,他将调动大批部队压垮魏凤楼。

一天,魏凤楼突然收到了国民政府军事委员会委员长蒋介石派人捎来的口信:魏凤楼部如接受国军改编,委任魏为河南省政府主席。

与此同时,中共党组织也看清了魏凤楼的处境,明确由冀鲁豫军区政治部主任兼边区党委城工部长王幼平,具体负责魏部起义事宜,又及时派李苏坡、理至善、高士贤、刘学孔、刘尚文等人到魏部工作。李苏坡还给魏凤楼带来了“冀鲁豫军区抗日游击豫东纵队司令”的委任状和王幼平的一封亲笔信。王幼平在信中指出:“抗日战争已经到了决胜关头,望你(魏凤楼)尽快举起人民军队的旗帜,投奔解放区,免遭敌人的暗算。”那天,魏凤楼看罢王幼平的信后对李苏坡说:“李主任,你这一来,我心里更加有数了。蒋某人许的河南省政府主席俺坚决不干,就戴你送给我的豫东纵队司令这顶帽子。”

8 月 1 日这天上午,艳阳高照,碧空万里。中共冀鲁豫边区党委敌工部副部长魏克仁受党组织的派遣,悄然来到魏凤楼部队,给魏凤楼带来了一个期盼已久的大好消息:“第一,经中共中央冀鲁豫分局批准,从即日起,恢复魏凤楼同志的党籍,仍为‘特别党员’;第二,魏凤楼部队正式编为‘冀鲁豫军区抗日游击豫东纵队’。”魏凤楼听后激动不已,连声说道:“感谢党!谢谢中共冀鲁豫分局!也感谢魏部长你给我带来这个大好消息!请党组织放心吧,俺一定不辜负党和人民的期望,将努力履行入党时的誓言,做一名合格的共产党员,带好这支即将获得新生的队伍。”

这天,汪伪高级特务孙有福向张岚峰报告:“张总司令,据可靠情报,魏凤楼近日情况异常,有不少陌生人经常出入他的营区,他有投奔八路军的迹象。”张岚峰听后冷笑了几声,恶狠狠地说:“立即启动最后方案。必要时,找张冠五配合你行动。”孙有福应诺而去。

当日夜晚,天空中淅淅沥沥地下起了小雨,一片黑暗,伸手不见五指,柳林魏部军营一片寂静。孙有福带领两个蒙面人翻墙潜入魏部大营,很快便接近魏凤楼住处。

此时,魏凤楼正在灯下全神贯注地研读毛泽东的《论联合政府》,全然不知卧室顶上有一个黑衣人正在向下窥视,更不知另一个刺客已经悄悄地摸到了他的窗前。这时,一名巡逻兵端着枪走过来,被刺客猛地刺倒在地。那个刺客复转身,将黑洞洞的枪口对准了埋头读书的魏凤楼。住在东厢房的手枪连连长刘尚文听到动静,赤脚冲到门口,借助一道闪电,一枪击中屋顶上的那个刺客。随着一阵瓦砾声响,那家伙重重地摔在地上。魏凤楼听到枪响,"噗"的一声吹灭了灯。窗前的那个刺客手一颤抖,一颗子弹从魏凤楼耳边呼啸而过。

军法处长张冠五正搂着小妾睡觉,忽然听到枪声,立马意思到是孙有福行动了。他正要穿衣开门去探听消息,就听孙有福边敲门边低声喊道:"张处长,快开门！快开门！失手了。"张冠五得知事情已经败露,怕连累自己,拉开房门,顺势举刀将孙有福杀死在门口。

1945年8月14日,日本天皇发布投降诏书。次日,日本内阁宣布接受《开罗宣言》和《波茨坦公告》,无条件投降。这时,身为汪伪"和平救国军"第四方面军总司令的张岚峰摇身一变,成了国民党新编第三路军司令,他还从蒋介石那里给魏凤楼弄来了一张新编第三路军56师中将师长的委任状。

面对张岚峰一系列大大小小的动作,此时的魏凤楼胸有成竹。他心里笑着说:"张岚峰啊张岚峰,你也太自作聪明了,你玩这些小把戏,是瞎子点灯——白费蜡(啦)。可话又说过来,这也不能全怪你张总司令太无能,因为你不知道俺老魏是共产党的一名'特别党员'！"

这天晚上,在魏凤楼戒备森严的办公室里,魏克仁、李苏坡、杨春芙、魏凤禧、李跻青、刘尚文等人围坐在一起开会,具体商讨起义事宜。会议已经进入尾声,魏凤楼望着众人说:"就按刚才大家的意见,后天早晨行动。"

为进一步坚定魏凤楼起义的决心,解除其后顾之忧,8月19日上午,共产党组织指派魏部手枪连连长刘尚文,以看望朋友胡太太为名,陪同魏凤楼的太太王志贞及其儿女们,来到距柳林西边七八里的魏部三团驻地侯家铺,住进了团长胡子元(西华县西夏亭胡家楼村人,原西北军军官,爱国进步人士)的家里。当天晚上半夜时分,杨春芙带领八路军的一个连,悄悄地从胡子元家把魏凤楼的家属接到了淮太西解放区东夏亭镇。

8月20日黎明,万道霞光铺洒在柳林魏部军营的大操场上。魏凤楼部全体官兵列队集合,团以上军官都站在主席台上。身穿新式土灰色军装的魏凤楼正在讲话:"兄弟们,你们跟着我混了大半年,今天终于穿上新衣裳了。这军装是我老魏亲自设计的,好看吧！穿在身上威风吧！"他看众人高兴得又蹦又跳又抛帽子,就更来劲了,"我再告诉大家一个好消息,现在发新枪,都是钢枪,是俺从孝义兵工厂请的几十名师傅造出来的,所有士兵,一人一杆钢枪。"

官兵们激动地高呼起来:"跟着魏司令!跟着魏司令!"

台下突然有人问道:"魏司令,发枪咋不发子弹呀?"

魏凤楼哈哈一笑道:"钢枪都发啦,还会不发子弹?等着吧,子弹咱有的是!"

这时,刘尚文慌慌张张地跑过来,按事先的安排,对着主席台高声喊道:"报告魏司令,有重大情况!"

魏凤楼故意高声反问道:"啥?有重大情况!"就在这时,预先埋伏在不远处的冀鲁豫军区警卫营600多名荷枪实弹的官兵突然包围了会场。刘尚文的手枪连官兵也都把黑洞洞的枪口对准了主席台。

冀鲁豫军区警卫营马营长持枪来到魏凤楼面前,行了个军礼,说:"报告魏凤楼同志,冀鲁豫军区警卫营前来报到,暂归你指挥。"说音落地,从四周传来一阵对空鸣放的枪声。台上台下一片愕然,大家都不知道出了啥事。魏凤楼向前跨了一步,说:"兄弟们,你们都听见枪声了吧!现在,八路军有一万多人包围着我们,要反抗,咱谁都别想活命。"停了停又说,"蒋介石要收编我们。他是个啥货谁不清楚,咱为啥还要为他卖命?共产党、八路军的所作所为,大家都看得清清楚楚。现在,我已与八路军联系上了,他们对我们将要采取的正义行动,表示非常欢迎。大家都想想,以后的路该咋走?"

魏凤楼话音还未落地,台下的刘尚文便高声喊道:"魏司令,我们起义吧!"手枪连的士兵们齐声呼喊:"起义!起义!起义!"

魏凤楼摆了摆手,高声说道:"大家肃静!肃静!我现在宣布,部队起义啦!我提出三点要求:一、以4路纵队,按八路军规定的路线急行军;二、任何人不许掉队,实在走不动的就用车拉;三、不愿意走的站出来,发给回家的路费。"

魏凤楼宣布后,台下稀稀拉拉地响起了掌声。就在这时,站在台上的张冠五悄悄地摸出手枪,将枪口对准了近在咫尺的魏凤楼。只见不远处的魏凤禧眼疾手快,"砰"的一枪,击中了张冠五举枪的右手,又一枪结束了他的性命。

蔡洁臣掏出手帕,用颤抖的手擦着满脸的汗水。魏凤楼瞟了他一眼,继续说:"这个军法处长是个大汉奸,是张岚峰派来专门监视俺的。杀了他,算是祭旗。兄弟们,我再告诉你们一个秘密,俺老魏早就是共产党'特别党员'!"

站在主席台上的李跻青振臂高呼:"跟着共产党,跟着魏司令!"胡子元也高声喊道:"兄弟们,我们起义,跟魏司令走!"

一看两位团长表明了立场,许多官兵也跟着高喊:"我们起义,跟魏司令走！”

魏凤楼看看蔡洁臣说：“蔡副司令，我早就知道张岚峰派你来的目的。好在你为人正派，来部队后并无损害我们的举动。如今何去何从，你自己决定吧！要走，我派人送你；要留，我们欢迎！”蔡洁臣望着魏凤楼说：“老魏呀！我也跟你走！”

大操场上悄无声息，官兵们都目不转睛地注视着魏凤楼。这时，只见他右手用力一挥：“出发！”

当魏凤楼部顺利开出驻地10华里以外时，柳林集上空响起了一阵清脆的枪声。这是担任警戒的魏克仁他们为警告张岚峰那个加强营的示威。那个加强营突然听到枪声，一时丈二和尚——摸不着头脑啦，龟缩在驻地乖乖地待着，不敢妄动。半个小时天大亮后，当他们探出头向柳林集打探消息时，魏凤楼部正大踏步行进在20华里开外的解放区大道上。

1945年8月20日上午，魏凤楼率领起义部队，安全转移到距柳林30多华里的淮（阳）太（康）西（华）县抗日民主政府驻地东夏亭镇。淮太西县抗日民主政府成立于1944年8月，辖8个区，隶属冀鲁豫边区政府12行署，俗称水东行署。

此时此刻，置身在解放区的魏凤楼精神抖擞，心情无比舒畅。这位在军事上大起大落的传奇式人物，自从1938年在中国共产党的帮助下组织地方抗日武装，尽管他的部队中曾有中共党支部、总支，几十名党员，但这支部队从来没有公开举起过人民军队的旗帜。当地的老百姓都知道，说魏凤楼的部队是共产党的底子。每当想起这话来，他就羞愧难当。自从1939年秋，部队改编为国民政府第一战区第一游击纵队以来，他始终处于巨大的矛盾和痛苦之中。他尽管千辛万苦，忍辱负重，率部浴血奋战，英勇杀敌，其结果是一次次被暗算。好在坚强的他在一次次被暗算跌倒后，又都勇敢地站了起来。他在国民党的军界、政界有数不清的上司、同事、部下、朋友以及至交。但朋友千百个，知己又有几人呢？是谁在紧急关头，一次又一次地把自己拉了回来呢？是共产党，是伟大的中国共产党！

是的，一个人认识过程的完成，特别是世界观的形成决不是一朝一夕的事情。魏凤楼为此努力了几十年，也斗争了几十年！今天，1945年8月20日，他的这支队伍正式举起了人民军队的旗帜。这一天，也成了魏凤楼生命中的重要里程碑，他又一次完成了世界观质的飞跃！

魏凤楼部是抗日战争胜利后首支起义的“曲线救国”部队。起义当天，新华社为此发了消息，延安《解放日报》头版头条加花边报道：魏凤楼将军率部投诚。晋冀鲁豫军区司令员刘伯承、政委邓小平联名发来贺电:“欢迎魏凤楼同志率部归来!”

第二天上午,中共淮太西县委、县政府在东夏亭集隆重召开欢迎大会,中共冀鲁豫边区党委城工部长王幼平也专程赶来祝贺。当地群众像过大年一样,说着笑着涌向设在十字大街上的会场,热烈欢迎魏凤楼和他率领的起义部队。

1938年,魏凤楼任西华人民抗日自卫团副司令时,曾多次来到过东夏亭镇视察,当地有不少群众都认识他。如今他率部起义,回到了人民群众中间,大家都真诚地欢迎他。许多人争着和他说话,他都笑着一一应答。有几个抗日积极分子和他亲切握手,他还能当场叫出他们的名字来。

这天,在中共淮太西县委书记、县长段锦堂致欢迎词后,王幼平讲话。他首先郑重宣布:“从8月1日起,魏凤楼部队整编为冀鲁豫军区抗日游击豫东纵队,任命魏凤楼为司令员,魏克仁为政治部主任。”之后,他代表中共冀鲁豫边区党委和冀鲁豫军区,对魏凤楼率部起义表示热烈欢迎。并对部队官兵们提出了明确要求,希望他们迅速提高思想觉悟,高举革命和人民军队的旗帜,永远听从共产党的指挥。

最后轮到魏凤楼讲话。他先向台下深深地鞠了个躬,然后动情地说:“亲爱的同志们、尊敬的父老乡亲们,今天,我们总算是回到了自己家里,走丢的孩子终于找到了亲娘。我很激动,有很多话想对亲人们说……”接着,他简单地回顾了自己几十年来走过的曲折道路,重点讲述了参加西华部队和柳林集建军的过程,着重说明了只有跟着共产党走才有出路的道理。他最后表态说:“请党组织和同志们放心,今后,我们纵队官兵将不辜负党和人民群众的期望,努力为新中国的建立做出贡献,为共产主义事业奋斗一辈子!”之后,欢迎大会开成了联欢大会,军民们纷纷登台献艺,放声歌唱。战士们大多是合唱《大刀进行曲》《保卫黄河》等抗日救亡歌曲,群众多是清唱《杨家将》《花木兰》《群英会》等豫剧选段。就在联欢大会将要结束的时候,台下不知谁突然大喊一声:“请魏司令献个节目,大家说,好不好啊!”“好!”军民们齐声应答,响声震天。这一喊一答,使与会人员的情绪更加高涨了,雷鸣般的掌声,震耳欲聋的邀请声响彻云霄,把大会的喜庆欢乐气氛推向了高潮。

魏凤楼左右为难。他不是不想登台烘托气氛,与民同乐,更不是要扫大家的兴,他自认缺少艺术细胞,不会唱,不会跳,更不懂什么表演艺术。可面对今天这个激动人心的欢乐场面,身为大会“主角”的他,实在是盛情难却,又不得不鼓起勇气走上舞台。他向观众们深深地鞠个躬说:“我魏凤楼扛枪杆子出身,破喉咙哑嗓子的,唱歌害怕把小孩儿吓哭了,唱戏担心把乡亲们吓跑了。可今天是个高兴的日子,为表达心情,我就破破例,当众献丑了,就给大家说一段岳飞抗金的评书吧。”

魏凤楼小时候崇拜民族英雄岳飞,爱听、爱讲《岳飞传》,岳飞抗金的许多故事他都能娓娓道来。这天,他绘声绘色地说了一段评书——《岳飞大战金兀术,杨再兴马陷小商桥》。观众们听后掌声震天,再次把军民联欢大会推向了高潮……

# 二十八

## 尾 声

1945 年 5 月，对全世界人民来说是一个值得纪念的红色 5 月：第二次世界大战的罪魁祸首德国希特勒垮台，欧洲战争结束，世界反法西斯同盟迅速将作战中心转移到亚洲及太平洋战场。

7 月 26 日，中、美、英三国政府联合发表《波茨坦公告》，敦促日本政府无条件投降。

8 月 6 日、9 日，美国先后向日本广岛、长崎投下两颗原子弹，使两市死伤人数达 23 万，并在日本四岛撒下大量传单，宣称日本如不无条件投降，原子弹将像雨点一样撒向日本四岛。

8 月 8 日，苏联政府对日本宣战。次日，苏联百万红军越过中苏边境，向中国东北挺进，一举歼灭盘踞在中国的日本王牌部队关东军。

同日，中共中央主席毛泽东在延安发表《对日寇最后一战》的声明。8 月 10 日，中共中央发出向敌伪广泛进攻的命令，号召八路军、新四军迅速扩大解放区，壮大武装力量。同日，朱德总司令在延安总部签署第一号命令：对拒绝投降之日军，给予坚决消灭。

8 月 11 日，国民政府最高统帅部最高统帅蒋介石命令全国各战区将士，一切依照军事计划与命令积极推进，勿稍松懈。

日本侵略者在世界反法西斯同盟的强力打击下，面临灭顶之灾。1945 年 8 月 14 日，日本天皇通过广播电台发布投降诏书。次日，日本内阁宣布无条件投降。

这是一个举国欢庆的时刻。突然到来的胜利，给在延安的共产党人和在重庆的国民党人以及全国军民带来了巨大的惊喜和无比的自豪。在这个历史时刻，整个中华民族之所以喜泪纵横，有着极其深刻的历史原因。从 1840 年以来，发生在中国的众多屈辱事件，几乎麻木了这个古老民族欢乐的本能，在这片神圣的国土上，还未有过强大的入侵者无条件缴械投降的记载。波澜壮阔的抗日战争是世界反法西斯战争在亚洲的主战场，也是一次取得完全胜利的民族解放战争。在长达8年的全民族抗战中，中国人民以3500万人的伤亡和高达6000亿美元经济损失的巨大代价，粉碎了日本军国主义灭亡中国、称霸世界的野心，不仅收复了被日本占领的东北、华北、华中大片国土，而且收回了被日本侵占50年之久的台湾、澎湖列岛及其附属岛屿（含钓鱼岛），雪洗了百余年的民族耻辱，极大地推动了中国革命的进程，为世界反法西斯战争的胜利做出了巨大而不可磨灭的贡献，并以联合国安理会五个常任理事国地位自立于世界民族之林，成为中华民族由危亡走向振兴的转折点，为国家的独立、民族的解放奠定了坚实的基础。

突然到来的反法西斯战争的巨大胜利，让全世界人民尽情畅想欢乐以及战争结束以后将是什么样的日子。但对于抗战胜利的中国，此时此刻，延安和重庆的政治家和军事家们却都充满着焦虑和不安。

自20世纪20年代以来，在中国这片古老而神圣的土地上，中国人之间最主要的政治和军事争端，都来自于国民党和共产党两党之间。这两个从联合走向分裂，又由分裂走向联合的政治派别，由于政治信仰的巨大差异，多年来始终处在严酷的敌对之中。国民党无论是在政治、经济还是在军事上，都一直处于强势地位，这就使得共产党的发展和生存不得不历经磨难与坎坷。10年前，中国共产党人和他们数量有限、装备极其简陋的人民武装，在国民党军的大举围攻下几乎面临绝境，不得不放弃千辛万苦创立的一个又一个根据地，万里转战在激流险滩之间。在克服了人们难以想象的困难后，最终在特定的历史条件下落脚于中国西北贫瘠的黄土高原上。而这个特定的历史条件，就是日本侵略者侵占东北进而向华北进攻，中华民族面临生死存亡的危急之时。“西安事变”的和平解决，使抗日民族统一战线初步形成；“七七”卢沟桥事变和“八一三”日军进攻上海的炮声，促使了国共两党抗日民族统一战线的最后确立。但是，无论是国民党人还是共产党人，无论是蒋介石还是毛泽东都清楚，这种联合与统一是暂时的，一旦共同抗日这个大前提消失，两支力量在政治与军事上的对立就会重新显现，那么随之而来的就是冲突或交战的再次爆发。

8月11日，毛泽东在延安向各大战略区发出《关于日本投降后我党任务的决定》的电报，表明面对国民党军队向解放区“收复失地”，共产党领导的人民武装“应集中主要兵力，迫使敌伪向我投降，不投降者，按具体情况对其发动进攻,逐一消灭之。猛力扩大解放区,占领一切可能和必须占领的大小城市和交通要道”。第二阶段,“国民党可能向我大举进攻,我党应准备力量,对付内战,其数量与规模视情况决定”。

同一天,在重庆的蒋介石连续发布三道命令,其一是命令国民党前线各部队(含在国外作战部队)加紧努力作战;其二是各沦陷区的伪军在现驻地维护治安,不得擅自移动驻地,不得接受未经本委员长许可之收编;其三命令第18集团军(八路军)总司令朱德、副总司令彭德怀原地驻防待命。紧接着,毛泽东于8月13日以朱德、彭德怀名义,给重庆最高统帅部蒋介石回电,指出蒋介石对八路军下的命令无异是“敌我倒置”。一针见血地指出,要求八路军“原地驻防待命”,其目的是“国民党大量军队能够从峨眉山源源东下,及时赶到目的地,然后协同伪军,向解放区及其军队举行一致的进攻”。

8月14日,也就是日本天皇发布投降诏书之时,在重庆的蒋介石回电毛泽东,电文竟然是这样的:

万急,延安

毛泽东先生勋鉴:

倭寇投降,世界永久和平局面,可期实现。举凡国际国内各种重要问题,亟待解决,特请先生克日惠临陪都,共同商讨,事关国家大计,幸勿吝驾,临电不胜迫切悬盼之至。

蒋中正　未寒

中华民国三十四年八月十四日

这样的邀请,出乎以毛泽东为首的中共领袖们的预料。中共中央政治局开会反复研究后,于日本天皇宣布无条件投降后的第三天,毛泽东给蒋介石回电:

重庆

蒋委员长勋鉴:

未寒电悉。朱德总司令本日午有一电给你,陈述敝方意见,待你表示意见后,我将考虑和你会见的问题。

毛泽东

未(八月)铣(十六日)

8 月 20 日,蒋介石发来了第二封电报,除陈述接受日本投降的办法是盟军总部规定的,要求共产党军队“严守纪律,恪遵军令”外,邀请毛泽东的口吻更加热烈:8 年抗战,全国同胞在水深火热之中,一旦解放,必须有以安辑之而鼓舞之,未可蹉跎延误。大战方告终结,内争不容再有。深望足下体念国家之艰危,悯怀人民之疾苦,共同戮力,从事建设。如何以建国之功收抗战之果,甚有赖于先生之惠然一行,共定大计,则受益拜惠,岂仅个人而已哉!特再驰电奉邀,务肯惠诺为感。

蒋介石的两封电报在发往延安的同时,在各大报纸上公开发表。国民党开动所有宣传机器,宣传国民党要和平、要谈判,而共产党要割据、要地盘、要内战。

就在中共中央政治局开会商讨毛泽东主席是否去重庆谈判的时候,蒋介石的第三封邀请电又到了:

> 延安
>
> 毛泽东先生勋鉴:
>
> 未养电诵悉,承派周恩来先生来渝洽商,至为欣慰。惟目前各种重要问题,均待与先生面商,时机迫切,仍盼先生能与恩来先生惠然偕临,则重要问题,方得迅速解决,国家前途实利赖之。兹已准备飞机迎接,特再驰电速驾。
>
> 蒋中正梗
>
> 中华民国三十四年八月二十三日

8 月 26 日,中共中央政治局再次召开扩大会议,毛泽东明确表示:去重庆!这样可以揭穿蒋介石假和平、真内战的假面具,在政治上可以取得全部主动权。要谈判就要有妥协。随后,政治局做出了在不损害大局的情况下可以让步的地域,第一步是从广东到河南(不含黄河以北地区)的抗日根据地撤离,第二步让出江南的抗日根据地。为此,毛泽东亲自起草了关于赴重庆谈判的电报,发给各中央局和各大战略区。

中共冀鲁豫边区党委接电后,立即发电报召集各地委负责人开会,部署落实中央关于重庆谈判的指示精神,水西地委书记王其梅、组织部长施德生连夜赶往冀鲁豫边区首府邯郸。冀鲁豫军区政委宋任穷在会上传达了党中央关于毛泽东、周恩来、王若飞代表中共赴重庆谈判通报的指示精神,要求大家做好迎战的思想准备,特别要求水西地委按照党中央的指示,抓紧时间做好撤离根据地的各项准备工作。遵照军区党委的指示，王其梅、施德生同水东军分区司令员余克勤一同返回西华，途经淮太西抗日民主政府所在地东夏亭镇。

到达东夏亭镇的当天下午4点多钟，王其梅、施德生赶到冀鲁豫军区豫东游击纵队司令部，拜望刚刚率部起义的魏凤楼将军。听说王其梅、施德生前来拜访，魏凤楼快步出门相迎，王、施二人也疾步向前。王其梅拉住魏凤楼的手久久不放，说："魏司令，这些年没有见面，可真想你啊！"魏凤楼拍着王其梅的肩膀说："王先生，彼此彼此，我也想你们啊！今天早上一起床，我就听到喜鹊喳喳叫。俗话说，'喜鹊叫，贵人到'，没想到贵人竟是你们二位呀！进屋，进屋里说话！"

故人相见，分外高兴。进屋落座后，魏凤楼便安排其弟魏凤禧说："你到厨房里安排几个好菜，今儿个晚上得跟他俩喝几杯，好好喷喷！"然后对警卫员说，"把我放的那盒碧螺春拿出来沏上，请二位先生品尝品尝！"

多年不见，他们有说不完的话，道不完的情。魏凤楼颇有感慨地说："整整8年呐，总算把老日龟儿子们打败了，真不容易呀！7年前，咱们一起拉队伍，成立西华人民抗日自卫军。唉，沈东平参谋长长眠于睢县马路口，楚博司令被国民党顽固派杀害于西安，4个副司令兼区团长，胡晓初、屈申亭、侯香山他仨都不在了，如今只剩下我自己了！"王其梅揉了揉湿润的眼睛说："是啊，多好的同志，他们几个都走了，这些日子做梦都不断梦见他们。"施德生叹了口气说："抗日流血牺牲，弄块根据地真不容易啊！这次我们又要从水西根据地撤离，从思想感情上来说，真是过不去呀！"王其梅安慰道："你说的也是。不过有失才有得，上次咱渡河东征深入敌后取得了大发展，这次毛主席到重庆去跟老蒋谈判，南线防御北线进攻，要不了几年，咱们就能解放全中国。"魏凤楼忧心忡忡地说："老蒋这个龟儿子，邀毛主席到重庆谈判，我看他是黄鼠狼给鸡拜年，没安啥好心！他会不会扣住毛主席、周副主席，不让他们回延安啊！"施德生摇了摇头说："全国人民现在都瞪眼看着哩，量老蒋他也不敢！"魏凤楼拍着大腿说："老蒋是个啥熊货，咱们还不知道！他曾软禁国民党元老胡汉民，驱除他的老上司粤军总司令许崇智，在西安跟张学良说得四面光、八面圆，还有宋美龄、宋子文兄妹做担保，可到了南京就翻脸不认账。张学良、杨虎城拥兵几十万，不还是被他扣押，关进了监狱，被软禁，人不人、鬼不鬼的。他这人翻手为云，覆手为雨，是个政治大流氓。"王其梅分析道："你老兄的担心不是没有道理。但现在国内国际形势不同，咱们共产党现已拥兵百万，士气高涨，朱总司令坐镇延安指挥，各解放区部队攻势正猛，而蒋介石的主力远在大西南峨眉山上,即使美国帮他空运、海运,他们也只能占领几个大城市。如果扣押毛主席和周副主席,他在国人面前也交代不了。再说了,苏联、美国都不赞成中国打内战,美国大使赫尔利曾亲赴延安,同毛主席一道乘飞机赴重庆谈判。蒋介石集团靠美国援助维持其统治,量老蒋他也不敢得罪美国,扣押毛主席他们。"魏凤楼点了点头说:"王先生说得对,现在陕甘宁、晋绥、晋察冀、晋冀鲁豫、山东、江淮、苏北、苏中等解放区都连成了一片。最近,我在报纸上看到冀热辽的曾克林部已攻占军事要地山海关、锦州,控制了整个辽西走廊,正向沈阳挺进。只要我军能控制东北,北靠苏联,东倚朝鲜,向南作战,我军就能在战略上占据主动。"施德生说:"魏司令真不愧是将军,有战略眼光。党中央撤离南方几个解放区,就是采取向北进攻、向南防御的战略,延安总部正在调兵遣将,多路出击抢占东北,现在各路大军和大批干部正在向东北进发。"王其梅接过话茬说:"国民党反动派根本就不想和平,现在一面谈判,一面调兵遣将,一旦完成其战略部署,蒋介石倚仗400多万大军,必定挑起内战,向解放区发动进攻。"魏凤楼说:"得人心者得天下。老蒋倚仗的是美式先进装备,但丧失人心,真正打起来,在毛主席、朱总司令领导下,我看三到五年就可将国民党打垮,取得全国胜利。"

说话间,酒菜已摆到了桌上。魏凤楼领着王其梅、施德生走进餐厅就座。他端起酒杯说,"来,为庆祝抗战胜利,干杯!"王其梅说:"也为预祝我们打败蒋介石、取得全国胜利,干杯!"施德生说:"也为咱们毛主席、周副主席能够安全返回延安,干杯!"三只酒杯"啪"的一声碰在了一起……

第二天一大早,在新黄河东岸边,魏凤楼送王其梅、施德生等人登船返回水西。回到水西地委所在地西华逍遥镇的当天晚上,王其梅召集紧急会议,传达中央精神和上级指示,部署安排从根据地撤离。29团、30团先从扶沟东渡撤出水西,28团迅速集结,掩护地方干部分头撤出根据地。西华、扶太西、郾商西县党组织转入地下坚持斗争。

10月初,冀鲁豫边区党委、军区电令28团迅速东渡北上,参加邯郸战役。此时,水西根据地军事形势发生了很大的变化。国民党22师已占据西华、扶沟、周口一带,控制了各个渡口;沙河南何柱国部前锋已渡过洪河向砖桥挺进;漯河、许昌国民党驻军沿平汉线布置四面合围,妄图将28团一举歼灭。王其梅、王定烈认真研究后,决定向西突围,然后向南挺进,与李先念领导的新四军5师会合。突围计划上报后,冀鲁豫军区电示立即按计划组织实施,跳出敌人的包围圈。并告诉说上级已同新四军5师沟通,李先念司令已派出部队在嵖岈山根据地接应。10月4日,28团渡过颍河,昼伏夜行,从临颍小商桥越过平汉线,一路上多次与小股敌人遭遇,8 天打了 10 仗,行程 800 余里,在嵖岈山根据地与新四军 5 师前来接应的黄霖部胜利会师。

这时,陕北新华广播电台传来了毛泽东主席一行在国民党陆军上将张治中陪同下,胜利返回延安的消息,根据地的军民上下一片欢呼。

# 附录一

## 西华抗日革命根据地部分干部后期情况简介

**原中共豫东特委委员路岩岭**:解放后历任河南省农业厅办公室主任、黄泛区复兴局副局长、国营黄泛区农场党委书记兼场长、河南省第四届政协常委等职。1989 年 6 月在郑州病逝。

**原中共西华县委书记、豫东特委书记王其梅**:1955 年被授予少将军衔。历任解放军西藏军区副政委、中共西藏自治区党委常务书记等职。曾获二级“独立自由勋章”、一级“解放勋章”。先后当选为一、二、三届全国人大代表。1967 年 8 月 15 日在北京逝世。

**原西华人民抗日自卫团副司令、中共“特别党员”魏凤楼**:历任中国人民解放军豫皖苏军区副司令员兼豫东纵队司令、北京军管会物资接收部副部长、华北芦台农场党委书记兼场长、河南省政协第三届驻会常委等职。1978 年 2 月 3 日在郑州病逝。

**原新四军游击支队司令彭雪枫**:历任新四军第六游击支队司令、新四军 4 师师长,中共 36 位军事家之一。1944 年 9 月 11 日,在夏邑县八里庄率部攻打国民党顽军视察阵地时,被流弹击中心脏,光荣牺牲。

**原新四军游击支队参谋长张震**:历任解放军 24 军代军长兼政委、解放军军事学院院长、武汉军区副司令员、解放军副总参谋长、国防大学校长、中央军委副主席等职。为第五届全国人大代表,中共十一届中央候补委员,十二届中央委员。1955 年被授予中将军衔。荣获二级“八一勋章”、一级“独立自由勋章”、一级“解放勋章”。1988 年授予上将军衔。

**原新四军游击支队政治部主任萧望东**:历任中共江苏省委副书记,南京军区副政委、政委,文化部党组书记、代理部长,济南军区第一政委、中共中央军委委员。第十一届中央候补委员,第二、三届全国人大代表,中共第十二、十三届中顾委委员。1955 年被授予中将军衔。曾获二级“八一勋章”、一级“独立自由勋章”、一级“解放勋章”、一级“红星勋章”。1989 年 5 月 11 日在北京逝世。

**原中共豫东特委书记、新四军游击支队副司令吴芝圃**：历任中原临时人民政府副主席、河南省人民政府主席、河南省省长、中共河南省委第一书记，河南省军区政委、中共中央中南局书记处书记、中共第八届中央委员等职。1967 年 10 月 19 日逝世。

**原西华人民抗日自卫军参谋长李耀**：历任解放军总后勤部政治部主任、副政委。1955 年被授予中将军衔。1983 年光荣离休。

**原中共豫东特委委员、西华人民抗日自卫军二支队政治部主任王学武**：历任解放军空军第三航空学校政委，空军团政委、师政委，华东军区空军政治部主任，中国人民志愿军空军政治部主任，北京军区空军政治部主任等职。1961 年晋升为少将军衔。曾荣获二级“独立自由勋章”、一级“解放勋章”。1984 年在北京逝世。

**原中共豫东特委委员、西华县委书记王子英**：解放后历任中央人民政府财政部办公厅副主任、审计司长、预算司长，中央财政金融学院教授，中央财政史研究会副会长等职。1986 年离休。

**原中共豫东特委书记周季方**：历任中共武汉市委副书记、副市长，湖北省政协副主席、党组副书记等职。1983 年光荣离休。

**原中共豫东特委书记向明**：解放后历任中共中央山东分局组织部长、第一副书记、代理书记兼山东省政府副主席、山东省政协副主席、山东省军区副政委等职。1969 年 12 月 18 日去世。

**原中共豫东特委书记刘道安**：解放后历任中共郑州市委组织部长、副书记，郑州市总工会主席等职。1950 年 9 月 21 日病逝。

**原中共豫东特委委员刘作孚**：历任中共豫皖边区委宣传部长、新四军 4 师九旅政治部主任、华中军区七分区政治部主任等职，1946 年 9 月在洪泽湖作战时壮烈牺牲。

**原中共西华县委书记李彬**：历任中共阜阳地委宣传部长、《安徽日报》总编辑兼党委书记、安徽省委宣传部长等职。1981 年 5 月 7 日逝世。

**原中共西华县委书记、豫东特委组织部长、代理书记胡锡光**：历任柳州铁路局副局长、党委书记，合肥铁路局党委书记兼局长，安徽省民政厅长，安徽省高级法院院长，中共安徽省委纪律检查委员会常务副书记，安徽省政协副主席等职。1983 年光荣离休。

**原中共西华县委书记范亚峰(吴剑)**:历任中国人民解放军27军保卫部部长、华东军区海军保卫部部长、北海舰队后勤部副政委等职。

**原中共西华县委书记洪渊(冯雨泉)**:历任公安湖北总队副政委、湖北独立师副政委、咸宁军分区政委等职。1982年离休。

**原中共西华县委委员冯明高**:历任中共西华县委书记,淮阳地委委员、副专员,河南省农林厅厅长、党组书记,河南省农委副主任等职。1984年7月光荣离休。

**原普理学校教员、中共地下工作者施德生**:历任中共陈留地委副书记、代理专员,河南省民政厅副厅长、厅长、党组书记等职。1968年8月26日逝世。

**原西华人民抗日自卫军一支队二大队政治教导员刘建功**:历任解放军21军61师政委,21军政治部主任、副政委、政委,兰州军区政治部主任、副政委、顾问等职。1983年光荣离休。

**原抗日自卫军第七路二支队二大队政治教导员刘朝中**:历任中共乐清县委书记,中共温州市委秘书长、第一书记,丽水行署副专员、中共丽水地委常委兼地委办公室主任等职。1983年光荣离休。2000年10月17日病逝。

**原西华人民抗日自卫军一支队二大队长路耀林**:解放后曾任中共武汉市委常委、统战部长。

**原西华抗日自卫军一支队一大队政治教导员王青峰**:历任河南省计委办公室主任,河南省农产品采购厅、服务厅、商业厅副厅长等职。1983年光荣离休。

**原西华人民抗日自卫军手枪中队长王华山**:1942年随屈申亭东征豫皖苏途中突围后,继续在鄢陵、许昌从事抗日救亡活动。1943年,被反动地主武装头目、同乡马乐园抓捕遇难。

**原西华人民抗日自卫军中队长李跻青**:历任解放军豫皖苏军区游击纵队1团团长、上蔡县人民政府县长、哈尔滨解放军工程学院处长、西安工程兵学院院务部副部长等职。1970年离休。

**原普理学校第一期抗日干训班学员侯西斌**:历任原辽西省公安厅副厅长、公安部6局局长、公安部边防局局长等职。

**原普理学校第二期抗日干训班学员中队长李子木**:解放后历任广东省军区参谋长、副司令员等职。1983年光荣离休。2006年10月20日在广州病逝。

**原普理学校第二期抗日干训班学员刘尚文**:解放后曾任中国人民解放军空军4航校副参谋长、空军政治学校顾问等职。1983年光荣离休。2010年

12 月在上海病逝。

**原新四军游击支队第二大队长滕海清**：历任解放军第三野战军 21 军军长、第三兵团军长兼政委、军事学院高级系副主任、石家庄高级步兵学校校长、北京军区副司令员兼内蒙古军区司令员、济南军区副司令员等职。1955 年被授予中将军衔，荣获二级“八一勋章”、一级“独立自由勋章”、一级“解放勋章”。1988 年被授予一级“红星功勋荣誉章”。1997 年 10 月 27 日逝世。

**原冀鲁豫军区 28 团团长王定烈**：历任解放军空军副司令员，党的十大代表，第五、六届全国人大代表。1961 年被授予少将军衔。曾荣获三级“八一勋章”、二级“独立自由勋章”、一级“解放勋章”，1988 年获一级“红星功勋荣誉章”。2014 年 11 月 18 日逝世。

# 附录二

## 李玉亭组诗:《我的怀念》

20世纪80年代初,年过八旬的原西华抗日干训班学员、河南省农委副主任李玉亭前往西华三岗、屈庄革命遗址凭吊,然后来到西华烈士陵园,在李子纯、沈东平、胡晓初等先烈遗像前肃穆鞠躬,潸然泪下,久久不愿离去。回到住处,他不顾年迈体弱,挥毫写下了《我的怀念》组诗。现摘录若干,让我们共同怀念在西华这片热土上工作和战斗过的革命先烈和英雄模范们!

一、纪念李子纯烈士

### 开封东岳学校同窗求学

古都东岳青春愁,混战中原不断头;
君子赤心献终身,热风怒火滚滚流。

### 1925年君教书受欢迎

满园春光景色新,循循善教入人心。
当年幼苗蓬勃起,今日成荫根底深。

### 1927年到武汉见君

人群密布江汉关,长水涛破龟蛇山;
欢欣鼓舞见君子,低声暗语向东南。

### 李子纯烈士遇难五十周年

大别屹立江汉边,雄伟壮丽红旗展;

缅怀尊师五十载，光辉日月永人间。

## 二、缅怀尊师沈东平同志逝世五十周年

### 1937 年在商水三小教书会见沈东平同志

平王东迁沙河滨，滔滔流水遇真人；
疾声痛呼有志者，指向西北铁骑军。
日寇轰炸起烽烟，工农商学恨苍天；
战者不知逃何处？峨眉山上话阴险。

### 立足古陈

满胸经纶施战略，立足古陈❶建基地；
千军万马揭竿起，举旗西华抗强敌。

### 踏遍黄水

北斗普照大地春，红男绿女赴戎门，
踏遍黄水撒罗网，要使小鬼识凤麟。

### 回忆周口

平王庙前遇真人，呼救徐州战火紧。
深知尔等有志者，速从抗日铁骑军。

### 西华会晤

满城凄凉入官门❷，握笔挥毫写热忱；
红火熔炉学经典，誓为民族献终身。

### 渴望征鸿

三军请缨渡水东，人心渴望迎征鸿；
首战告捷❸开胜局，敌寇狼狈惊雷霆。

---

❶ 古陈：指陈州（淮阳）专署所属各县。
❷ 官门：指西华县衙。沈东平任县政府秘书时，曾住在这里。
❸ 首战告捷：指马路口战斗胜利，打开了豫东抗日的战局。

### 战地复仇

战地将士血泪流,激昂慷慨誓复仇;
为国捐躯同生死,武夫到底雄赳赳。

### 墓前自泣

进军平岗飞云集,墓前肃立心自泣;
号令勇士挥红旗,杀气腾起敌占区。

### 一片丹心

夏日流火行千里,陋室小斋臆战机;
东风寄情如故友,丹心为国招魂极。

### 迫悼尊师

先烈浩气吞山河,哀乐声中大风歌。
逝者漫天传马列,后生今日当如何?

### 精忠报国

崇敬尊师五十秋,平王庙梦英魂游;
精忠壮烈留青史,万代儿女载心头。

## 三、怀念胡晓初、屈申亭、侯香山同志

### 陵头岗怀旧

普理[1]救亡点烽火,特委三岗竖战旗。
晓初香山屈守义,睢杞芒砀歼劲敌。

### 屈庄哭申亭同志

屈庄寻旧不见村,黄水冲淤庄沉沦。
遥望临泉哭申亭,大义凛然主义真。

---

[1] 普理:指西华县"三岗"普理学校。

## 四、敬祝尊师周季方同志

### 西华任教

周公摄政建洛邑，凯风吹动大河西；
执鞭侃侃化青春，龙腾虎跃震天飞。

### 东征敌后

为保河山斩敌蹄，率领新军入战区；
箪食壶浆迎王师，军民共创根据地。

### 豫皖苏区

将士生活艰辛苦，三红一白充饥腑；
拜众拥戴新四军，黄河滚滚画战图。

### 武汉三镇

大江东去唱赞歌，武汉三镇乐如何；
江岸烈士仰天笑，净绝人世恶鬼魔。

### 中州大地

中州大地风雷起，旧地重游心激励；
群英济济开封府，同舟创立新天地。

### 久别重逢

久别未归欣然来，深叙旧地新情怀；
敬祝尊师当益壮，将看五洲红花开。

## 五、敬赠中共豫东特委代理书记胡锡光同志

### 在西华

风和日丽迎嘉宾，高谈宏图筹重任；
千万人家正怒吼，几十英豪建殊勋。

### 西夏行

经行古夏请上峰,纵说国事未止终;
乌云一阵空飞去,透出彩色满地红。

### 会中州

大河奔腾汇中州,欢度同饮玉壶酒;
江山久隔无鸿雁,别后哪知添新愁。

### 游周口

群贤漫游春秋阁,谈古论今问当初;
共怀半壁战斗史,胡公述忆深思多。

## 六、痛悼王其梅同志

### 1938 年在西华组织抗日武装

将军长居大河西,三千壮士战倭敌;
寇寨重起建新军,踏破黄水任情击。

### 在睢杞太地区抗日斗争

王师三战黄河东,一片丹心立殊功;
生灵涂炭同罹难,不创凯歌誓不瞑。

### 1947 年在五地委收复许昌

寒夜西征光魏都,斩断南北大通途;
千里皇天清风荡,百万后土朝天呼。

### 1948 年攻打周口镇

兴师平岗建劲旅,横扫沙颍洗涂地;
飞将强渡桥头堡,围歼关帝数千敌。

### 1949 年率大军进入川藏地区

陟彼川藏云山月,远征跋涉风雨雪;

坚心席卷大西南，先遣兵马百战越。

### 痛　悼

千古风流在今朝，金甲跨过万重峭；
大鹏腾飞无终止，苍松永青不谢凋。

## 七、追怀刘道安同志

### 挚友情深

大梁初识志气昂，朝夕相谈语重长；
久居情深结挚友，六十年来心向往。

### 1939 年在西华县豫东特委时

抗日血潮奔东流，狂风恶浪断人头；
三尺挖地今犹在，黑龙潭店度春秋。

### 1952 年赴偃师邙山调研，住在道安同志家

邙山岭下数家人，高堂白发招英魂；
目触心惊久别泪，秋风飒飒梦刘君。

## 八、深念郑平同志

### 西华城内西大街

楼台大院暗深沉，邂逅相见远客人；
借问郑君在何处？指向东厢再问寻。

### 某地农村开紧急会议

黑夜飞雪渡颍桥，微明农家烟火烧；
心情紧迫气势壮，小雨淅沥进逍遥。

### 豫皖苏区重逢

穿插三河到涡城，将领营地又重逢；
大小李家学马列，未想又回最上峰。

### 通过敌伪封锁线去淮北党校

默然寂静封锁网,太平无事敲木梆;
诸多倜傥戎装女,洞房谈笑问新娘。

### 在上海病逝

黄浦江水向东流,老友新交痛心头;
偶传不幸无所知,绵延不断独自悠。

## 九、追念王学武同志

### 在洛阳

中岳险峻镇群山,大河三水汇洪川;
九朝古都统天下,不是人杰地灵天。

### 在开封上学

汴梁诣造大同盟,登塔远眺上云峰;
群起奋勇斗恶鬼,借故勒令榜无名。

### 在西华

唤醒猛狮敲警钟,老妪少女攻金城;
破开网络闯险关,率部敌区万里程。

### 在北京

雄鹰展翅飞云端,长城内外渤海湾;
捍卫国都立勋功,旭日东升红满天。

### 赴西天

讣闻传道赴西天,几读惊悉非梦间;
恨怨恶疾夺人生,我愧轶事未尽完。

## 十、哀念施德生同志

### 水西开辟新地区

奉命水西扶鄢许，出征军马不停蹄；
坚冰盛暑能度苦，甘雨普降润春机。

### 在崔桥

游击夜宿几户村，天冷未晓枪声紧；
兵马转战芦苇东，敌退我胜又西进。

### 视察黄河险工

黄水滔滔奔东流，漫溢大桥走浪头；
两岸将欲决口处，人山阻险无忧愁。

### 哀叹逝世

狂风暴雨天地迷，醉梦十年勿言语；
多少忠烈含冤死，今世不解长已矣！

### 壮志浩然

革命一生正气浩，壮志凛冽战崔桥；
谁知杜鹃啼血归，何时始有明月照。

## 十一、怀念张先舟同志

### 在西华

县衙东室晤真人，握笔挥毫表热忱；
阁影深处诵经典，八月灿烂献终身。

### 在敌后

大军东渡敌占区，戎马倥偬群情激；
炮火隆动人欢笑，威震山河开天地。

### 在周口镇

攻占重镇育英才,遐迩青春涌向来;
军民共赴抗敌寇,热潮波涛花怒开。

### 在郑州

张云骤然举欢庆,畅谈当年炽热情;
太阳西下秋风起,无限悲恨回都京。

### 想　念

五十余载一时别,往事萦怀心序揭;
梦中泪水流何处?化为笑语论明月。

## 十二、在西华烈士陵园战友遗像前

巍然屹立冲云霄,巨浪东流发怒涛;
狂飙弥漫一时暗,豺狼狰狞舞魔爪。
晴天霹雳风雷激,东方红日万仞高;
革命法网盖乾坤,人民岂容亡徒逃。
建造大业路崎岖,为国捐躯正气浩;
英雄儿女多奇志,当献殊功创今朝。

# 附录三

## 萧望东回忆录:《我的一点印象》

1938 年 7 月 2 日,我带领新四军抗日先遣大队有一个连,从竹沟出发,经过驻马店、上蔡、汝南到西华县。先到西华县四区砖桥侯香山那个区,住了一天多,又到三区逍遥住了两三天,后到西华县城。他们组织队伍、群众来欢迎,在城内住不到一个星期。县长楚博为表示对我们的欢迎,请大家吃了一顿饭,每人发给一块现洋(银元)。我也曾到三岗胡晓初的家,胡不在家,他老婆接待了我。她是妇救会主任,动员群众做鞋子,还给我特意挑了一双。西华县城内当时办有一个抗日干部训练班,我被邀请去讲过话。在西华,西华人民抗日自卫军给我补充一个连,100 多人。这个连很好,打仗很好。很少逃亡,也很少出什么问题。

一星期后,我离开县城,带两个连到二区聂堆靠黄河边上,又在此住了一个多星期,就从这里坐船渡河,进到太康县境。这时日本鬼子从太康县城撤走了,汉奸宣抚队有 200 多人编进来了。这 200 多人不好带。他们纪律坏,到那边就拿东西、嫖女人、犯纪律,一天到晚向我要钱,说要吃饭,要发饷。打仗得了好枪不上缴,有时还来大队部把好枪偷走弄到连里不给。我们 200 多人,他们也 200 多人,带着他们真有点不放心。

我们后来进到杞县傅集和吴芝圃的部队会合。吴芝圃以河南省委代表身份给我写信,要求合编。我接到信就到他家赵岗,商量合编,命名新四军挺进支队。我任司令,吴任政委,在一起活动两三个月。他很优待我们,经常让我们吃的好一点。两支队伍在一起,情况就好一点,老百姓知道我们是八路军、新四军,就主动接近我们。

为了解决棉衣,我们大队、三支队经过傅集到仙女庙,坐船过黄河到扶沟县境。扶沟县长(魏凤楼)是抗日的,动员群众慰劳我们,捐棉布。我们基本上解决了棉衣。我们大队有三百几十人,吴有千把人。

10月,彭雪枫带部队来西华,通知我们到西华县杜岗,在那里部队进行整编,我大队编为一大队,彭带的人编为二大队,吴部编为三大队,称新四军游击支队。从此以后一起活动,挺进敌后。

在杞县吴芝圃的家赵岗,河南省委书记朱理治去过一次,他告诉我沈东平同志牺牲了,要我接替他的工作,任中共豫东特委书记。后来我也未去接任这个职务。

在豫皖苏边,对待西华部队我们领导工作上也有缺点和错误。我是政治部主任更有责任。西华部队刚成立,发展快,免不了成分有点复杂,在和平环境下是个好部队,可到了敌后,生活困难,离家太远,一个钱不发,家乡又遭水灾,有些人就受不了,就逃亡。可当时我们领导上则要求过急、过严,政治思想工作未做好,部队不巩固。这些我过去曾给路岩岭谈过。

华中局扩大会议有一个文件,指出彭(雪枫)在4师错误有两条,其中一条就是执行政策有缺点错误,包括对向明、胡、屈、侯带来的西华部队。

西华地区、西华部队有很大贡献,西华人民很好。我到西华感到西华人民抗日热情高,抗日运动搞得好,对我们很欢迎很热情。西华补充到我那里去的一个连战斗顽强,现在21军中的老底子还在。

1985年6月27日于南京萧家

(萧望东,原济南军区政委、中共中央军委委员,开国中将)

# 附录四

## 西华县革命老区概况

### 二次国内革命战争时期(1926—1937)

西华县是河南省东部的一个小县,解放前人口约40万,面积1194平方公里。

1926年春,正在开封东岳艺术学校学习的共青团员李子纯(西华县东夏亭镇杨树李村人),怀着一腔革命热情,回到了家乡西华,同县城内青年知识分子马西山在县城城隍庙街创办了一所新公学,有时称师范讲习所,举办青年训练班、妇女识字班。以此作掩护,宣传革命思想。1927年4月,李子纯、马西山等人去武汉参加了第一期全国农民运动讲习所的学习。在学习期间,二人加入了中国共产党。

1927年5月,李子纯、马西山、苗洪轩(汝南城关人)受党的派遣,从武昌农民运动讲习所随北伐军贺龙师来到西华,从事党组织的发展工作。他们参与了国民党西华县党部的筹建(因当时国共两党合作)。6月,在建立国民党西华县党部的同时,他们秘密建立了第一届中共西华县委,负责人苗洪轩。随后在县城内建立了党支部,并以合法身份成立了农民协会、"光蛋会"等群众组织。

与此同时,1927年春,在淮阳中学入党的张仁甫(西华岗张村人)回到家乡,在岗张村发展党员十余人,建立了西华第一个农村党支部。不久又在西(华)、临(颍)、郾(城)三县交界处的吕家、夏城、黄连城、魏村先后建立了党支部和农民协会。提出了"打土豪、分田地、搞暴动"的口号,带领人民群众同土豪劣绅展开了斗争。

1927年7月15日,河南驻军冯玉祥支持汪精卫的政策,在河南实行清党。西华的党组织在国民党的清剿下，公开身份的苗洪轩、马西山被迫转移外地，李子纯、胡电生负责县委工作。在岗张、吕家一带，被农会赶走的地主劣绅乘机兴风作浪。1928 年 1 月，夏城大恶霸黄子仁勾结郾城县保安队，对这一带农村实行“围剿”，岗张村的中共地下组织负责人张仁甫、农会委员张启云被捕。张仁甫于半路逃脱，转移外地。形势日渐恶化，5 月县委遭破坏，县委负责人李子纯不得不于 1928 年春先后转移周口、密县等地。但是在这样恶劣的环境下，党的活动并没有停止。在县境西南部地区，张仁甫、王幼如、王负五等人又建立了一个特区党支部，属中共漯河中心县委领导。11 月，国民党清乡局抓走了址坊村的中共党员王幼如，王负五组织 11 人去县里保释，结果全被抓捕。又因漯河中心县委遭破坏，西华的党组织与上级失去了联系。

1929 年 1 月，西华城关建立了中共区委会，张仁甫任书记。与此同时，李子纯从密县返回西华，来到远离县城的青年村（当时属西华四区，今属郾城）学校任教，马腾霞（又名马学铭、马梦霞，西华南陀村人，在开封东岳学校读书时加入共产党）也同时回到青年村任教。他们以教书作掩护，秘密发展党的组织。因为青年村位于西华、郾城、商水交界处，距西华县城 45 公里，是国民党统治的薄弱地带。原青年村学校校长王拱璧是老同盟会会员。他反帝爱国，对国民党反动派的统治极为不满，对中国共产党的一切活动同情、支持。李子纯、马腾霞来校后，经王拱璧举荐，马腾霞任青年村学校校长，李子纯任教导主任，王拱璧担任校董。在学校里，李子纯、马腾霞二人一方面认真教书育人，宣传马列主义，一方面在青年教师中培养党员对象，发展党的组织。1929 年春，经二人介绍，发展了青年教师张学六、楚运芝、刘济生、庞凤岐、庞青等入党，并成立了青年村党支部，李子纯为支部书记。为了更好地传播革命理论，启发广大师生的阶级觉悟，他们又在学校内创办了“太阳社”学术团体，创办《绿野》刊物。这个团体吸引了很多要求进步的师生，刊物上发表了一些马列主义的理论文章，在当时影响是很大的，它推动了党组织的发展。1929 年夏，又发展张九成、王国瑞入党。以后又发展周围农村部分青年入党。到 1929 年秋天，在附近村庄共发展党员 30 多人，先后在庞墩、碱场、纺车刘村建立了党支部。1930 年春，青年村学校党支部改为中心支部，负责领导周围村庄几个党支部的工作。中心党支部的领导成员有刘少楼、张学六、刘济生、庞青、庞凤岐。1931 年 5 月，在青年村学校党支部的领导下，建立了共青团组织，发展孙占远、张昆领、王芸芳加入共青团组织，孙占远任团小组长。从此，党的组织在全县各地纷纷建立，城关建立了党支部，县城四门建立了党小组，城东清河驿等地都建立了党组织。到此时，西华从东到西、从南到北均有党的基层组织，全县共建立党支部23个,发展党员100多名。

这一时期,中共西华县委几经建立与破坏。1928年5月,县委遭破坏后,1929年在青年村任教的李子纯被派往冯玉祥部做兵运工作。1930年2月,城关建立了新的县委,张仁甫任书记,当时归中共许昌特支领导。1931年2月,张国安任县委书记,县委改归豫东特委(周口)领导,1931年9月,县委遭破坏。1932年6月,西华革命形势好转,在青年村学校又重新建立了中共西华县委,庞青任书记,仍受周口豫东特委领导。8月,县委又遭破坏,不少共产党员如刘少楼、杨体波等被捕,城关仅有一个区委会,陈自欣任书记。以后直到1936年10月,中共豫东特委在西华"三岗"(都城岗、陵头岗、芦里岗的统称)建立后,西华才恢复重建了县委,王子英任县委书记。

西华县党组织从建立的那一天起,就遭到国民党反动派的极端仇视。从1927年大革命失败后,反动派"围剿"岗张农民协会开始,直到1934年,反动当局曾先后7次"围剿"中共地下党组织。如:1930年4月24日,因处决一个国民党的甲长,丁庄、南陀、瓦屋赵等村的党组织就被破坏,7人被捕。1932年8月,刘少楼、杨体波被捕。1932年,竹园寺农民暴动和1933年诸葛、逍遥、叶桥、后刘这一带农民暴动失败,大批共产党员和革命群众被捕,少数人壮烈牺牲。

1930年至1931年期间,省委经常派李云鹤、徐淑、张本固等来到西华具体指导工作,他们亲自到基层党支部了解组织发展情况,传达省委指示,并采取多种手段,把党的文件和宣传材料,运用秘密单线联系的方法传达到基层支部和党员中去,对于西华党组织的斗争和发展起到了积极的推动作用。除此之外,省委召开重要会议时,还请西华党组织派人参加。如:1930年11月,省委在许昌北5公里一个村庄召开的会议和1932年7月省委在郑州召开的北方五省联席会议,安国权均代表西华党组织出席。特别是1933年9月,沈东平受中共中央北方局派遣来到西华后,西华的党组织直接在中共中央北方局领导之下。

西华共产党组织领导的农民运动在北伐战争时就已出现,1927年6月,中共西华县委就在农村成立了"农民协会"、"光蛋会"等群众组织。共产党员张仁甫等在西(华)、临(颍)、郾(城)交界的岗张、吕家、夏城、黄连城、魏村一带建立了党支部和农民协会,提出"打土豪、分田地"口号。从1932年开始,党组织直接领导农民开展了武装斗争,用革命的武装反对反革命的武装。首先是竹园寺农民暴动,这是党领导西华人民向国民党反动派进行的第一次武装斗争。

随着青年村学校中心党支部和周围的归村、纺车刘、庞墩、碱场、青年村、三李家村基层党支部的建立,这一带党组织的活动非常活跃。为发展革命武装,建立人民政权,青年村中心党支部决定组织一次农民暴动,目地是干掉欺压群众、作恶多端的国民党砖桥区区长刘启亭,乘机夺取武器和铲除国民党区政权,建立革命武装和红色苏维埃政权。不料暴动计划被叛徒李元告密,刘启亭带人包围了竹园寺。刘启亭到了寺门前,大家还以为是下达命令的来了,思想上毫无准备。由于寺内群众也有武装,刘启亭也不敢轻易逼近,相互乱打了一阵枪后,寺内群众突围。但是,刘启亭却不罢休,第二天天还没有亮,便带人包围了庞墩和纺车刘,抓走共产党员庞凤岐、庞青、庞天义等 5 人,革命群众 1 人,送往开封监狱。国民党报纸曾为此事件报道说"共匪庞满生(庞凤岐的幼名)等 6 人落网"云云。此次,暴动虽然失败了,但通过武装斗争,教育锻炼了党的组织和人民群众。事隔一年后,罪恶累累的刘启亭终于被革命群众处决。

竹园寺暴动失败以后,西华的共产党组织把活动的中心放在逍遥、诸葛寺、丁庄、叶桥一带。从 1931 年开始,党的地下工作者陈自欣、张本固等在逍遥西部,深入农村,发动和教育群众,宣传革命思想,培养了农民积极分子,发展了一批农民党员。先后在诸葛寺、南陀、丁庄、址坊、瓦屋赵、逍遥等村建立了党支部。到 1932 年 1 月,已有 3500 多名农民运动的骨干,拥有长短枪支 500 多支。各村农民有半数以上积极要求举行起义。同时也和潢川、上蔡一带的农民武装取得了联系,暴动的条件已趋成熟。根据竹园寺暴动失败的教训,党组织认真研究和部署了行动计划。正当万事俱备,暴动一触即发的时刻,革命队伍内部出现了叛徒杨国栋(诸葛寺人),他暗地里向反动当局告密。2 月 4 日,国民党派军队包围了丁庄、诸葛寺一带,大批骨干被捕,一些人壮烈牺牲。

1933 年春,路岩岭(扶沟县城人)去张家口见到西北军将领魏凤楼,谈到了他在"三岗"了解到的一些情况,即:"三岗"、屈庄一带的胡晓初、屈申亭、侯香山等人,乘军阀混乱之机,夺取了一部分散兵游勇的枪支,在"三岗"成立了"寨公局",组织了一部分农民武装。他们夜聚明散,防止兵匪、土匪对这一带的袭扰,起到了保家自卫的作用。他们三人在这一带人民群众中享有很高的威望。这部分武装,反动当局曾妄想收编,但他们三人不为所动,因而遭到反动当局的嫉恨,妄图对其清剿。中共中央北方局在西北军的党组织了解到这些情况后,认为这支武装是可以争取的农民武装,于是这年秋天派沈东平(原名张秉乾,舞阳人,职业革命者)和路岩岭来到了西华"三岗"。他们与胡晓初、屈申亭、侯香山多次接触与交谈,逐步建立了深厚的感情。而且路岩岭、沈东平经胡晓初介绍到陵头岗学校当上了教书先生。他们以教书作掩护,在师生中和学校周围群众中进行革命思想的宣传,发展党的组织。1934 年路岩岭首先入党,1935 年胡晓初、屈申亭入党,1936 年侯香山入党。从此他们所领导的农民武装也就成了共产党直接领导的人民武装,这一带的革命活动逐渐由隐蔽转入半公开的状态。

1935 年到 1936 年,中共中央北方局又陆续派来了共产党员王子英、樊亚峰、施德生、栗在山、王其梅等人,加强了西华党组织的领导力量。他们以陵头岗学校为阵地,向周围各处扩大活动范围。陵头岗学校原名为"西华县修武区完全小学",1935 年更名为"普理学校",有普及马列主义的真理之意。胡晓初为董事长,屈申亭、侯香山为董事,王子英任校长。这个学校采取了与旧学校不同的方式招生,提出"向工农开门"、"贫困子弟免费入学"等主张,自然胡晓初、屈申亭、侯香山等人要用自己的家产弥补学校经费的不足。学校吸收了一大批贫困农民子弟,他们一边学习文化知识,一边学习革命理论,党组织逐步在青年学生中建立了"青年学生同盟会"、"少年先锋队"等组织。沈东平、王其梅等白天教书,夜晚来到学校周围贫困农民家中访贫问苦。为了扩大党的影响,党组织在枣口、麦庄、西湖、朱湾、刘庄、肖横等周围各村建立了 8 个分校,学生发展到 800 多人。到 1936 年党组织在"三岗"一带站稳了脚跟,形成了以"三岗"为中心的革命根据地,党组织也有较大发展。1936 年 10 月,经中共中央北方局批准,在西华县成立了中共豫东特委,重建了中共西华县委。特委书记沈东平,特委委员有王子英、路岩岭、胡晓初,王子英兼西华县委书记。

为了更好地发动和组织群众迅速投入到党所领导的抗日救亡热潮中,1937 年初(农历 1936 年腊月二十六夜),豫东特委带领地方人民武装,打开了红花集附近大地主的粮仓,把地主的存粮分给周围的贫困农民,部分粮食用作普理学校的经费。

1936 年 12 月,"西安事变"的爆发对西华县人民震动很大。特委及时派路岩岭同志去中共中央北方局汇报请示工作。路岩岭见到了中共中央北方局柯庆施同志,向他汇报了西华的局势,了解了党中央和平解决西安事变的意图。回来后,特委认真学习中央指示,开始把工作重心转移到宣传党的抗日民族统一战线政策,开展抗日救亡工作上来。为了发展党的组织,培养抗日骨干,1936 年底,豫东特委在"三岗"开始举办第一期抗日骨干训练班,吸收"三岗"和屈庄一带有觉悟的青年学生和农民 20 余人。通过学习党的基本知识、军事常识和统一战线政策等,第一批抗日骨干训练班结束时,20 余名学员都加入了共产党,为在西华开展抗日宣传工作奠定了基础。同时,"三岗"革命根据地进一步得到巩固和发展。

## 抗日战争时期(1937—1945)

“七七”事变后,豫东特委领导下的西华人民及附近各县人民踊跃投入到了抗日救亡运动的高潮中。

为使抗日救亡运动顺利开展,1937 年底,中共豫东特委在“三岗”普理学校内办起了第二期抗日骨干训练班。这期训练班的学员除西华外,还吸收了特委领导下的鄢陵、扶沟、淮阳、商水、周口、沈丘、项城等县失学学生和青年农民参加。淮阳师范、淮阳三中和淮阳成达中学在校部分学生也参加了学习。这期共招收学员 300 多人,特委书记沈东平任校长,路岩岭、王其梅、刘作孚(都是特委成员)等都亲自担任了训练班的教学和领导工作。为了给以后发展抗日武装打基础,训练班的管理完全和八路军一样。训练班结束时,发展了 20 名优秀分子入党。

为了深入开展抗日救亡宣传,经过一个多月的训练班学习,特委领导亲自带领学员分五个大队奔赴西华城乡进行抗日宣传,即到村庄刷标语,教唱救亡歌曲,访贫问苦,大大激发了广大人民群众的抗日热情。训练班结业后,全体学员分别被派往各县开展宣传工作。他们回去以后,也模仿西华在各县办起了抗日骨干训练班。当时西华又以这批学员为骨干,在全县各地办起各种形式的抗日骨干训练班,像滚雪球一样,抗日救亡的宣传队伍越来越壮大,抗日的声浪波及特委领导下的各县的每个角落。据不完全统计,特委领导下的各县先后办训练班 44 期,培训抗日骨干 4300 多人。同时党的组织在这个时期也有了较大发展,建立了一批农村党支部。西华全境群众性的抗日团体纷纷涌现,成立了农民协会、青年自卫队、民先队、姊妹队、老婆队、老人指导团、儿童团、妇救会、学生救国会等,他们既宣传抗日,又搞军事操练,时刻准备打击日本侵略者,抗日救国热情十分高涨。

1937 年“七七”事变发生后不久,国民党新任命的县长楚博来到了西华。楚博是一个年近三十的知识青年,他有爱国热情,思想比较进步,看到西华蓬勃发展的抗日救国运动后很受鼓舞,表示愿意和西华人民共同抗日。豫东特委首先积极做好楚博的工作,请他到我党举办的抗日骨干训练班参观,让他在训练班里给学员讲话,参观“三岗”、屈庄群众抗日组织。在我党的影响下,他以县长名义在城内举办抗日训练班,特委遂派人协助具体负责教学和管理工作。除此之外,征得楚博同意,豫东特委派沈东平、张先舟等同志直接担任了县政府的秘书,这样和楚博的关系越来越密切。为了进一步做好争取楚博的工作,1938 年初,上级又派中共开封市委书记张漫萍(楚博的姐夫)来到西华任楚博的秘书,利用与楚博的亲戚关系,促使其尽快走向革命的道路。经过大量的工作,西华县政府的实际领导权已掌握在我党的手中。此后在党的建议下,楚博又撤掉了全县四个区不积极抗日的区长,换上了共产党员胡晓初、屈申亭、侯香山、魏凤楼接任区长。全县 58 个大联保主任多数由共产党员或比较进步的人士担任。同时楚博也于 1938 年 10 月,经彭雪枫、沈东平介绍加入了共产党,成为我党的一名"特别党员"。

豫东特委的各项工作都是以西华为中心逐渐向周围几个县发展的,统一战线工作也是这样。1938 年春,特委在搞好西华工作的同时,也把统战工作推向整个豫东各县。首先,特委书记沈东平积极做淮阳专员刘莪青的工作。刘莪青也是一个比较进步、积极抗日的知名人士,特委委员刘作孚因与刘莪青的一个幕僚有交往,所以也就有了和刘莪青接触的机会。1938 年初春,特委与专员刘莪青合作在淮阳办起了第七区抗日工作人员训练班。这期训练班由专署出钱,以专员的名义由我党负责组织训练。训练的对象是全区的区长、区员、联保主任等,约 900 人。学习的主要内容是游击战术、步兵操练、统一战线政策、抗日救国十大纲领等。以后专署迁往周口,我党又在周口举办了几期训练班,而且十分注意在训练班里发展党的组织。与此同时,1938 年 6 月,经刘莪青同意,撤掉了扶沟县长,派我党"特别党员"魏凤楼接任了扶沟县长。魏凤楼去扶沟随带 700 余名西华的抗日武装骨干,很快发展了扶沟县的抗日救亡运动和党的组织。1938 年 10 月,与河南第二专区专员宋克宾建立了统战关系,遂又派魏凤楼到鹿邑接任了县长,推动了鹿邑县的抗日斗争形势。为使根据地的工作不受国民党反动派的干扰,特委非常注重做周口驻军的工作,曾派刘作孚等到漯河、周口等地国民党驻军中做工作,使其支持我党抗日,主张一致对外。这一时期周围驻军不但不干扰根据地蓬勃发展的抗日救亡活动,而且还主动与根据地加深感情,增进友谊。这样一来,整个豫东的抗日领导权就很快掌握在我党手中。

1938 年,中共河南省委根据党中央指示精神,将工作重心由一般抗日救亡运动的宣传工作转移到开展武装抗日斗争的工作中,发出了"为发展十万抗日武装而努力"的号召。省委根据当时西华的局势,先后派栗在山、王学武、张先舟、王青锋、李少庸、李耀、周时源、滕海清、孔石泉等 80 多名党军政干部来到西华,为发展武装作好了干部上的准备。

1938 年 5 月,豫东特委和西华县委根据党中央和省委指示,在原有武装力量的基础上,以县政府的名义号召人民参加抗日部队。广大革命青年纷纷来到部队自愿参军,不到两个月时间,各区都召集了1500左右的人枪,全县总计在6000人枪以上,成立了“西华人民抗日自卫团”(1938年7月后改为“西华人民抗日自卫军”)。县长楚博被推举为司令,胡晓初、屈申亭、侯香山、魏凤楼任副司令兼各区团司令。为了加强党在部队中的领导,在部队中建立了政治工作制度,连队中建立了党支部、党小组,特委书记沈东平亲任部队参谋长(实际为政委),西华县委书记王其梅任政治部主任,其他特委成员在部队中都有任职。部队编制完全按照我军正规化的要求,整个部队分三个支队(团的建制),每个支队编三个大队(相当于营),每个大队编三个中队(相当于连),每个中队分三个分队(相当于排),每个分队分三个班,各级都有政治指导员或叫政治员、生活指导员。

武装建立后,党中央和河南省委陆续又从延安、竹沟、长江局等地派来一大批军政干部,如周季方等人。

1938年7月,根据省委指示,西华抗日部队除留一部分保卫根据地外,其余2000多人分两批东渡新黄河到达睢杞太抗日前线。第一批由特委书记沈东平,部队副司令胡晓初、侯香山率领,约1500人,从东夏亭渡过新黄河。经过淮阳县东北直抵太康境内,在太康县城遭遇日军守敌,经过激烈战斗,收复了太康县城。短暂休整后,继续北进,消灭了一些地主反动武装和伪顽队伍。进军途中遇到了萧望东的先遣大队(70余人)。萧大队是奉河南省委的派遣,为彭雪枫率领的新四军游击支队东进而先到豫东一带活动的。两支武装在太康四柳树村胜利会合,西华给萧大队补充了一个加强连,使其发展到250人。然后两支武装分头北进睢、杞。沿途战士们耳闻目睹了侵略者所犯下的罪行,更激发了抗日的热情。

7月28日,西华部队到达睢县南部平岗村,通过侦察发现日军企图从县城往河堤岭据点运送给养,遂决定在日军必经的马路口村伏击敌人。这一天,特委书记沈东平和王华山带部队埋伏在马路口公路两侧(日寇去河堤岭的公路从马路口村中穿过),上午9时许,敌人进入伏击圈,埋伏部队乘敌人不备猛然射击,日军顿时大乱,慌忙丢下车辆、物资,狼狈逃窜。这一仗击毙敌军30多人,夺取了胜利。胜利后,我军本应迅速转移,但由于经验不足,部队又刚刚建立,绝大多数战士是青年农民,加上武器不如敌人精良,我军也付出了很大的代价。特别是豫东特委书记沈东平,为了掩护战士撤退而英勇牺牲。沈东平同志的牺牲,是豫东党组织和西华部队的重大损失。

马路口战斗后,西华部队来到睢县平岗休整。在平岗休整期间,西华部队副司令胡晓初、侯香山,政治部主任王其梅命令,由副司令屈申亭、政治部副主任王学武率领的西华部队1000多人赴杞县傅集,支援吴芝圃的游击第三支队,配合他们打击日、伪、顽、匪。

8月初,省委派军事部长彭雪枫来豫东西华、周口、扶沟视察,为后来游击支队东进"豫皖苏"敌后作准备。视察后,彭雪枫以电报的形式向中央陈述了西华的大好形势,认为西华可作为会师的地点,以西华为据点可渡水东征,又有可靠的后方。9月,中共中央长江局周恩来、叶剑英指示河南省委,将领导重心转移到豫东,开创"苏豫皖"边区新局面,与八路军"冀鲁豫"部队沟通联系。河南省委根据长江局这一指示精神,决定由彭雪枫率部东进"豫皖苏"敌后。9月29日,在竹沟(中共河南省委所在地)召开宣誓大会,30日正式出发,经汝南、上蔡,于10月初到达西华。

在彭雪枫率游击支队东进的同时,河南省委指示吴芝圃、王海山率豫东游击第三支队和萧望东的先遣大队迅速来到西华与彭雪枫会合,打开豫东抗日局面。10月8日,3支革命武装在西华县城北杜岗村与西华人民抗日自卫军胜利会师。会师后的3支武装合编为"新四军游击支队",并于10日召开了庆祝新四军游击支队成立大会。

合编后的新四军游击支队人员达1020人,西华部队占三分之一。彭雪枫任司令员兼政委,吴芝圃任副司令员,张震任参谋长,萧望东任政治部主任,谭友林任政治部副主任。支队下设三个大队,一个警卫中队。黄思沛任一大队长,代号"南阳";滕海清任二大队长,代号"信阳";冯胜任三大队长,代号"淮阳"。原三支队的一中队为警卫中队,学生队改为随营学校(后改称抗大四分校)。

10月11日,彭雪枫在西华县城主持召开了一次豫东特委扩大会议,参加会议的有彭雪枫、吴芝圃、张震、萧望东、岳夏、王其梅、刘作孚、周季方、郑平、刘道安、王学武、路岩岭、胡晓初、屈申亭等17人。会上首先宣布了经中共中央批准成立的豫东军政委员会成员名单。会议听取了四个报告:①特委工作报告;②西华方面工作报告;③"睢杞太"军队工作报告;④豫东统战工作报告。接着宣布了特委新的组成人员名单:王其梅代理特委书记,成员有周季方、郑平、刘道安、刘作孚、路岩岭、王学武、胡晓初、屈申亭等。这次会议是一次重要的会议,它对于根据地的建设与巩固,对于开创"豫皖苏"抗日根据地,以及扩大新四军游击支队的武装力量都起到了不可估量的作用。

会后,军政委员会除安排一批干部坚持地方工作外,还安排西华抗日武装暂留下来坚持根据地的保卫和斗争。

10 月下旬，部队经过休整，准备东征。走前，彭雪枫在西华县城召开了连以上干部会议，进行了东征部署。10 月 24 日，新四军游击支队从西华县杜岗出发，东渡新黄河向睢杞太游击区挺进，开始了纵横豫东、皖北的新远征。

新四军游击支队杜岗会师期间，受到豫东特委和西华人民的热烈欢迎，并在人员、物资、装备上给予大量的补充。但是西华部队没有随新四军游击支队东进。这主要因为：一方面新四军游击支队东进“豫皖苏”边区后，要有一个可靠的后方，根据当时的局势，西华便是最可靠的后方，而西华部队担负了保卫后方的任务。另一方面，西华是沟通抗日前线与省委所在地竹沟和中央所在地延安的交通枢纽和中转站，地理位置十分重要。因此，有西华部队留在后方，也就解除了新四军游击支队的后顾之忧。后来随着形势的变化，西华部队陆续编入彭雪枫领导的新四军 4 师。

1938 年底，由于抗战形势发展的需要，彭雪枫来电，要求西华部队一部分东进“豫皖苏”边区，编入新四军游击支队。特委接电后，决定派第一支队的第二大队和第三大队，由特委组织部长周季方和军事部长李耀带领，渡新黄河东进。1939 年初胜利到达永城县的书案店和彭雪枫的主力部队会合。

国民党反动派对于西华这块抗日根据地和豫东特委领导下的西华部队总是不放心，企图吃掉西华部队，消除共产党在豫东的影响。1938 年底，他们便加快了反共的步伐。首先，国民党河南省政府下令撤换了在统一战线中与我党密切合作的淮阳专员刘莪青。接着把西华县县长楚博调去洛阳，以“通匪”之罪名扣押起来，1939 年 11 月杀害于西安。1939 年初，第一战区长官司令部下令将西华部队改编为第一战区第七路军，进驻周口，以便控制。

1939 年 9 月，西华部队中个别人身份暴露，七区专员刘庄甫点明让王其梅、宋斌等到洛阳受训，王其梅、宋斌等同志不得不辞职返回西华。他们回西华后继续发展抗日武装，摆脱了国民党的直接控制。

1939 年 9 月，为加强党对这支武装的领导，省委派省委副书记向明亲自到西华兼任豫东特委书记。向明来后，和部队内党的组织多次开会研究分析形势，坚定了反摩擦斗争的决心。

1939 年底，西华部队与彭雪枫领导的新四军第六游击支队胜利会师新兴集。该部被编入新四军第六游击支队第二总队，胡晓初任总队长，向明任政委，下辖 4、5 两个团，胡晓初兼 4 团团长，侯香山任 5 团团长。

1939 年六七月间，王其梅、宋斌、范迪波、闻宇、林逸等在西华组建了又一支抗日武装。这支新军来自附近各县，共约 180 人。经过较短训练编成一个大队，王其梅任大队长，刘荫光任教导员。下设一个连，一个学生队，连长孙文魁、副连长刘明芳，学生队队长范迪波，指导员闻宇，教官林弋。全大队共有步枪 160 支，手枪 12 支，重机枪 1 挺，轻机枪 2 挺，这些武器多由二支队侯香山部供给。

这支部队完全是由地方党组织发动组织起来的，所以一开始党组织在部队内就起很大的作用。当时部队内有两个党支部，直属豫东特委领导，全大队共有党员 60 余人。

1939 年 11 月，这支经过短期训练的部队巧妙地摆脱敌人的封锁，渡过新黄河与活跃在淮阳一带的薛朴若游击队会合，打击日、伪、顽。以后辗转北进与“睢杞太”独立大队合编为新四军六支队“睢杞太”独立团，编为独立团三营，王其梅任营长。

从 1938 年 10 月到 1939 年 11 月，西华的党组织先后 5 次为新四军输送主力 4000 余人，加上魏凤楼去扶沟、鹿邑带走的武装，共约 5000 人，而且武器装备在当时地方武装中是比较齐全的，这是西华人民在生活极其困难的情况下对抗日的贡献。

西华人民抗日自卫军挥师东进敌后抗日前线，豫东特委机关仍然留在西华。特委书记刘道安、县委书记胡锡光、县委委员李彬等留下来坚持斗争。部队领导人屈申亭在家养伤，武装亦留下 300 多人。

西华部队刚一离开根据地，国民党反动派就迫不及待地于 1940 年 2 月对根据地人民实行了反革命的围剿。在白色恐怖下，西华县的党组织活动转入了地下，特委机关被迫转移到郾城县的黑龙谭。1940 年 4 月，豫东特委书记刘道安去延安向中央汇报工作，胡锡光接任特委书记职务。9 月，特委书记胡锡光去延安，豫东特委工作终止。5 月，县委书记郭峰调任洛阳八路军办事处，李彬同志接任县委书记。这时李彬和秘书赵华夫妇以小学教员身份，先后转移到郾城县的王岗寺，西华县沙河南的回墓，项城县的南顿集、水牛刘，商水县城关等地，不定期来西华联系指导工作。1943 年 6 月，随着形势逐渐恶化，李彬撤到大别山区，西华县委工作基本中断。

1945 年初，为响应毛泽东同志“解放大河南”的伟大号召，“冀鲁豫”军区 8 团、30 团从扶沟县吕潭镇渡河西进，开辟水西地区，相继解放了扶沟、逍遥、黄桥一带，建立了水西分区和行署。分区司令部和行署设在逍遥镇。李世才任分区司令员，王其梅任地委书记兼分区政委，管大同任专员，孙廷甫任地委组织部长。

128 团在团长王定烈的带领下开往沙河南砖桥一带，建立了郾（城）上（蔡）西（华）抗日民主县政府，县长侯杰，县委书记赵舒天，县委副书记兼组织部长冯明高，公安局长杜杰，县大队长徐本立。先后建立了四个区级政权，一区华陂，区长王威；二区砖桥，区长张超；三区回墓，区长张学六；四区五沟营，区长吕育则。

6月，在逍遥镇建立“西临郾”县委和县政府，冯明高任县委书记，甘文枝任县长，李海涵任民政科长，赵明初任财政科长。同时建立了老窝、张明、砖桥、归村等区政权，张学六、孙占远、李学文等同志任区长。“西临郾”县政府颁布了赎回土地的法令，凡在灾荒时期，地主、奸伪人员低价霸占、抢购贫苦农民的土地，一律照原价赎回。发动群众，张贴布告，召开会议，讲解政策，领导群众开展回地斗争。

经过几个月的斗争，128团活动范围逐步扩大，西至漯河，东到周口，南抵上蔡，北达逍遥，在纵横百余华里的土地上，建立起抗日根据地。

## 解放战争时期(1945.8—1949.10)

1945年冬，128团为配合主力作战，主动从逍遥镇撤离。伪西华县政府对逍遥一带的革命群众进行大肆屠杀，减租减息、赎地运动中的积极分子几乎被全部逮捕。他们对革命群众严刑拷打、枪杀、刀砍、刺刀剜心、活埋等，惨绝人寰的手段令人发指。

1947年初，“豫皖苏”军区党委派冯明高（逍遥沙沟人，原河南省农委副主任）、张仁甫、柴凯等同志来西华开辟工作。1月，在西华营村召集开明绅士和群众代表会，宣布成立西华县民主政府，县委书记冯明高，县长张仁甫，组织部长宋劭明，县委秘书王锐锋，公安局长郭建华，财政科长孙明、副科长盛智仁，县大队副政委柴凯、大队长南豪军、副大队长理至善。县大队开始只有道陵岗区队的一个班，共12人，配合水西支队在“西扶太”黄泛区活动。经过几个月的斗争，县大队发展到100余人，除步枪、手枪外，还有3挺机枪。

同年7月，县大队配合水西支队解放了西华县城，国民党的最后一任县长周定初逃到逍遥镇。该县沙河以北、逍遥以东地区全部解放。建立了三个区级政权：一区城关，区长王聚德，区委书记梁日昶；二区红花，区长侯振铭，区委书记黄永胜；三区西夏亭，区长赵连清，区委书记赵洪亮。

1947年秋，“豫皖苏”五地区、五分区成立，王其梅任地委书记兼分区司令员，施德生任地委副书记兼组织部长，李玉亭任民运部长，路岩岭任统战部长。12月，许昌、漯河相继解放。五地委在西华“三岗”召开“三查三整”会议，贯彻中共七大会议精神。王其梅、路岩岭、冯明高、张仁甫、宋劭明、闻宇、刘华飞等同志出席了会议。这次会议决定,由冯明高同志负责组建商水县政府,张仁甫、侯振明负责组建临颍县政府,王锐锋代理中共西华县委书记,郭建华代理西华县县长。

1948 年 1 月,西华县全境解放,改西华县民主政府为西华县人民政府。刘华飞任县委书记兼县大队政委,宋劭明任县委副书记兼组织部长,赵修武任宣传部长,邢德义任民运部长,郭建华任副县长,杨国政任财政科长,朱桂甫任交通局副局长,葛玉任工商局副局长,宋德武任公安局副局长,叶允贵任县农协主席。同年 3 月,时尧同志来西华任县长。

1947 年冬,经"豫皖苏"五地委批准,成立了"郾商西"民主县政府,辖区包括西华沙南一带和郾城东、商水西各一部。冯明高任县委书记兼县长(养伤期间由张申明同志代理),柴凯任县委副书记兼县大队副政委,盛智仁任副县长,吕复权任县委组织部长,南豪军任县大队长。先后建立了六个区政府:邓城区,区长周光武,区委书记张志田,副书记于启善;张明区,区长赵瑞堂,区委书记徐立文,副区长房豫皖、张全铭;老窝区,区长张占远,副区长陆学信、庞凤言;砖桥区,区长张学六,副区长侯亚州;巴村区,区长蔡林斌;归村区,区长吕昆吾,区委书记丁铁钟。

"郾商西"县大队有三个连队,一个骑兵班,一个侦察班,战士 300 多人。武器全部是钢枪,有一门六〇炮,每连有五六挺轻机枪。各区建立了区队,每区队 30 人左右,有两三挺轻机枪。县区武装在清剿土匪,摧毁伪乡、保政权,维持社会治安等方面,发挥了重要作用。

1949 年 2 月,"郾商西"边区县与商水县合并,成立商水县人民政府。原属"郾商西"县的归村区划归郾城县,其余各区归属商水县。

随着解放战争的胜利进展,1948 年初,西华全境解放,外逃灾民陆续还乡。黄水退后,整个泛区杂草丛生,渺无人烟,房屋绝迹,荒凉凄惨。回乡灾民一无房住,二无吃穿,耕地没有牲畜农具,播种缺少种子。要在这淤沙荒野的土地上安家生产,遇到重重困难。党和政府针对泛区特点,制定了一系列有利于发展泛区生产的方针、政策。一是号召群众垦荒种地,开展生产自救,逐步发展生产,重建自己的家园。在党和政府领导下,通过生产自救,泛区生产逐步发展,社会秩序日趋稳定,人民群众生活有了保障,全县共救济 32 万余人。1949 年春,群众普遍着手修建房屋,购买牲畜、农具,建起新房 39822 间,牲畜由原来的 900 头,发展到 15013 头。

二是废除旧地权,赈种开荒,实行垦者有其田。西华县人民政府提出"泛区取消旧地权,谁开谁种,谁种谁收,三年不征粮"的政策。同时发放粮种贷款(以粮贷款)84 万斤,蔬菜种子 6750 斤,农具 24000 多件,赈种开荒,帮助群众解决种子、牲畜、农具等困难。

三是以工代赈,挖河治水。由于 10 年黄河泛滥,颍河下游河道淤塞,常因水排不出而造成水灾。为根治水患,1948 年 6 月,县政府拨粮 15 万斤,组织 4 个区的民工 13760 人,治理颍河,疏通了西自枣口、东至冯桥的颍河河道,共挖土 948000 余立方米,使颍河下游 5 万亩水荒地变成了肥沃良田。

四是加强政权建设,培训干部,巩固已取得的胜利。通过政治、经济改革和大生产运动,人民政权得到了巩固。在肃清散匪敌特的基础上,全县自上而下建立了各级人民政府和农民协会,分期分批地整顿了基层组织,纯洁了干部队伍。

五是组织战勤,支援前线。西华人民为了打倒蒋介石,建立新中国,在生活、生产极端困苦的情况下,节衣缩食,集中人力、物力支援前线,一切为了革命战争的胜利,做到要人有人,要粮有粮,万众一心,全力以赴。广大妇女日夜不停地为前线运粮食、送弹药、抬担架、救护伤员。1947 年 3 月,为配合刘邓大军顺利渡河,根据省委指示,该县成立了战勤司令部,将全县所属河道船只,组成若干分队,配备得力干部,统一管理。1949 年 1 月,全县 600 多名青年参加了中国人民解放军,超额完成了上级分配的 400 名参军任务。

1949 年 10 月 1 日,西华人民和全国各地一样,集会庆祝中华人民共和国成立。当天早晨,欢乐的人群从四面八方涌进会场。农民们都穿上自己最心爱的衣服,一些七八十岁的老人也步行十几里赶来参加集会。县城大街上狮子、龙灯、竹马、旱船、高跷、秧歌等各种传统文艺节目舞个不停,人们狂欢歌舞,共庆胜利。县长时尧在庆祝大会上作了报告,讲述了中华人民共和国成立的重大意义,指出了今后的伟大任务。报告不时被群众雷鸣般的掌声和欢呼声所打断,给全县人民以极大的鼓舞。下午 4 时,庆祝大会在“中华人民共和国万岁”“伟大的中国共产党万岁”“毛主席万岁”的热烈欢呼声中胜利结束。

(选自《周口革命老区》一书)

**2014 年 12 月初稿**
**2015 年 5 月三稿于西华县教体局**

# 后　记

我们的老家后石羊村离三岗、屈庄只有几华里路程，属于西华抗日革命根据地中心区，当时，村里的大多数人直接或间接地参加了中共豫东特委领导的抗日救国运动。因此，村民们对那段光辉历史引以为豪，津津乐道，我们从小就有幸听父辈们说三岗，讲胡（晓初）、屈（申亭）、侯（香山）西华三司令的英雄故事。从那时起，我们就开始崇拜故乡的那些抗日民族英雄、革命先烈。去年春天，西华县筹备建立“三岗爱国主义教育基地”，县委常委、宣传部部长牛正田策划创作一部展现三岗抗日革命根据地革命斗争的书籍，将来作为“教育基地”的一部分内容向观众进行展示。他把这一写作任务交给了爱好西华文史研究的我们兄弟二人。这是一项很有意义的工作，同时也是一项光荣而又艰巨的任务，我们责无旁贷，决心不辱使命。

接受任务后，我们想方设法，四处奔波，查阅了很多有关历史资料。在此基础上进行了大量的调查、采访和筛选、甄别工作，先后到艾岗、红花、黄桥、西夏、逍遥、东夏、清河驿等乡镇和县城的几个居委会及商水的砖桥，访问了近百位老人，到郑州、武汉等地采访了部分革命后代。之后，我们用将近一年的时间，赶写出了初稿和二稿，并报县、市和省有关部门领导审阅、指导。几经修改，数易其稿，终成此书，不久就要与读者朋友们见面了。

以三岗为核心区的西华抗日革命根据地，在那个时代创造了许多之“最”：河南省最早、影响最大的一块平原抗日根据地，被誉为“小竹沟”“小延安”。在这里，中共豫东特委面向豫东各县举办了44期抗日干训班，培养革命骨干4300多人；组建了河南省最大的一支县级抗日武装，有6000人枪，1个炮兵分队，1个通讯分队，4个小兵工厂；地处国统区，而县、区政权及其武装部队由共产党掌握，县长、区长、部队的司令、副司令等都是半公开的共产党员，全县有共产党员700多名。那是一段光辉灿烂的历史，那是一幅波澜壮阔的画面！如何真实地再现当年的西华，写出一部生动形象的爱国主义教育读本，让读者接受乃至喜爱？我们苦苦思索，夜不能寐，最终选定纪实文学这一体裁。作为纪实文学，我们当然追寻的是“纪实”和“文学”。所谓“纪实”，即力求主要人物、重大事件及其时间和地点，都是历史的真实再现，有据可依；对人物、事件的描述和评价，遵照实事求是的原则，运用历史唯物主义的方法，客观公正地作出结论；对于那些掌握不准、似是而非的人和事，无论坊间传的多么形象动听，都不予采用。所谓“文学”，即注重人物的语言、动作、心理活动及场景等描写，力求生动而形象地表现人物的性格特征、内心世界及情感，尽可能增强可读性、故事性、趣味性。

本书的撰写和出版得到了中共西华县委、县政府、县委宣传部领导及艾岗、红花、黄桥、西夏、遥遥、东夏等乡镇党委、政府的支持和帮助；中共中央党史研究室主任曲青山在百忙之中为本书题写了书名，中共西华县委书记、县长林鸿嘉为本书题了词，中共西华县委常委、宣传部部长牛正田博士写了序言，在资料方面，参考了刘天成同志主编的《中共西华县党史资料汇编》以及《西华县志》、《周口文史资料丛书》、《周口革命老区》等书籍和网络媒体资料，在此一并表示感谢！

鉴于我们水平有限，加之时间仓促，书中的缺点和错误在所难免，敬请读者朋友批评指正！

作 者

二〇一五年七月七日